重庆市社会科学规划项目：水生态文明建设实践与研究（2023WT08）

水生态文明导论

侯　新　舒乔生　等编著

黄河水利出版社
·郑　州·

内容提要

本书共分9章，主要内容包括绪论、水安全保障、水资源保护、水环境达标、水生态健康、水景观优美、水文化深厚、水经济发展、新时代治水等。重点阐述水生态文明概要知识、相关定义、基本原理、技术方法，并在应用性较强的章节穿插相关工程实践案例，从而推进生态文明教育进学校、进家庭、进社区、进工厂、进机关、进农村，提升人们生态文明意识和环保科学素养，形成人人关心、支持、参与生态环境保护的社会氛围，为持续改善生态环境质量、建设美丽中国夯实社会基础。

本书可供相关行业技术与管理人员使用，同时可作为与生态文明建设相关的培训或高校选修教材使用。

图书在版编目(CIP)数据

水生态文明导论/侯新等编著. —郑州：黄河水利出版社，2024.4

ISBN 978-7-5509-3865-6

Ⅰ.①水… Ⅱ.①侯… Ⅲ.①水环境-生态环境建设-研究-中国 Ⅳ.①X143

中国国家版本馆CIP数据核字(2024)第077414号

组稿编辑：王路平 电话：0371-66022212 E-mail：hhslwlp@126.com

责任编辑：冯俊娜 责任校对：周 倩 封面设计：张心怡 责任监制：常红昕

出版发行：黄河水利出版社

地址：河南省郑州市顺河路49号 邮政编码：450003

网址：www.yrcp.com E-mail：hhslcbs@126.com

发行部电话：0371-66020550、66028024

承印单位：河南承创印务有限公司

开本：787 mm×1 092 mm 1/16

印张：11

字数：260千字

版次：2024年4月第1版 印次：2024年4月第1次印刷

定价：90.00元

前　言／QIANYAN

党的十八大以来，我国将生态文明建设纳入中国特色社会主义事业“五位一体”总体布局，要求“把生态文明建设放在突出地位，融入经济建设、政治建设、文化建设、社会建设各方面和全过程”。为深入学习宣传贯彻习近平生态文明思想，落实党的十九大、十九届二中、三中、四中、五中全会精神和全国生态环境保护大会精神，进一步加强生态文明宣传教育工作，引导全社会牢固树立生态文明价值观念和行为准则，提升公民生态文明意识，把建设美丽中国化为全社会自觉行动，依据党中央、国务院关于推进生态文明建设、加强生态环境保护的要求和“十四五”时期生态环境保护工作部署，2021 年 1 月 29 日，生态环境部、中央宣传部、中央文明办、教育部、共青团中央、全国妇联等六部门以环宣教〔2021〕19 号联合印发了《“美丽中国，我是行动者”提升公民生态文明意识行动计划（2021—2025 年）》（简称《行动计划》）。《行动计划》着眼顶层设计，明确了“十四五”期间全国生态文明宣传教育工作的指导思想、总体目标、重点任务和具体行动，着力推动构建生态环境治理全民行动体系，更广泛地动员全社会参与生态文明建设；推进生态文明学校教育，将生态文明教育纳入国民教育体系，并推进生态文明教育进学校、进家庭、进社区、进工厂、进机关、进农村，提升各类人群的生态文明意识和环保科学素养，推动形成人人关心、支持、参与生态环境保护的社会氛围，为持续改善生态环境质量、建设美丽中国夯实社会基础。

水生态文明是人类遵循人水和谐理念，以实现水资源可持续利用、支撑经济社会和谐发展、保障生态系统良性循环为主体的人水和谐文化伦理形态，不断提升我国生态文明水平，努力建设美丽中国，是生态文明的重要部分和基础内容。根据水利部、教育部关于贯彻落实水生态文明建设文化教育宣传的要求，本书按照水生态文明的内涵分为水安全保障、水资源保护、水环境达标、水生态健康、水景观优美、水文化深厚、水经济发展、新时代治水等章节进行编写，重点介绍水生态文明概要知识、相关定义、基本原理、技术方法，并在应用性较强的章节穿插相关工程实践案例。

本书共分 9 章，第 1 章全面介绍了生态文明的基本概念、水生态文明的基本内涵、建设的意义和目标；第 2 章介绍了水安全保障的内涵、防洪排涝和供水安全的基本要求；第 3 章介绍了水资源节约保护的概念、基本手段和技术；第 4 章介绍了水环境的概念、标准和水环境达标的基本措施；第 5 章介绍了水生态的概念和水生态健康标准、技术措施；第 6 章介绍了水景观内涵、水景观设计流程及技术；第 7 章重点介绍了水文化内涵、开发、传承等相关知识；第 8 章介绍了水经济概念、水经济规划等知识；第 9 章介绍了节水型社会建设、河（湖）长制、智慧水利等现代治水基本知识。每章在知识介绍的同时，结合了大量的案例分析。

本书是重庆市社会科学规划项目《水生态文明建设实践与研究》(2023WT08)研究成果。本书由侯新、舒乔生等编著,参加本书撰写的还有罗倩、郑瀚、左竟成、孙华、马焕春、熊鹰、王燕。作者在完成本书的过程中参考了有关文献资料,也得到专家、学者和同行的帮助,在此一并表示感谢!

由于作者水平有限,书中难免有疏漏或错误之处,恳请广大读者批评指正。

作　者

2024 年 1 月

目　录 / MULU

第1章 绪 论

1.1 生态平衡与可持续发展

1.1.1 生态平衡的基本含义

1.1.1.1 生态与生态学

1.生态的内涵

我们知道,生物的生存、活动、繁殖需要一定的空间、物质与能量。生物在长期进化过程中,逐渐形成对周围环境某些物理条件和化学成分,如空气、光照、水分、热量和无机盐类等的特殊需要。传统上的生态是指生物在一定的自然环境下生存和发展的状态,也指生物的生理特性和生活习性。各种生物所需要的物质、能量以及它们所适应的理化条件是不同的,这种特性称为物种的生态特性。任何生物的生存都不是孤立的:同种个体之间有互助、有竞争;植物、动物、微生物之间也存在复杂的相生相克关系。

2.生态学

1866年德国生物学家恩斯特·海克尔提出了生态学的概念。生态学从最早"研究有机体与其周围环境(包括非生物环境和生物环境)相互关系的科学",逐步发展为"研究生物与其环境之间相互关系的科学"。

1.1.1.2 生态系统

1.生态系统的内涵

在自然界一定的空间内,生物与环境构成统一整体,在这个统一整体中,生物与环境之间相互影响、相互制约,并在一定时期内处于相对稳定的动态平衡状态,这个动态平衡的统一整体就是生态系统,即由生物群落及其生存环境共同组成的动态平衡系统(见图1-1)。生态系统是生态学研究的基本单位,也是环境生物学研究的核心问题。

2.生态系统的结构

在生态系统中,生物群落由存在于自然界一定范围或区域内并互相依存的一定种类的动物、植物、微生物组成。生物群落内不同生物种群的生存环境包括非生物环境和生物环境,生物环境又称有机环境,如不同种群的生物。

生物包括生产者、消费者、分解者。

生产者:主要是指各种绿色植物,也包括化能合成细菌与光合细菌,它们都是自养生物,植物与光合细菌利用太阳能进行光合作用合成有机物,化能合成细菌利用某些物质氧化还原反应释放的能量合成有机物,比如硝化细菌通过将氨氧化为硝酸盐的方式利用化学能合成有机物。生产者在生物群落中起基础性作用,它们将无机环境中的能量同化,同化量就是输入生态系统的总能量,维系着整个生态系统的稳定,其中各种绿色植物还能为各种生物提供栖息、繁殖的场所。生产者是生态系统的主要成分,是连接无机环境和生物

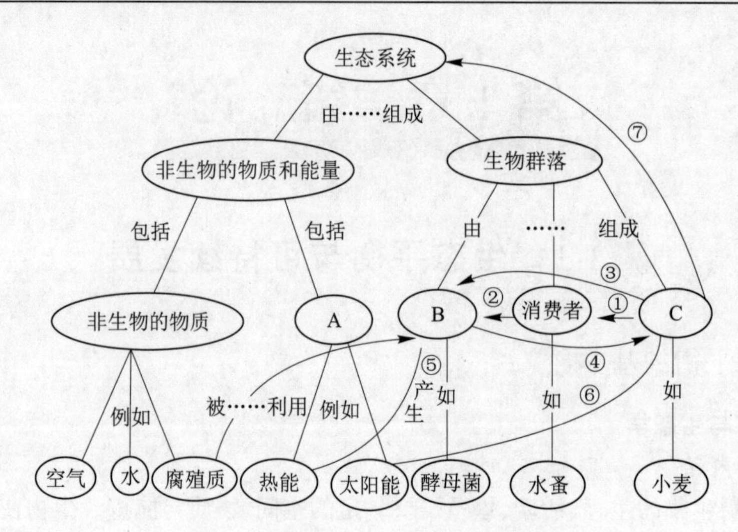

图 1-1　自然(传统)生态系统示意图

群落的桥梁。

分解者:又称"还原者",它们是一类异养生物,以各种细菌(寄生的细菌属于消费者,腐生的细菌是分解者)和真菌为主,也包含屎壳郎、蚯蚓等腐生动物。分解者可以将生态系统中的各种无生命的复杂有机质(尸体、粪便等)分解成水、二氧化碳、铵盐等可以被生产者重新利用的物质,完成物质的循环,因此分解者、生产者与无机环境就可以构成一个简单的生态系统。分解者是生态系统的必要组成,是连接生物群落和无机环境的桥梁。

消费者:指以动植物为食的异养生物,消费者的范围非常广,包括了几乎所有动物和部分微生物(主要有真细菌),它们通过捕食和寄生关系在生态系统中传递能量。其中,以生产者为食的消费者被称为初级消费者,以初级消费者为食的被称为次级消费者,其后还有三级消费者与四级消费者,同一种消费者在一个复杂的生态系统中可能充当多个级别,杂食性动物尤为如此,它们可能既吃植物(充当初级消费者)又吃各种食草动物(充当次级消费者),有的生物所充当的消费者级别还会随季节而变化。一个生态系统只需生产者和分解者就可以维持运作,数量众多的消费者在生态系统中起加快能量流动和物质循环的作用,可以看成是一种"催化剂"。

非生物环境又称无机环境、物理环境,它是生态系统的非生物组成部分,包含各种化学物质、气候因素等以及其他所有构成生态系统的基础物质,如水、无机盐、空气、有机质、岩石等。比如阳光是绝大多数生态系统直接的能量来源,水、空气、无机盐与有机质都是生物不可或缺的物质基础。

3.生态系统功能

生物群落与其生存环境之间以及生物群落内不同种群生物之间不断进行着物质交换和能量流动,并处于互相作用和互相影响的动态平衡之中。生态系统的基本功能就是物种迁移、能量流动和物质循环。各功能之间相互联系、紧密结合才能使生态系统得以生存和发展。

物种流是指种群在生态系统内或系统之间的时空变化状态。生态系统的生物生产是指生物有机体在能量和物质代谢的过程中,将能量、物质重新组合,形成新的产物碳水化合物、脂肪、蛋白质等的过程。

生态系统的能量流动是单一方向的,能量以光能状态进入生态系统,以热的形式不断逸散到环境中。能量在生态系统内流动的过程中不断递减,在流动中贮能效率逐渐提高。

生态系统中的物质主要指生物维持生命活动正常进行所必需的各种营养元素,包括近30种化学元素,主要是碳、氢、氧、氮和磷五种,构成全部原生质的97%以上。物质循环是指生物圈里的物质在生物、物理和化学作用下发生的转化和变化。

随着人类活动范围的扩大与多样化,人类与环境的关系问题越来越突出,人类为满足自身的需要,不断改造环境,环境反过来又影响人类。因此,近代生态学研究的范围,除生物个体、种群和生物群落外,已扩大到包括人类社会在内的多种类型生态系统的复合系统。人类面临的人口、资源、环境等几大问题都是生态学的研究内容。因此,现代生态的概念已经演变为"生命系统与环境系统相互作用的过程"(见图1-2)。

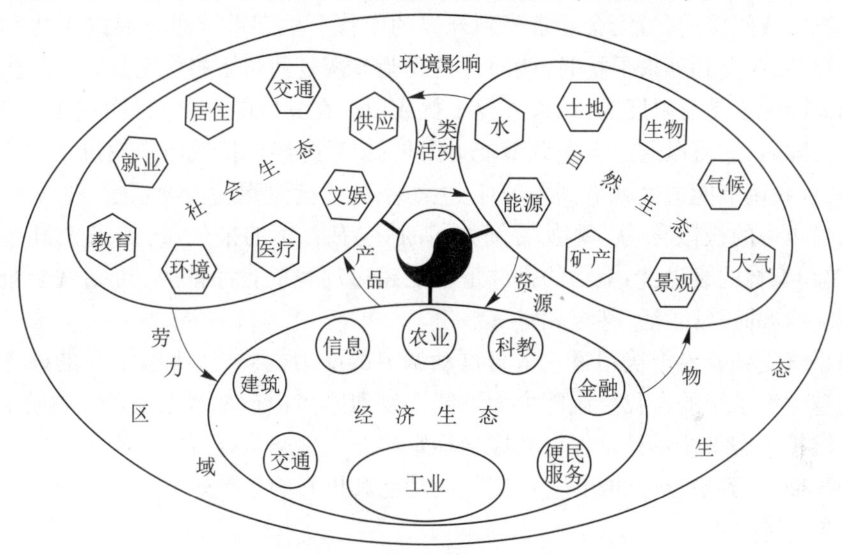

图1-2 现代生态系统示意图

1.1.1.3 生态平衡

1.生态平衡的概念

生态平衡是指生态系统中生物与环境之间、生物与生物之间相互作用而建立起来的动态平衡联系。一定时间内,生态系统中的生物和环境之间、生物各个种群之间,通过能量流动、物质循环和信息传递,使它们相互之间达到高度适应、协调和统一的状态。当生态系统处于平衡状态时,一方面,系统内各组成成分之间保持一定的比例关系,包括生物种类(动物、植物、微生物、有机物)的组成及数量比例和非生物环境(包括空气、阳光、水、土壤等)均保持相对稳定;另一方面,生产者、消费者、分解者和非生物环境之间保持能量与物质输入、输出在较长时间内趋于相等,结构和功能处于相对稳定状态。

2.生态平衡的特点

1)动态性

生态平衡是一种动态的平衡而不是静态的平衡,这是因为变化是宇宙间一切事物最根本的属性,生态系统这个自然界复杂的实体,当然也处在不断变化之中。例如,生态系统中的生物与生物、生物与环境以及环境各因子之间,不停地进行着能量的流动与物质的循环;生态系统在不断地发展和进化:生物量由少到多、食物链由简单到复杂、群落由一种类型演替为另一种类型等;环境也处在不断的变化中。

因此,生态平衡不是静止的,总会因系统中某一部分先发生改变,引起不平衡,生态系统具有一定的内部调节能力,依靠生态系统的自我调节能力使其又进入新的平衡状态。在生物进化和群落演替过程中包含不断打破旧的平衡,建立新的平衡的过程,因此生态平衡是动态的。正是这种从平衡到不平衡到又建立新的平衡的反复过程,推动了生态系统整体和各组成部分的发展与进化。

2)相对性

生态平衡是一种相对平衡而不是绝对平衡,因为任何生态系统都不是孤立的,都会与外界发生直接或间接的联系,会经常遭到外界的干扰。生态系统对外界的干扰和压力具有一定的弹性,在受到外来干扰时,能通过自我调节恢复到初始的稳定状态。但生态系统的自我调节能力也是有限度的,如果外界干扰或压力在其所能忍受的范围之内,当这种干扰或压力去除后,它可以通过自我调节能力恢复;如果外界干扰或压力超过了它所能承受的极限,其自我调节能力也就遭到了破坏,生态系统就会衰退,甚至崩溃。通常把生态系统所能承受压力的极限称为"阈限",例如,森林应有合理的采伐量,如采伐量超过生长量,必然引起森林的衰退;污染物的排放量不能超过环境的自净能力,否则就会造成环境污染,危及生物的正常生活,甚至死亡等。

生态系统受到外界干扰超过它本身自动调节的能力,会导致生态平衡的破坏。当外来干扰超越生态系统的自我控制能力而不能恢复到原初状态时谓之生态失调或生态平衡的破坏。维护生态平衡不只是保持其原初稳定状态。生态系统可以在人为有益的影响下建立新的平衡,达到更合理的结构、更高效的功能和更好的生态效益。

3.生态平衡破坏

破坏生态平衡的因素有自然因素和人为因素。自然因素如水灾、旱灾、地震、台风、山崩、海啸等。随着人类活动的加剧,人为因素逐步成为造成生态平衡失调的主要原因。

首先,人类大规模地把自然生态系统转变为人工生态系统,严重干扰和损害了生物圈的正常运转,比如农业开发和城市化;其次,人类大量取用生物圈中的各种资源,包括生物的和非生物的,严重破坏了生态平衡,比如人类对自然资源不合理利用或掠夺性利用,例如盲目开荒、滥砍森林、水面过围、草原超载等,都会使环境质量恶化;第三,生物圈中超量输入人类活动所产生的产品和废物,严重污染和毒害了生物圈的物理环境和生物组分,包括人类自己,化肥、杀虫剂、除草剂、工业三废、城市三废等这些废气、废水、垃圾等不断排放到环境中。最后,人类在生态系统中,盲目增加一个物种或减少一个物种也有可能使生态平衡遭到破坏。例如美国于1929年开凿的韦兰运河,把内陆水系与海洋沟通,导致八目鳗进入内陆水系,使鳟鱼年产量由2 000万kg减至5 000 kg,严重破坏了内陆水产资源。20世纪50年代,中国曾大量捕杀过麻雀,致使一些地区虫害严重,究其原因,就在于害虫天敌麻雀被捕杀,害虫失去了自然抑制因素所致。这些活动均会使生态系统产生近期或远期效应,使生态平衡失调。

1.1.2 可持续发展

1.1.2.1 可持续发展的定义

有关可持续发展的定义有100多种。

20世纪60年代末,人类开始关注环境问题,1972年6月5日在斯德哥尔摩召开了联合国人类环境会议,提出了“人类环境”的概念,并通过了人类环境宣言,成立了环境规划署,共同界定了人类在缔造一个健康和富有生机的环境上所享有的权利。

可持续发展的概念最早可以追溯到1980年由世界自然保护联盟(IUCN)、联合国环境规划署(UNEP)、世界野生动物基金会(WWF)共同发表的《世界自然保护大纲》中提出“必须研究自然的、社会的、生态的、经济的以及利用自然过程中的基本关系,确保全球的可持续发展。”

1981年,美国布朗(Lester R Brown)出版《建设一个可持续发展的社会》,提出以控制人口增长、保护资源基础和开发再生能源来实现可持续发展。

1987年,以布伦特兰夫人为首的世界环境与发展委员会(WCED)发表了报告《我们共同的未来》。这份报告正式使用了可持续发展概念,并对之做出了比较系统的阐述,产生了广泛的影响。该报告中,可持续发展被定义为:“能满足当代人的需要,又不对后代人满足其需要的能力构成危害的发展”。它包括两个重要概念:需要的概念,尤其是世界各国人们的基本需要,应将此放在特别优先的地位来考虑;限制的概念,技术状况和社会组织对环境满足眼前和将来需要的能力施加的限制。

1992年6月,联合国在里约热内卢召开的“环境与发展大会”,通过了以可持续发展为核心的《里约环境与发展宣言》《21世纪议程》等文件。

随后,中国政府编制了《中国21世纪人口、环境与发展白皮书》,首次把可持续发展战略纳入我国经济和社会发展的长远规划。1997年的中共十五大把可持续发展战略确定为我国“现代化建设中必须实施”的战略。可持续发展主要包括社会可持续发展、生态可持续发展、经济可持续发展。

1.1.2.2 可持续发展的三大原则

1.公平性原则

公平性原则是指本代人之间的公平、代际间的公平和资源分配与利用的公平。可持续发展是一种机会、利益均等的发展。它既包括同代内区际间的均衡发展,即一个地区的发展不应以损害其他地区的发展为代价;也包括代际间的均衡发展,即既满足当代人的需要,又不损害后代的发展能力。该原则认为人类各代都处在同一生存空间,他们对这一空间中的自然资源和社会财富拥有同等享用权,他们应该拥有同等的生存权。因此,可持续发展把消除贫困作为重要问题提了出来,要予以优先解决,要给各国、各地区的人、世世代代的人以平等的发展权。

2.持续性原则

人类经济和社会的发展不能超越资源和环境的承载能力,即在满足需要的同时必须有限制因素,也就是说发展的概念中包含着制约的因素;在发展的概念中还包含着制约因素,因此在满足人类需要的过程中,必然有限制因素的存在。主要限制因素有人口数量、环境、资源,以及技术状况和社会组织对环境满足眼前和将来需要能力施加的限制。最主要的限制因素是人类赖以生存的物质基础——自然资源与环境。因此,持续性原则的核心是人类的经济和社会发展不能超越资源与环境的承载能力,从而真正将人类的当前利益与长远利益有机结合。

3.共同性原则

各国可持续发展的模式虽然不同,但公平性原则和持续性原则是共同的。地球的整体性和相互依存性决定全球必须联合起来认知我们的家园。可持续发展是超越文化与历史的障碍来看待全球问题的。它所讨论的问题是关系到全人类的问题,所要达到的目标是全人类的共同目标。虽然国情不同,实现可持续发展的具体模式不可能是唯一的,但是无论富国还是贫国,公平性原则、协调性原则、持续性原则是共同的,各个国家要实现可持续发展都需要适当调整其国内和国际政策。只有全人类共同努力,才能实现可持续发展的总目标,从而将人类的局部利益与整体利益结合起来。

1.2 文明的历史演变及生态文明

文明是人类历史积累下来的有利于认识和适应客观世界、符合人类精神追求、能被绝大多数人认可和接受的人文精神、发明创造的总和。因此,文明是人类所创造的物质财富和精神财富的总和,也指社会发展到较高阶段表现出来的状态,涵盖了人与人、人与社会、人与自然之间的关系,一般分为物质文明和精神文明。

人类文明出现的标准主要有:城市的出现、文字的产生和国家制度建立。

人类文明的起点:苏美尔人约在公元前4000年的幼发拉底河和底格里斯河的“两河流域”建立了众多城邦并有了文字而成为人类文明之光。

人类文明发展过程:从人与自然的关系看,人类文明可分原始文明、农业文明、工业文明、生态文明4个类型或阶段(见表1-1)。

表1-1 人类文明发展阶段及其特征

文明阶段	主要特征
原始文明	受制于自然系统,钻木取火、狩猎
农业文明	认识、改造和利用自然,简单的生产生活工具和技术
工业文明	科学技术迅速发展,蒸汽机、发电技术等为代表的工业制造
生态文明	以人与自然、人与人、人与社会和谐共生、良性循环、全面发展、持续繁荣为基本宗旨

1.2.1 原始文明

原始文明阶段,人类几乎完全受控于自然系统,是人类文明史上经历最长的文明时代。生产力水平低,工具为石器、弓箭等。先民栖息地仰仗森林和自然水体。人类的生产和生活活动以渔、猎为主,直接利用自然生物作为生活资料。生存受制于自然,被动地适应自然,盲目地崇拜自然。人类寄生于大自然,始终以自然为中心,表现出原始的“天人合一”形态。

1.2.2　农业文明

农业文明俗称“黄色文明”,托夫勒称之为第一次浪潮。农业文明阶段,人类开始主动认识、改造和利用自然,栽培作物与饲养家畜。有了青铜器、铁器、陶瓷、文字、造纸和印刷等简单的生产生活工具和技术,能源为风、水力等可再生能源及薪炭。生产活动是农耕和畜牧。改造自然的活动已造成自然的某些反应,如砍伐森林和开垦草地,增加水土流失。但自然仍处于主导地位,自然生态系统平衡尚未被根本破坏。

1.2.3　工业文明

工业文明亦称“黑色文明”,托夫勒称之为第二次浪潮。工业文明阶段,科学技术迅速发展,以蒸汽机产生为标志,以发电技术和电报机产生为推动,工业制造代替传统农业及作坊。工业文明立足于人类的创造力和人类自身的生存需求,以征服自然为基本价值取向。人与自然的关系表现为征服与被征服、掠夺与被掠夺、奴役与被奴役的关系。先进的工业技术导致对自然的超限度开发和利用,给人类带来了前所未有的物质享受,也导致了严重的环境破坏与资源危机;初次污染物排放加剧,同时产生了更多的二次污染物;自然生态系统失衡,甚至无法自我恢复,自然灾害加剧。

近一个世纪以来大量使用矿物燃料(如煤、石油等),排放出大量的 CO_2、甲烷等温室气体,工业文明发展导致了全球变暖,全球平均气温在冷暖交替中呈上升趋势,1981—1990 年全球平均气温比 100 年前上升了 0.48 ℃。全球降水量重新分配、冰川和冻土消融、海平面上升、极端灾害天气增多等,既危害自然生态系统平衡,更威胁人类的食物供应和居住环境。

1.2.4　生态文明

人类社会经历了五千多年的农业文明时代,经历了三百多年的工业文明时代。在工业文明时代,人类已进入太空,登上月球,但在地球系统中的生存与发展却面临一系列环境与资源瓶颈,如何破解这些问题,恩格斯在《自然辩证法》中写道:我们不要过分陶醉于我们对自然界的胜利。对于每一次这样的胜利,自然界都报复了我们。每一次胜利,在第一步确实都取得了我们预期的结果,但是在第二步和第三步都有了完全不同的、出乎意料的影响,常常把第一个结果又抵消了。

未来将向什么新文明时代演进呢?总结人类文明的几千年历史,生态文明成为现在的必然选择。

生态文明理论与实践基础直接建立在工业文明之上,是人类对传统文明形态特别是工业文明进行深刻反思的成果,是传统工业文明发展观向现代生态文明发展观的深刻变革,是人类文明形态和文明发展理念、道路和模式的重大进步。

2005 年 3 月,中央人口资源环境工作座谈会提出,要“努力建设资源节约型、环境友好型社会”。2007 年 10 月,在中国共产党的十七大报告中,从实现全面建设小康社会目标的新高度出发,首次在中国共产党的文件中提出“建设生态文明”。2012 年 11 月,党的十八大报告中提出“生态文明建设”,并指出“把生态文明建设放在突出地位,融入经济建设、政治建设、文化建设、社会建设各方面和全过程”“必须树立尊重自然、顺应自然、保护自然的生态文明理念”。

生态文明亦称绿色文明,指人类遵循人、自然、社会和谐发展这一客观规律而取得的物质与精神成果的总和;是人与自然、人与人、人与社会和谐共生、良性循环、全面发展、持续繁荣为基本宗旨的文化伦理形态。生态文明是人类文明的一种形态,它以尊重和维护自然为前提,以人与人、人与自然、人与社会和谐共生为宗旨,以建立可持续的生产方式和消费方式为内涵,以引导人们走上持续、和谐的发展道路为着眼点。生态文明强调人的自觉与自律,强调人与自然环境的相互依存、相互促进、共处共融,既追求人与生态的和谐,也追求人与人的和谐,而且人与人的和谐是人与自然和谐的前提。

1.3 水生态文明建设的意义及目标

1.3.1 水生态文明的含义及特征

1.3.1.1 水生态文明的含义

水是生态系统的控制性要素。首先,水是地表环境系统的基本构成要素,水和气温、光照并列为三大非生物环境因子;其次,水是影响生态系统平衡与演化的控制性因子,水分状况决定着陆生生态系统的基本类型;再次,水是水生态系统的基本组成,其理化性质、动力条件决定着水生态系统的状况;最后,水的演变是生态演变及社会发展的重要驱动力。

水是生态系统与文明的关键性因子,因此水生态文明建设是生态文明建设的重要组成部分。所谓水生态文明是以水为载体的生态文明内容,体现在经济社会系统与水系统和谐状态(见图 1-3)。

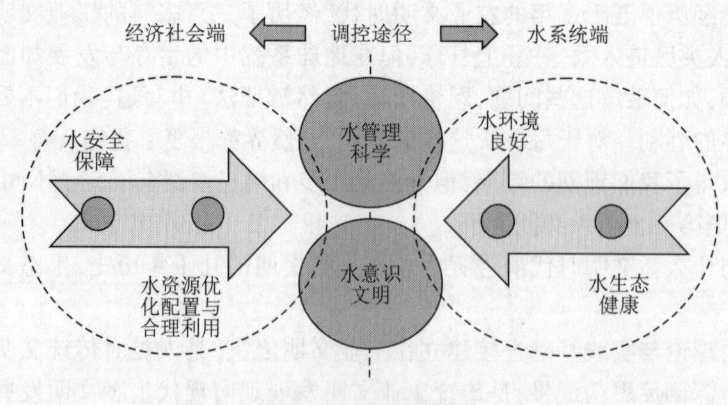

图 1-3 水生态文明

建设生态文明或者水生态文明并不是只要自然生态,不顾人类文明,而是要在现有基础上努力实现人与自然的“再平衡”,达到人与自然和谐、经济与生态协调发展的新平衡。

新平衡包括:人类生产生活需求与生态系统服务供给能力的再平衡;社会经济发展与自然资源禀赋的再平衡;资源开发利用与环境保护的再平衡;国土资源空间格局与产业布局的再平衡;受损和退化生态系统自然修复与重大生态工程的再平衡。

1.3.1.2 水生态文明的特征

水生态文明的标志包括7大特征:水安全保障、水资源保护、水环境达标、水生态健康、水景观优美、水文化浓厚、水经济发展。

1.水安全保障

水安全是指人人都有获得安全用水的设施和经济条件,所获得的水满足清洁和健康的要求,满足生活和生产的需要,同时可使自然环境得到妥善保护的一种社会状态。水安全是涉及国家长治久安的大事,也是涉及从家庭到全社会的水问题,涉及水资源统一管理及自然资源的保护和利用,主要包括防洪减灾、水资源优化配置、水生态保护修复等,因此必须抓紧推进重大水利工程建设,统筹加强中小型水利设施建设,提高水安全保障能力。由于水资源及水生态保护等在后面章节有所涉及,在此仅指防洪排涝安全和供水安全保障两方面。

1)防洪排涝安全

受全球气候变化的影响,城市洪水风险在不断加剧,而城市排水设施滞后于城市的发展,河湖空间及滨水岸线挤占严重,行洪能力下降。小降雨大流量、小流量高水位等特点凸显。人水争地的现象在城市地区极为普遍,挤占水空间的问题十分突出。在挤占水空间的同时,人类自身也将自己置身于洪涝灾害的高风险中。北京的“7·21”大洪水就是典型案例。

保障河流空间,为洪水预留调蓄和排泄的通道。严格控制滨河滨湖开发活动,保证河流自然过程的安全,50年一遇甚至100年一遇的洪水线以下不允许建设永久性工程,恢复河流自然蓄滞雨洪功能。

2)供水安全保障

水生态文明建设中,应统筹节水与供水、常规与非常规水、地表水与地下水,加强区域供水安全保障。将城市、农村的饮水安全作为治理目标,保护河流水质,整治沿河的污染源,如排污口、垃圾场、农贸市场等。水源区要明确保护区,严格保护区的管理制度,确保饮用水源的水量、水质安全,让城乡居民喝上放心水。

2.水资源保护

水资源保护是指采取法律、行政、经济、技术、教育等措施,防止因水资源不恰当利用造成的水破坏,使水资源得到合理的利用与保护。

水资源保护的核心是根据水资源时空分布、演化规律,调整和控制人类的各种取用水行为,使水资源系统维持一种良性循环的状态,以达到水资源的永续利用。水资源保护不是以恢复或保持地表水、地下水天然状态为目的的活动,而是一种积极的、促进水资源开发利用更合理、更科学的问题。水资源保护与水资源开发利用是对立统一的,两者既相互制约,又相互促进。保护工作做得好,水资源才能永续开发利用;开发利用科学合理了,也就达到了保护的目的。

水资源保护,首先要全社会动员起来,改变传统的用水观念。要在全社会呼吁节约用水,一水多用,充分循环利用水;树立惜水意识,开展水资源警示教育;建立起水资源危机意识,把节约水资源作为我们自觉的行为准则,采取多种形式进行水资源警示教育。

其次,必须合理开发水资源,避免水资源破坏。水资源的开发包括地表水资源开发和地下水资源开发。在开采地下水时,由于各含水层的水质差异较大,应当分层开采。现代水利工程,如防洪、发电、航运、灌溉、养殖供水等在发挥一种或多种经济效益的同时,对工程所在地、上下游、河口乃至整个流域的自然环境和社会环境都会产生一定的负面影响,也可能造成一定范围内水资源的破坏。

再次,提高水资源利用率,减少水资源浪费。有效节水的关键在于利用"中水",实现水资源重复利用。

最后,进行水资源污染防治,实现水资源综合利用。水体污染包括地表水污染和地下水污染两部分,生产过程中产生的工业废水、工业垃圾、工业废气、生活污水和生活垃圾都能通过不同渗透方式造成水资源的污染。在城市可采取集中污水处理的途径;工业企业必须执行环保"三同时"制度;生产污水据其性质不同采用相应的污水处理措施。

同时,改革用水制度,加强政府的宏观调控,加大治理污染和环境保护力度,也是水资源保护利用的有效途径。应当加大改革力度,打破行业垄断,健全组织机构,统一管理,在全国建立起一个自下而上的水督察体系。进一步改革水价,实行季节性水价,在水资源短缺地区征收比较高的消费税以限制用水等。只有这样,才能对环境保护和降低成本有益,才能走可持续发展的道路。

充分利用市场机制,发展有中国特色的水务市场,从而优化配置水资源。另外,利用经济杠杆调节水资源的有效利用。为了缓解水资源紧张的情况,除大力抓好节约和保护水资源工作外,水权交易也必须实行。在水资源的配置上,市场机制通常被管制方法所替代,当前应当转变观念,认识到水资源的自然属性和商品属性,遵循自然规律和价值规律,确实把水作为一种商品,合理应用市场机制配置水资源,减少资源浪费。

3.水环境达标

湖泊富营养化、水质污染等问题仍是城市河湖的顽疾,是中国城市面临的普遍问题。水质问题危及居民身体健康,严重影响城市景观和形象。

强化城市污水处理,提高污水处理后的再生回用率,减少污水入湖量、入河量,减轻城市污染对河流的压力,改善河流水质,低目标是消除黑臭现象,中目标是满足接触性景观用水水质,高目标是满足鱼类水质需求。

4.水生态健康

水生态是指环境水因子对生物的影响和生物对各种水分条件的适应。健康良好的水生态系统应该具有以下特点:①生物的多样性;②结构完整性,③水质良好;④景观及环境优美等。

例如,城市水系是典型的水生态系统,尽管受到人类的强烈干扰,原生水生生物可能基本丧失,但在新的环境下,城市水系能够建立新的水生态系统。这个系统需要一定的营养物质输入，通过初级生产力、食草动物、食肉动物、鸟类和人类捕捞等，形成水生态的良性循环。

水系治理要考虑构建良性生态系统的需要，通过生态系统的循环，促进水质净化，丰富生物多样性等，也要考虑到水陆之间的交换和循环。

5.水景观优美

随着生活水平的提高，对美好景观的需求越来越迫切。城市水系治理要顺应居民的这种愿望，在治理过程中，兼顾河岸绿化、步行道、园林设计、亲水驳岸、游泳戏水区及水质安全、生物多样性修复、水景观建设等。通过这些工作，全面改善城市形象，提升城市品位。

6.水文化浓厚

水系承载了人类漫长的历史与文化，尤其是源远流长的中华文明，很多城市河流和湖泊记载了人类与水共存的漫长历史进程。水文化是指以水和水事活动为载体创造的一切与水有关文化现象的总称，包含了水利文化的全部内容，是从全社会的视野来看待水和水利的。

(1)水文化是以水和水事活动为载体形成的文化形态。水文化并不是说水本身就是文化，水只是一个载体，载体是指承载某种事物的物体或介质。水文化是人们以水和水事活动为载体创造的一种"姓水"的文化。以水为载体包含两方面的意思：一是说，水承载着对人类和社会的伟大贡献，如水对人的生命、健康，水对社会政治、经济、军事、科学、技术、文学、艺术、审美等重要联系和伟大贡献；二是说，水承载着人类对水的伟大实践。也就是我们说的水事活动，即人与水发生联系过程中所从事的一切活动。主要包括人类的饮水、用水、治水、管水、护水、节水、亲水、观水、写水、绘水等重要社会实践活动。这些是水文化形成的基础和发展的动力。正是这两方面的联系形成了丰富多彩、博大精深的水文化。因此，水文化的根本特征是"以水和水事活动为载体"的文化。

(2)水文化是水在与人和社会生活各方面的联系中形成和发展的文化形态。因为水与人的生命、生存、健康、生产生活方式等方面都有十分密切的联系；水与社会的政治、经济、文化、军事、生态等方面有十分密切的联系。水文化就是在这些联系中形成和发展起来的，如果没有这种联系就没有水文化的形成，也就没有水文化的发展。

(3)水文化内涵要素和定义类型与文化基本一致。这是文化与水文化最紧密的联系的反映。从水文化的内涵要素讲，水文化具备了人、水及物质财富和精神财富三大要素。从水文化的定义类型讲，从"文化财富型"中可以引申出："水文化是人们以水和水事活动为载体，在与人和社会生活的各方面发生联系过程中创造的物质财富和精神财富的总和"；从"文化方式型"中可以引申出："水文化是人们以水和水事活动为载体，进行生活、生产和思维的方式"；从"文化反映型"中可以引申出："水文化是水和水事活动在社会文明和经济发展中地位和作用的反映"；从"文化复合型"中可以引申出："水文化是与水和水事活动有关的知识、信仰、艺术、音乐、风俗、法律以及各种能力的复合体"。

(4)水文化的内容博大精深。既有物质形态的水文化，也有精神形态的水文化。介于物质形态和精神形态之间，还有一个制度形态的水文化。我们可以这样来认识这三种水文化形态的关系:人类与水的联系作用于自然界,产生了物质形态的水文化;作用于社会,产生了制度形态的水文化;作用于人本身,产生了精神形态的水文化。

(5)水文化具有母体文化的特性。因为没有水,就没有人,也就没有文化,水是文明之源,也是文化之源,水文化渗透到所有文化的各个方面。因此,我们通常说的"文化"实际上是各种形态的母体文化,水文化是女儿文化,但具有母体文化的特性。

随着建设活动的干扰,河湖的历史文化特征受到严重破坏,水文化遗产保护存在危机。强化河流文化性,重视水文化方面历史遗迹的保护,建立沿江文化遗产廊道,创造有特色、有个性、有内涵的滨水区,传承城市人文社会发展的脉搏。

7.水经济发展

水生态文明建设不仅要为城市发展提供防洪、供水等安全保障,也要在改善发展环境、带动土地增值、促进就业、拉动产业带发展等方面发挥重要作用。

城市水系治理的同时,应系统规划沿河的产业带、功能区以及基础设施等建设。明确河流的功能分区。沿河设置金融区、商住区、高新区、休闲区等。将河流湿地等作为城市发展的绿色纽带和产业发展高地,通过河流治理,全面带动城市发展。

1.3.2 水生态文明建设的意义、指导思想、基本原则和目标

《水利部关于加快推进水生态文明建设工作的意见》(水资源[2013]1号)阐明了水生态文明建设的意义、指导思想、基本原则和目标。

1.3.2.1 水生态文明建设的意义

水是生命之源、生产之要、生态之基,水生态文明是生态文明的重要组成和基础保障。长期以来,我国经济社会发展付出的水资源、水环境代价过大,导致一些地方出现水资源短缺、水污染严重、水生态退化等问题。加快推进水生态文明建设,从源头上扭转水生态环境恶化趋势,是在更深层次、更广范围、更高水平上推动民生水利新发展的重要任务,是促进人水和谐、推动生态文明建设的重要实践,是实现"四化同步发展"、建设美丽中国的重要基础和支撑。

要从保障国家可持续发展和水生态安全的战略高度,把水生态文明建设工作放在更加突出的位置,加大推进力度,落实保障措施,加快实现从供水管理向需水管理转变,从以水资源开发利用为主向开发保护并重转变,从局部水生态治理向全面建设水生态文明转变,切实把水生态文明建设工作抓实抓好。

1.3.2.2 水生态文明建设的指导思想

全面贯彻新时代生态文明建设战略部署,把生态文明理念融入水资源开发、利用、治理、配置、节约、保护的各方面和水利规划、建设、管理的各环节,坚持节约优先、保护优先和自然恢复为主的方针,以落实最严格水资源管理制度为核心,通过优化水资源配置、加强水资源节约保护、实施水生态综合治理、加强制度建设等措施,大力推进水生态文明建设,完善水生态保护格局,实现水资源可持续利用,提高生态文明水平。

1.3.2.3 水生态文明建设的基本原则

水生态文明建设的基本原则是:

(1)坚持人水和谐,科学发展。牢固树立人与自然和谐相处理念,尊重自然规律和经济社会发展规律,充分发挥生态系统的自我修复能力,以水定需、量水而行、因水制宜,推动经济社会发展与水资源和水环境承载力相协调。

(2)坚持保护为主,防治结合。规范各类涉水生产建设活动,落实各项监管措施,着力实现从事后治理向事前保护转变。在维护河湖生态系统的自然属性,满足居民基本水资源需求的基础上,突出重点,推进生态脆弱河流和地区水生态修复,适度建设水景观,避免借生态建设名义浪费和破坏水资源。

(3)坚持统筹兼顾,合理安排。科学谋划水生态文明建设布局,统筹考虑水的资源功能、环境功能、生态功能,合理安排生活、生产和生态用水,协调好上下游、左右岸、干支流、地表水和地下水关系,实现水资源的优化配置和高效利用。

(4)坚持因地制宜,以点带面。根据各地水资源禀赋、水环境条件和经济社会发展状况,形成各具特色的水生态文明建设模式。选择条件相对成熟、积极性较高的城市或区域,开展试点和创建工作,探索水生态文明建设经验,辐射带动流域、区域水生态的改善和提升。

1.3.2.4 水生态文明建设的目标

水生态文明建设的目标是:最严格水资源管理制度有效落实,"三条红线"和"四项制度"全面建立;节水型社会基本建成,用水总量得到有效控制,用水效率和效益显著提高;科学合理的水资源配置格局基本形成,防洪保安能力、供水保障能力、水资源承载能力显著增强;水资源保护与河湖健康保障体系基本建成,水功能区水质明显改善,城镇供水水源地水质全面达标,生态脆弱河流和地区水生态得到有效修复;水资源管理与保护体制基本理顺,水生态文明理念深入人心。

1.3.3 水生态文明建设的主要内容

1.3.3.1 落实最严格水资源管理制度

把落实最严格水资源管理制度作为水生态文明建设工作的核心,抓紧确立水资源开发利用控制、用水效率控制、水功能区限制纳污"三条红线",建立和完善覆盖流域和省、市、县三级行政区域的水资源管理控制指标,纳入各地经济社会发展综合评价体系。全面落实取水许可和水资源有偿使用、水资源论证等管理制度;加快制定区域、行业和用水产品的用水效率指标体系,加强用水定额和计划用水管理,实施建设项目节水设施与主体工程"三同时"制度;充分发挥水功能区的基础性和约束性作用,建立和完善水功能区分类管理制度,严格入河湖排污口设置审批,进一步完善饮用水水源地核准和安全评估制度;健全水资源管理责任与考核制度,建立目标考核、干部问责和监督检查机制。充分发挥"三条红线"的约束作用,加快促进经济发展方式转变。

1.3.3.2 优化水资源配置

严格实行用水总量控制,制订主要江河流域水量分配和调度方案,强化水资源统一调度。着力构建我国"四横三纵、南北调配、东西互济、区域互补"的水资源宏观配置格局。在保护生态前提下,建设一批骨干水源工程和河湖水系连通工程,加快形成布局合理、生态良好，引排得当、循环通畅，蓄泄兼筹、丰枯调剂，多源互补、调控自如的江河湖库水系连通体系，提高防洪保安能力、供水保障能力、水资源与水环境承载能力。大力推进污水处理回用，鼓励和积极发展海水淡化和直接利用，高度重视雨水和微咸水利用，将非常规水源纳入水资源统一配置。

1.3.3.3 强化节约用水管理

建设节水型社会，把节约用水贯穿于经济社会发展和群众生产生活全过程，进一步优化用水结构，切实转变用水方式。大力推进农业节水，加快大中型灌区节水改造，推广管道输水、喷灌和微灌等高效节水灌溉技术。严格控制水资源短缺和生态脆弱地区高用水、高污染行业发展规模。加快企业节水改造，重点抓好高用水行业节水减排技改以及重复用水工程建设，提高工业用水的循环利用率。加大城市生活节水工作力度，逐步淘汰不符合节水标准的用水设备和产品，大力推广生活节水器具，降低供水管网漏损率。建立用水单位重点监控名录，强化用水监控管理。

1.3.3.4 严格水资源保护

编制水资源保护规划，做好水资源保护顶层设计。全面落实《全国重要江河湖泊水功能区划》，严格监督管理，建立水功能区水质达标评价体系，加强水功能区动态监测和科学管理。从严核定水域纳污容量，制定限制排污总量意见，把限制排污总量作为水污染防治和污染减排工作的重要依据。加强水资源保护和水污染防治力度，严格入河湖排污口监督管理和入河排污总量控制，对排污量超出水功能区限排总量的地区，限制审批新增取水和入河湖排污口，改善重点流域水环境质量。严格饮用水水源地保护，划定饮用水水源保护区，按照"水量保证、水质合格、监控完备、制度健全"要求，大力开展重要饮用水水源地安全保障达标建设，进一步强化饮用水水源应急管理。

1.3.3.5 推进水生态系统保护与修复

确定并维持河流合理流量和湖泊、水库以及地下水的合理水位，保障生态用水基本需求，定期开展河湖健康评估。加强对重要生态保护区、水源涵养区、江河源头区和湿地的保护，综合运用调水引流、截污治污、河湖清淤、生物控制等措施，推进生态脆弱河湖和地区的水生态修复。加快生态河道建设和农村沟塘综合整治，改善水生态环境。严格控制地下水开采，尽快建立地下水监测网络，划定限采区和禁采区范围，加强地下水超采区和海水入侵区治理。深入推进水土保持生态建设，加大重点区域水土流失治理力度，加快坡耕地综合整治步伐，积极开展生态清洁小流域建设，禁止破坏水源涵养林。合理开发农村水电，促进可再生能源应用。建设亲水景观，促进生活空间宜居适度。

1.3.3.6 加强水利建设中的生态保护

在水利工程前期工作、建设实施、运行调度等各个环节，都要高度重视对生态环境的保护，着力维护河湖健康。在河湖整治中，要处理好防洪除涝与生态保护的关系，科学编制河湖治理、岸线利用与保护规划，按照规划治导线实施，积极采用生物技术护岸护坡，防止过度"硬化、白化、渠化"，注重加强江河湖库水系连通，促进水体流动和水量交换。同时要防止以城市建设、河湖治理等名义盲目裁弯取直、围垦水面和侵占河道滩地；要严格涉河湖建设项目管理，坚决查处未批先建和不按批准建设方案实施的行为。在水库建设中，要优化工程建设方案，科学制订调度方案，合理配置河道生态基流，最大程度地降低工程对水生态环境的不利影响。

1.3.3.7 提高保障和支撑能力

充分发挥政府在水生态文明建设中的领导作用，建立部门间联动工作机制，形成工作合力。进一步强化水资源统一管理，推进城乡水务一体化。建立政府引导、市场推动、多元投入、社会参与的投入机制，鼓励和引导社会资金参与水生态文明建设。完善水价形成机制和节奖超罚的节水财税政策，鼓励开展水权交易，运用经济手段促进水资源的节约与保护，探索建立以重点功能区为核心的水生态共建与利益共享的水生态补偿长效机制。注重科技创新，加强水生态保护与修复技术的研究、开发和推广应用。制定水生态文明建设工作评价标准和评估体系，完善有利于水生态文明建设的法制、体制及机制，逐步实现水生态文明建设工作的规范化、制度化、法治化。

1.3.3.8 广泛开展宣传教育

开展水生态文明宣传教育，提升公众对于水生态文明建设的认知和认可，倡导先进的水生态伦理价值观和适应水生态文明要求的生产生活方式。建立公众对于水生态环境意见和建议的反映渠道，通过典型示范、专题活动、展览展示、岗位创建、合理化建议等方式，鼓励社会公众广泛参与，提高珍惜水资源、保护水生态的自觉性。大力加强水文化建设，采取人民群众喜闻乐见、容易接受的形式，传播水文化，加强节水、爱水、护水、亲水等方面的水文化教育，建设一批水生态文明示范教育基地，创作一批水生态文化作品。

第2章　水安全保障

2.1　水安全保障内涵

水是生命之源,也是文明之源。在漫长的历史中,大自然给予人类的水安全是无偿的,水安全的内涵所体现的实际上是人类探寻人水和谐关系的产物。在农耕文明时代,传统意义上的水安全问题,侧重于水的各种不确定性、不均衡性给人类生产与生活造成的重大影响,主要以旱涝灾害方式出现,这种影响往往是超出人们一般条件下的自我保护能力的,这种水安全一般都会通过人类自身的选择与活动基本上确定在一定的可控范围内,人水之间的矛盾能够逐渐弱化,一般不会加剧,不会出现极端形态。

现代意义上的水安全则不一样,它主要是在工业化、城市化进程中出现的,属于人与自然的矛盾突破原来的结构而加剧之后的产物。在工业化、城市化进程中,一方面,取水用水的因素超过一定范围内的承载能力,甚至极大地改变了原来的人水关系,导致了与水资源供给的新矛盾,既有量矛盾,也有结构矛盾;另一方面,工业化、城市化所产生的废水排放和污染,超过了自然水生态环境系统的净化能力,恶化了人类的生存环境,从而形成了以水供给能力不足与水洁净品质下降为主要内容的人水矛盾,水面、水体、水系、水源,甚至整个水循环生态系统所受到的污染在短时期内达到了相当严重的地步,饮水安全都成了问题。小到城市黑臭水体影响着人们的身体健康和生活质量,大到各种温室气体所导致的气候变化及其相应的连锁反应。冰山融化等破坏着整个水生态系统的平衡、稳定与协调,使得水安全的内涵越来越复杂,影响越来越广泛、严重,人类面临前所未有的水安全威胁,这已成为人类必须共同面对和应对的重大生态环境问题。

人与水的关系矛盾升级,出现水安全问题,是人类必须正视和应对的重大的可持续发展问题。因此,在2000年斯德哥尔摩举行的水讨论会上,水安全一词开始出现。这是一个全新的概念,属于非传统安全的范畴。所以,对水安全一词至今无普遍公认定义,大致的观点是指,一个国家或地区可以持续、稳定、及时、足量和经济地获取所需水资源的状态,具体表现在水旱灾害总体可控、城乡用水得到保障、水生态系统基本健康、水环境状况达到优良、涉水重大安全风险可有效应对、其他重要涉水事务相对处于没有危险和不受威胁的状态,这都是国家安全的重要组成部分。

2021年,水利部提出了“以国家水网建设为核心,提升国家水安全保障能力”的“十四五”发展目标,本着“节约优先、空间均衡、系统治理、两手发力”的治水思路,将以建设水灾害防控、水资源调配、水生态保护功能一体化的国家水网为核心,加快完善水利基础设施体系,解决水资源时空分布不均的问题,提升国家水安全保障能力,从防洪安全、供水安全、生态安全、水安全管理四个方面构建了我国的水安全发展战略。

2.2 防洪安全

防洪措施包括防洪工程措施和防洪非工程措施。防洪工程措施主要有堤防、河道整治工程、分洪工程与水库防洪工程等，通过建设和运用这些工程，扩大河道泄量、分流疏导和拦蓄洪水，以达到防洪目的。防洪非工程措施主要内容有洪水预报和调度、洪水警报、洪泛区管理、洪水保险、河道清障、河道管理、超标准洪水防御措施，以及相关法令、政策、经济等防洪工程以外的手段。防洪非工程措施虽不能直接改变洪水存在的状态，但可以预防和减免洪水的侵袭，更好地发挥防洪工程的效益，减轻洪灾损失。

"十四五"期间，国家将坚持人民至上、生命至上，全面分析防洪的自然风险、工程风险和管理风险，注重事后处置向风险防控转变，从减少灾害损失向降低安全风险转变，根据国家现代化建设阶段性要求和水利发展的客观规律，明确大范围流域性、区域性洪水的防灾底线和局部性、突发性洪水的防灾底线。在此基础上，谋划防洪安全风险综合应对和管控措施，提供战略举措。一是消"隐患"，针对防洪薄弱环节和短板领域提出综合应对措施，特别是对存在安全风险的病险水库、河道堤防、水闸、淤地坝等病险水利设施消险。二是强"弱项"，按照相关规划和标准要求，进一步完善大江大河大湖防洪体系，提升中小河流防洪和山洪灾害防治能力、重点涝区和城市排涝能力。三是提"能力"，分析区域经济社会发展和保护对象空间布局出现的新变化、新情况，坚持新建工程和现有工程升级改造并重，推进水利工程达标改造和提质升级。四是强"监控"，坚持以防为主，消除河湖"四乱"，保证行洪河道畅通，完善水文监测预警和防洪调度，建立以防洪安全为核心的水安全风险监控预警机制。

2.2.1 河道治理工程

近年来，许多城乡区域在进行经济建设时并没有注意到保护当地生态环境的重要性，这就造成了一些地区的生态环境遭到了破坏，出现了河道淤塞、河水污染变臭等河道环境问题，严重降低了广大人民群众的生存环境质量，制约了当地社会的经济可持续发展。

河道整治工程围绕河道展开，是水利工程的重要形式之一。河道整治工程是指对河道内外和附属设施进行整治，从而达到排洪或蓄水、输水、调整河势和整治河流生态的目的。河道整治工程有助于提高河流周边地区人民群众的生产生活环境，改善当地生态环境；还可以起到预防洪水等自然灾害的作用，保障周边地区群众的生活质量，促进河流沿岸地区的经济发展。

从技术角度而言，河道水环境整治的技术手段主要有物理方法、化学方法和生物（生态）方法三种。

2.2.1.1 物理方法

物理方法主要通过外移内源污染物或降低污染浓度来达到改善水质的目的，常用的有清淤工程、调水工程等。

（1）底泥疏浚。外移内源污染物是底泥疏浚技术主要所含内容，包括工程、环保和生态三方面。其中,工程疏浚技术是技术最成熟和采用率最高的,环保与生态疏浚技术则是可行性最高的新手段,但受工程条件、规模等限制,只能在局部实施,效果与成本一般成正比,应用具有一定局限性。底泥疏浚可以将原来污染物附着的底泥清除,减少河道水体中污染物的沉积,从而使河流污染物对河流生态系统造成的危害减小。底泥疏浚是一种广泛应用的河道水治理措施,不仅仅在国内,国外许多国家也还在采取这种较早期的清理技术。河流底泥疏浚缺点之一是耗资巨大,消耗大量人力、物力。因此,如果有条件,可以在疏浚措施实施之前,对治理河道进行科学的研判。

(2)环境引水。通过环境引水工程稀释河道中原有污染物的浓度,使河道水质达到相应标准,因此又称换水稀释。环境调水原理简单,但是真正实施起来需要统筹周边水系及环境影响,需要进行可行性分析。另外,环境调水可减少本河道污染,但将污染物通过引水带至下一区域中去,会加重下一区域的河道污染,因此采用此方法还需做好理论推算工作。

(3)人工增氧。溶解于水中的分子态氧称为溶解氧,对于研究河道自净能力来说,这是一个较为重要的指标,河流或者水体有机物含量超高,导致微生物分解有机物的速度增加,水体中的氧含量消耗速度加快,甚至迅速耗尽,从而河流处于"缺氧"状态,水体厌氧型微生物大量繁殖,最终引发水质污染。利用人工增氧技术,可以弥补水体中的氧气消耗过快,使得水体溶解氧含量得到恢复,达到水体自净能力的提升。人工增氧不完全适用于所有受污染的河流,需要根据曝气充氧目标河段水环境情况、河流水利条件等进行增氧。目前,增氧主要采用曝气增氧,即通过布设曝气机、微纳米气泡发生机等设备来提高河道水体含氧量。另外,根据布设设备是否灵活移动,又分为固定曝气增氧和移动曝气增氧。

2.2.1.2 化学方法

化学方法是利用化学反应加速污染物与水体分离来实现水质改善的方法。化学方法见效很快,通常被人们用来应付突发的水体污染情况,如饮用水受到污染。化学物质本身是一种污染来源,因此施用化学药剂对水生态系统也存在二次污染的风险。在河道治理及生态修复过程中,化学方法适合作为应急措施,并不推荐经常使用。

(1)絮凝沉淀。絮凝沉淀技术是较为常用的化学方法,通过向城市受污染的水体投入铁盐、碘盐等药刻,通过药剂与河道底泥中的营养物质产生化学反应,并形成难溶类沉淀,沉淀至河床中。

(2)化学除藻。富营养化污染在城市中广泛存在,对景观水体产生极大的伤害造成的原因是:氮、磷等营养物质大量进入缓流水体,这些营养物质为藻类及其他浮游生物迅速繁殖提供了良好的基础。而藻类对水体溶解氧的消耗,使得鱼类及其他生物缺氧死亡。河道底泥中的微生物通过分解死亡动植物获得养分,不断增加水中氧气的消耗量,又加速了水体的富营养化过程。利用除藻剂对水体中的藻类植物进行杀除,减少藻类植物对溶解氧的消耗,达到消除富营养化污染的目的,是目前常用的治理富营养化污染的措施。

(3)重金属化学固定。通过化学试剂、物理方法等手段,改变河道水环境数值,当河道水质呈碱性环境时,河道底泥中的重金属元素会与水中的羟基反应形成氢氧化物,并最

终沉淀在河床中，从而降低重金属元素的污染。重金属治理通常与河道疏浚相结合，通过化学方法固定在河流底部的重金属污染物，在打捞船的帮助下搬出水体，从源头上减少了重金属重新释放的可能性。随着技术的发展，从河道底泥中提取重金属重新利用已经慢慢普及，不仅能够较好完成河道治理，还能促进废物循环利用。

2.2.1.3　生物（生态）方法

生物方法是利用水生植物、微生物在生长繁殖过程中物质能量交换来消耗污染物。从生态学角度看，生物修复其实是一个人工强化的生态演替过程。目前，生态修复技术因具有生态协调、不易产生二次污染等优点被广泛应用于国内外城市河道水环境治理中，效果显著且副作用小。就具体的技术发展趋势来看，生物方法是水环境修复最有潜力的技术措施之一。按照水体污染程度、污染物类型和生态治理目标，使用者可以搭配不同的生态修复手段，对目的水域做系统周密的论证，然后制订实施方案。

（1）微生物强化技术。微生物治理河流污染是一把“双刃剑”，当河道污染是由于微生物群落缺乏时，通过投加微生物药剂可以有效促进水质改善，但也存在溶解氧消耗过多的风险，需要综合考虑该技术的影响。微生物强化技术可以说“喜忧参半”，由于每条河道都有其特点，因此需要针对河道实际情况来培育相应的微生物群落，培育时间较长，同时，微生物群落受河道水环境影响较大，对周边环境要求较高，但是，如果能够找到相对应的微生物群落，同时河道水环境又相对稳定，那么选用微生物处理水质，也不失为一种良方，毕竟微生物处理水质其处理效果明显，不存在生态安全隐患，且费用低廉。

（2）水生植物净化技术。所谓水生植物净化技术，其主要方式便是通过在水体中种植各类水生植物，包括沉水植物、挺水植物等，来建立水生植物范围内的小生态系统，并通过改善水生植物生态系统改善河道水环境质量，其主要原理是通过水生植物生长吸收水中底泥内的大量营养物质，种植于水体中能够有效降解有机污染物质。另外，种植水生植物，使得水生生态系统物种类型和有氧、缺氧环境得到保障，适宜各类微生物群落生存，促进微生物发挥净化水质的作用。水生植物净化水体从三个方面进行去污：依靠水生植物发达的根系对污染物中颗粒态氮、磷的截留、吸附、促进沉降；直接吸收水体中的各类营养物质，并通过人工将水生植物直接带出水域；微生物通过依赖水生植物所创造的好氧厌氧环境，将污水中的有机态污染物降解或转化成溶解性小分子物质，被植物体吸收利用，或通过硝化反硝化过程去除。生态浮床净化技术是水生植物净化的深化措施，主要运用高分子无土基床来培育水生植物，利用生物群落共生协同作用改善水域生态环境。生态浮床通过减少水的表面阳光照射面积来抑制藻类的光合作用，同时促使浮游植物沉淀，来控制水华的发生，而且生态浮床能够装饰成为河道景观。

（3）人工湿地净化技术。人工湿地净化技术是一种利用天然湿地净化功能的污水处理生态工程措施，在城市污染河流治理和生态修复工程得到越来越多的应用。人工湿地是一个综合性的生态系统，主要由基质材料、湿地植物、附着微生物及原生动物四个部分组成。

（4）生物膜净化技术。所谓生物膜，主要由可供微生物附着的基底组成，材料可以是天然的，也可以由人工合成。当微生物通过一定的渠道附着在基底上时，上述基底表面会形成一层微生物膜，从而通过微生物来净化水质。生物膜技术净水机制是：当有机污染物通过河道水流附着到基底表面时,基底外层的好氧型微生物吸收并降解有机污染物,降解以后的代谢废物会随着流动的水体冲掉,达到持续污水净化的目的。

(5)稳定塘净化技术。稳定塘主要通过自然生长的各类群落来净化处理污水,并形成一整套稳定塘生态系统,充分利用生态系统处理有机废物的能力来处理污水。稳定塘根据塘内微生物群落的不同分为好氧塘、兼氧塘和厌氧塘,运行成本、建设费用均较为低廉,但占地面积大。

(6)多自然型河流构建技术。该技术主要通过对河流构建能够自我修复的生态群落,形成良好生态环境,多自然型河流主要对河床、河滩等区域进行构建,人工布设各类物种栖息群落,重建河流良性循环的生态系统。在城市中采用多自然型河流构建技术,需要根据河流实际情况来构建。

2.2.2 病险水库加固除险工程

水库兼具防洪、供水、农业灌溉、发电等功能,为经济社会发展发挥了重要作用。我国目前已建成的近10万座水库中超八成的水库建于20世纪50—70年代,普遍存在病害隐患多而复杂等“先天缺陷”。病险水库不仅正常发挥效益受限,而且存在一定安全风险。近年来国家发展和改革委、财政部共安排资金1 500余亿元,对2 800多座大中型和6.9万多座小型病险水库进行了除险加固,切实保障了水库安全,有效发挥了水库防洪、供水、灌溉等综合效益。但随着时间推移,许多水库接近或达到使用年限,或因超标洪水、地震等原因工程老化损毁,仍有部分水库陆续进入病险行列。

对洪水标准低的水库,采取加高大坝,扩建泄洪设施或者将两者结合来提高洪水标准。对需抗震加固的水库,如坝坡抗震能力不足,可进行放坡处理或加强坝体防渗或排水,增加坝坡抗震能力;如坝体或地基存在液化危险,可采取更换坝体(基)涂料、振冲加固或加压重体等措施来处理。对坝体结构存在问题的水库,如土坝坝坡不稳定,可对坝坡进行放坡处理或加厚坝体;如坝坡裂缝或塌陷,可采取灌浆或一般回填处理;若混凝土、浆砌石坝的坝体抗滑不稳定,可采用增大坝体断面或用预应力锚索锚固,以增加抗滑能力等方法处理;如遇混凝土坝裂缝,应查清导致裂缝的原因及裂缝发展程度,根据裂缝的性质采用灌浆、锚固或表面封闭等不同方法处理,特别对于大坝上游水平方向的严重裂缝一定要认真研究,妥善处理。对大坝防渗系统有问题的水库,若坝体、坝基防渗出现问题,可根据具体情况分别采用充填灌浆、冲抓、套井、混凝土防渗墙及其他可靠工程措施解决,水平防渗出现问题可修补或用垂直防渗替换。输、放水系统及泄洪系统加固,可分别采用改建、扩建、修补等措施。对有淤积问题的水库,可采取清淤、冲淤、加强来沙区水土治理等方法解决,淤积特别严重的,可考虑降等使用或报废。

加强水库、水闸安全运行管理。定期开展水库、水闸隐患风险排查和安全鉴定,及时除险加固,保障自身安全,提升调蓄能力。加快完成列入国家实施方案的病险水库除险加固任务,消除存量隐患。有序完成已到安全鉴定期限水库的安全鉴定任务,对病险水库及风险较高、防洪任务较重的水库,抓紧实施除险加固,完成以往已实施除险加固的小型水库遗留问题的处理。继续完成经鉴定后新增病险水库的除险加固任务。加强水库运行观测,对存在安全隐患的水库,及时开展安全鉴定,科学组织论证,确有必要的尽快实施除险

加固，不具备条件的予以废弃。健全水库运行管护长效机制，探索实行小型水库专业化管护模式，实现水库安全良性运行。

2.2.3　城市防洪建设

2.2.3.1　加快城市防洪排涝能力建设

创新蓄排空间利用形式。协同海绵城市建设、水土保持、湿地保护等措施，提升下垫面空间涵养水源能力。如湖南省对洞庭湖流域受灾频发、涝灾影响人口多、经济损失大、影响国家粮食安全、治理需求迫切的重点易涝区进行系统治理，加强洞庭湖区排涝能力薄弱环节建设，采取排涝闸泵新建和更新改造、撇洪排涝河道整治、内湖渍堤加固等措施，完善洞庭湖区“撇洪、闸排、滞涝、电排”相结合的治涝工程体系，进一步提升涝区排涝能力，降低内涝风险。

2.2.3.2　提升行洪蓄洪能力

江河的各类分蓄行洪区，是防洪减灾工作体系的必要组成部分。我国江河冲积平原的土地资源已经过度开发，根据技术和经济的可行性，现在的防洪工程只能达到一定标准（防御常遇洪水或较大洪水），必须安排各类分蓄行洪区作为辅助措施，才能达到规划的防洪标准和处理超标准的洪水。

严格管控行洪蓄洪空间，降低人类活动对防洪安全的不利影响。整治、管控影响防洪行为。持续整治河湖乱占、乱采、乱建、乱堆等突出问题，严厉打击各类非法侵占河湖、影响行洪的行为。《中华人民共和国水法》《中华人民共和国河道管理条例》均明确规定：在行洪、排涝河道和航道范围内开采砂石，必须报经河道主管部门批准，按照批准的范围和作业方式开采；河道堤防一般不兼作公路使用，在晴天或堤顶干燥时允许沿岸群众从事生产、生活的小型车辆通行，禁止履带式机动车辆及大型载重车辆通行。但仍会有一些非法违规采砂现象发生，如在禁止采砂的滩地，或者禁止采砂的汛期进行开采。

合理增加行洪蓄洪空间，提高行洪蓄洪能力，可实施水系连通、库塘清淤整修等系统措施，恢复、扩大河道过流能力、湖泊面积和蓄洪容积。合理布局防洪水库，增加洪水拦蓄能力，减轻防洪压力，对接城市建设，适度扩大城区调蓄与治涝能力。

2.2.4　山洪灾害防治

山洪在我国主要指山丘区由降雨诱发的急涨急落的溪河洪水，一般为发生在流域面积 200 km^2 以内、汇流时间 6 h 以内的洪水，主要由暴雨、融雪或堰塞湖、堤坝溃决等自然、人为因素引发。山洪与一般江河洪水特点具有显著区别：一是山洪发生在山丘区小流域，由强降雨诱发，急涨急落，受小流域几何特征及下垫面特性影响显著，产汇流特性复杂多变，洪水过程具有历时短、洪峰模数大、流速快、破坏力强等特点，且预报预警难度相对较大；二是山洪含沙量远大于一般洪水，往往伴随泥石流与滑坡发生，山洪和泥石流在运动过程中可相互转化；三是我国山丘区小流域众多，山洪发生频次高，山丘区小流域和沿河村落防洪能力弱，据统计有人员伤亡的山洪灾害暴雨洪水频率大多是 100 年一遇以上；四是山洪灾害系统具有多尺度多层次结构，各子系统间的关联性及系统的随机性与动态性，是一个复杂的非线性系统。

我国山洪灾害防治手段主要分为非工程措施和工程措施两大类。非工程措施主要包括山洪灾害调查评价、监测预警和群测群防等,工程措施主要包括修建排洪道、丁坝、谷坊、塘、堰、坝等及山洪沟防洪治理措施。

2.2.4.1 山洪灾害调查评价

山洪灾害调查评价是山洪灾害防治项目建设的重要内容。按照《全国山洪灾害防治项目实施方案(2013—2015)》,主要从山丘区人员分布、社会经济、水文气象、地形地貌及山洪灾害范围、威胁程度、防御现状等方面进行山洪灾害调查;围绕现状防洪能力、临界雨量和预警指标、危险区划定等核心内容进行分析评价。山洪灾害调查评价主要是从水文气象、地形地貌和社会经济3个方面,通过普查、详查、现场测量、分析计算、综合评价,掌握我国山洪灾害的区域分布、影响程度、风险区划以及不同区域的预警指标等。以小流域为单元,调查小流域特征、暴雨特性、人员分布、社会经济和历史山洪灾害等情况,分析小流域暴雨洪水规律,评价防治区沿河村落和城镇的防洪现状,划定山洪灾害危险区,明确转移路线和临时安置地点,科学确定山洪灾害预警指标和阈值,建立全国山洪灾害防御数据库,为山丘区2 076个县的山洪灾害监测预警和防御、工程治理等提供基础数据和技术支撑。

为做好全国山洪灾害调查评价工作,中国水利水电科学研究院全国山洪灾害防治项目组进行了系统周密的顶层设计,制定了全国山洪灾害调查评价指标体系、总体工作方案和技术方案、22项技术标准,完成了53万个小流域单元划分及属性提取,进行了小流域产汇流特征分析,开发了调查评价工作底图、现场数据采集和数据审核汇集工具软件等,并推广应用卫星遥感、无人机、激光雷达等新技术以提高调查评价工作质量和效率。通过收集整理加工全国1∶100万、1∶25万和1∶5万数字线划地图(DLG)、数字高程模型(DEM)等国家基础地理信息数据,2.5 m分辨率的近期卫星遥感影像数据,土地利用和植被类型数据,土壤类型和土壤质地类型数据,1∶20万水文地质数据和乡(镇)界线数据,提取了53万个小流域和378万条沟道河流,覆盖国土面积868.67万km^2,形成中国小流域数据集,包括气象特征、暴雨特征、几何特征和产汇流特征的矢量图层及属性数据,建立了全国17级河流、10级流域的分级分层编码体系和拓扑关系,构建了大范围小流域精细划分和属性分析技术体系,形成了全国山洪灾害防御工作底图。这些成果不仅有力地支撑各地山洪灾害防御工作,使我国山洪灾害防治达到一个新的高度,在完善山丘区小流域洪水预报预警理论、促进技术进步、提高工程规划设计和调度运行管理水平等方面也将发挥重大基础支撑作用。

未来,将采用大数据和人工智能技术,对调查评价成果数据进行融合汇集、综合分析、挖掘凝练,总结分析山洪灾害区域规律性和特点,进一步分析山洪灾害时空特征和规律、山洪灾害趋势变化及规律性等,开展基于调查评价成果数据的山洪灾害风险识别与评估、缺资料小流域暴雨洪水分析和山洪灾害预报预警模型研发等,为山洪灾害综合防御和风险管理、制定区域经济发展布局规划、支撑不同行业或部门重点基础设施规划设计和运行管理提供重要技术成果和数据支撑。

2.2.4.2 监测预警技术

山洪灾害监测预警系统是山洪灾害防御最核心、最关键的内容,是减少和避免人员伤

亡和财产损失的重要举措。山洪灾害监测预警体系主要包括水雨情监测系统、各级监测预警平台、预警发布系统。

监测系统建设根据当地交通、通信、植被、地形地貌和社会经济状况,以小流域为单元,在山洪灾害易发区布设监测站点,建立自动遥测与人工简易观测相结合的雨水情监测站网,实现对暴雨洪水的实时监测。与国外发达国家相比,我国山洪灾害防御水雨情监测仍然以地面监测站点为主,整体监测技术水平较为落后,美国、日本、欧盟等发达国家和地区已实现了卫星雷达、X 波段测雨雷达和地面站网综合监测,面雨量监测频次、精度和时效性等方面均领先我国。随着通信、信息化和人工智能等技术快速发展,在未来山洪灾害防御体系建设中,应推进山洪要素监测预警设备逐步由传统的机械式/机电式、单点式向非接触式、智能化、小型化、网络化方向升级;加强卫星和测雨雷达、短时临近天气预报技术在山洪灾害防御中应用,实现局部短历时强降雨的有效发现和降雨场实时快速监测。

监测预警平台利用调查评价的数据、底图,依托计算机、网络等信息技术,实现了雨水情实时入库、自动分析、动态监测、在线查询、在线监视、在线预警发布等功能,并实现国家、省、市、县互联互通和信息共享。山洪灾害预警指标主要包括静态预警指标和动态预警指标两类。静态预警指标主要包括静态临界雨量和成灾流量(水位)等,目前我国已建山洪灾害预警平台中以静态临界雨量预警指标为主。通过多年降雨资料、历史山洪灾害数据积累和全国山洪灾害调查评价成果,推动全国山洪灾害预警指标由静态向动态发展是未来山洪灾害预警的发展趋势。随着“3S”、大数据、人工智能和计算机等新技术的迅速发展,预警方法逐步由经验的静态预警指标法向考虑前期土壤含水量的动态预警指标法及基于实时水文模拟技术和风险评估技术的动态实时风险预警方法发展。

预警发布系统主要为县、乡、村配置预警设备,除通过人工敲锣、鸣哨、手摇警报器等传统方式发布预警信息外,还充分利用短信群发、有线及无线广播、电视等现代化手段,以及针对山洪灾害预警量身定做专用设备,着力解决预警信息“最后一公里”问题,确保预警信息能够及时快速发布传送到千家万户。为适应不同平台和不同预警信息的发布,山洪灾害预警信息发布正在逐步采用国际通用的预警协议 CAP 等标准化格式,实现多渠道多方式向特定和非特定人群实时发布预警信息方向发展。

2.2.4.3　群测群防

群测群防是山洪灾害防御工作的重要组成部分,与专业的监测预警系统相辅相成、互为补充,共同发挥作用。群测群防体系包括责任制体系、防御预案、监测预警、宣传、培训和演练等内容。核心是建立健全责任制,实时掌握水雨情信息并发布预警,确保危险区群众及时转移,提高避险意识,最大限度减少人员伤亡。为指导并规范群测群防体系建设,国家防汛抗旱总指挥部办公室印发了《山洪灾害群测群防体系建设指导意见》,明确要求山洪灾害防治区内的建制村达到“十个一”要求:建立 1 套责任制体系;编制 1 个防御预案;至少安装 1 个简易雨量报警器(重点区域适当增加);配置 1 套预警设备(重点建制村配置 1 套无线预警广播);制作 1 个宣传栏;每年组织 1 次培训,开展 1 次演练;每个危险区确定 1 处临时避险点,设置 1 组警示牌;每户发放 1 张明白卡(含宣传手册)。各省的群测群防体系建设主要通过持续开展宣传、培训、演练,并利用会议、广播、电视、报纸、宣传栏、宣传册、挂图、光碟及发放明白卡等方式宣传山洪灾害防御知识,具有较强的规范性和宣传性。

2.2.4.4 加强山丘区人员搬迁管理

对处于山洪灾害易发区、生存条件恶劣、地势低洼且治理困难地区的居民,考虑农村城镇化的发展方向及满足全面建成小康社会的发展要求,结合易地扶贫、移民建镇,引导和帮助他们实施永久搬迁。此外,进一步规范山丘区人类社会活动,使之适应自然规律,主动规避灾害风险,避免不合理的人类社会活动导致山洪灾害。

2.2.4.5 山洪沟治理

非工程措施是山洪灾害防御的重要手段,山洪沟工程治理是山洪灾害防治的辅助手段。对直接威胁城镇、集中居民点、重要基础设施安全,且难以实施搬迁避让的重点山洪沟,采取护岸、堤防等措施,必要时辅以河道护底、陡坡、跌水等消能措施,提高山洪防御能力。

2.2.5 水旱灾害风险管理

坚持以防为主、防抗救相结合,加强防汛抗旱组织指挥体系建设,由市县逐步延伸到所有乡镇和重点水利工程。严格落实防汛抗旱行政首长负责制、安全度汛责任制、防汛抗旱督查及考核、责任追究制度。加强防汛抗旱应急能力建设,强化预报、预警、预演、预案,完善省级防汛抗旱物资储备体系。加强防汛抗旱服务设施建设与设备配置,提升防汛抗旱管理能力,妥善应对水旱灾害风险,最大程度地预防和减少灾害损失。

2.2.5.1 完善防御制度体系

科学制订防御超标准洪水、雨水旱情预警、水利工程应急处置等灾害防御工作应急预案,针对可能出现的超标准洪水及由此引发的工程失事和变化的流域情况,开展对应的预案研究并制订防御超标准洪水预案,提出灾前、灾中、灾后阶段可行性的减灾对策。动态修编水旱防御预案、流域性洪水调度方案、超标准洪水防御方案等;结合水情开展流域防洪规划修编。

2.2.5.2 提升调度预警能力

建设水文气象监测站网,匹配分析流域内主要支流不利洪水组合情况,建立流域洪水精准预报和水利工程动态调度模型,着力强化短期洪水精准预报预警能力。统筹流域水库、河道湖泊、蓄滞洪区的调蓄能力,充分挖掘工程体系防洪供水潜力,实时掌控预判区域水资源储备及用水状况,做好各类水工程联合调度。

2.2.5.3 加强风险管理

完善流域防洪调度决策辅助系统,强化水旱灾害风险识别,深入开展水旱灾害风险调查和隐患调查,摸清底数,建立清单。开展洪水风险区划,确定洪水风险区和风险等级,实施分类管理。健全蓄洪运用机制,探索蓄滞洪区空间利用新模式,完善蓄洪运用补偿和生态补偿机制。

2.2.5.4 提升应急处置能力

加强防灾减灾知识宣传和科普教育,加强洪水风险图成果应用,开展防灾减灾知识宣传和科普教育,提升公众防洪应急能力,强化全民防灾意识。加强应急队伍现代化建设,

运用新手段、新技术、新装备武装专业应急救援队伍力量,精准部署、协调联动,提升专业应急处置能力。采取措施增强应急反应及灾后重建能力。加强防洪预案演练,增强居民应急避险和自救互救能力,鼓励公众有序参与抗洪抢险,强化社会抗洪应急合力。

2.3　供水安全

2.3.1　水源供给保障

2.3.1.1　加快推进重点水源工程建设

围绕省(自治区、直辖市)经济社会发展,挖掘现状水源潜力,新建重点水源工程。加快推进骨干水网工程、水库等重点水源工程建设,提升重点城市供水保障能力,实施可持续的跨流域水资源调节,完善水源网点工程布局,缓解水资源紧缺区、干旱易发区、粮食主产区水资源矛盾。

2.3.1.2　强化饮用水源保护

我国很多城镇饮用水源受到污染,农村的饮用水安全更得不到保障。应加强对饮用水源地的保护,特别是为城市供水的水库和湖泊,尽快恢复受污染的水质。

动态调整饮用水水源地名录,科学划定集中式饮用水水源保护区。推进集中式饮用水水源保护区标志设置、隔离防护设施建设。严格污染控制,依法清理保护区内违法建筑、排污企业和各类养殖户等。

加强水污染治理,着重解决人为污染引起的水质问题,逐步稳妥推进涉重金属废渣、底泥、矿井涌水等污染治理。加强水源涵养,开展水源地汇水河流生态治理与保护,有条件的水源地实施封闭管理。结合城镇开发和新农村建设,鼓励引导水源保护区人口向城镇转移。

优化水源布局。聚焦人口与城镇布局,适应水资源供求态势,打破地域界限,构建以水库水源为主体的优质水源供给体系,发挥优质水源效益。依据各地地形地貌和流域水资源禀赋,结合城市发展规划,各片区进行水源布局,丰枯并济、多源联调。发挥好水库、湖泊的水源作用。

2.3.1.3　加强备用水源建设

现有水源工程功能调整和提质扩容。通过水源替代或等效补偿等措施优化调整一批已建水源工程的主要开发利用任务,对部分已建水源工程进行扩容增效,恢复、提升或新增供水能力。对水源地水质长期不达标,以及水质风险较高的河流型和地下水型水源地,实施水源置换,优先考虑优质水库型水源。提升水情预报精度,在保证水库安全度汛的前提下,动态确定大中型水库汛期运行水位,提高雨水、洪水资源利用水平。

2.3.2　城乡供水工程建设

2.3.2.1　加快农村饮水安全巩固提升工程建设

巩固维护好已建农村供水工程成果,推动农村供水规模化发展、标准化建设、规范化管理、市场化运行、企业化经营、用水户参与,提升农村供水标准和保障水平。有条件的地区,以县级行政区域为单元,利用区域优质水源配置和重点饮水水源工程,高标准推进城乡供水一体化,新建集中连片规模化供水工程,延伸连通城乡供水管网,推行市场专业化建管模式,逐步实现城乡饮水供给同网、同质、同服务,促进城乡联网供水、公共服务均等化。对县域范围内城乡供水一体化无法覆盖的区域,因地制宜地建设小型集中供水工程和分散微小供水工程。推进水源保护区划定,加强水源地保护,完善水质净化处理措施,加强后备水源地建设,制订突发供水事件应急预案,保障农村饮水水质、水量安全。

农村饮水安全,是指农村居民能够及时、方便地获得足量、洁净、负担得起的生活饮用水。目前我国农村饮水安全普及率并不理想。造成农村饮用水不安全的主要原因有三个:干旱缺水、水源污染和饮水工程缺失。各地农村对水源保护的监管力度不够,也与农民对水源保护意识薄弱、对水源保护的技术水平偏低有关。农村水源地容易受到生活污水、化肥、农药、畜禽粪便、工业废水等污染。水源水质越来越差,出现了水质性缺水。

农村饮水安全包括水量、水质、用水方便程度和供水保证率四项评价指标。

(1)水量方面。根据丰水地区和缺水地区进行分类规定,丰水地区每人每天可获取的水量不低于35 L,缺水地区不低于20 L。

(2)水质方面。农村集中供水工程的用水户,要执行现行水质标准。对分散供水工程的用水户,要求饮用水中无肉眼可见杂质、无异色异味、用水户长期饮用无不良反应。

(3)用水方便程度方面。取水往返时间不超过20 min,取水距离不超过800 m,牧区可适当放宽。

(4)供水保证率方面。供水保证率要大于90%,即一年90%以上的时间供水能得到保障。

2.3.2.2 构建骨干输配水通道,加快局域水网工程建设

构建骨干输配水通道,增强区域优质水源调剂互补能力,巩固提升农村供水工程标准。根据骨干水网规划布局,指导各市建设库河连通工程,并加强与省级骨干水网的连接,构建布局合理、蓄泄兼筹、丰枯调剂、生态良好的省、市、县三级水网工程体系,增强水资源联调联配能力。

2.3.2.3 持续完善供水管网系统

降低管网漏损,提高水资源利用率,对供水能力不足、净水工艺落后的供水工程和漏损严重的老旧管网进行升级改造。具备优质水源的地区,推进区域分质供水系统建设,对于条件成熟的新建住宅小区,实施小区雨水利用工程,开展管道分质供水系统建设。各地根据区域情况在省内和市(州)等中心城区的机场、地铁、医院、公园、景区等公共场所区域,布局直饮水设施。

解决农村水安全问题,要通过以大并小、小小联合、管网延伸等方式,扩大农村集中供水工程规模,并做好服务,提升供水质量,逐步推进自来水入户。还要向群众宣传供水入户的好处,推动改变平时的用水习惯,通过双方共同努力打通农村饮水安全的“最后一公里”。

同时,高寒地区是农村供水的短板,水源不稳定,来水量比较少,冬季供水管网容易上冻。尽量寻找不受严寒影响的水源,如东北、西藏一些地区的井水受温度的影响相对小,

对管网、水厂和水龙头也要加强防冻措施。通过综合措施，推广防冻新技术的应用，防止高寒地区农村供水出现问题，保障长期有效供水。

2.4　水生态安全

水生态安全是指人们在获得安全用水的设施和经济效益的过程中所获得的水既满足生活和生产的需要，又使自然的生态环境得到妥善保护的一种社会状态，是水生态资源、水生态环境和水生态灾害的综合效应，兼有自然、社会、经济和人文的属性。水生态安全包括三个方面：一是水生态安全的自然属性，即产生水生态安全问题的直接因子是自然界水的质、量和时空分布特征；二是水生态安全的社会经济属性，即水生态安全问题的承受体是人类及其活动所在的社会与各种资源的集合；三是水生态安全的人文属性，即安全载体对安全因子的感受，是人群在安全因子作用到安全载体时的安全感。

水生态安全是生态安全的重要组成部分，是保障生态安全的重要前提与基础。水生态安全建设不仅关系到水资源和水环境文明的发展，更关系到与水资源、水生态有关的经济、社会的进步与发展。

2.4.1　科学划定河湖生态空间

2.4.1.1　合理配置经济和生态用水

水资源天然存在，但并不能全部供给人类，全部用于生产和生活。为了保护生态环境，保证可持续发展，大部分水资源是必须留给大自然本身的，用于维持自然生态系统。天然河流、湖泊、沼泽都需要水，依赖其水源生存的植被等都需要消耗一定数量的水资源。

为保护天然河流、湖泊、沼泽及其相关生态系统的结构和功能所要求的标准，所需要的水量称为河道内天然生态需水。天然生态需水指的是需要地表、地下水供给的那一部分，而不包括降水直接供给的水量。

人类经济社会发展可耗用的水资源只是从总水资源中扣除生态需水之后的部分。即

水资源总量=天然生态需水+人类可耗用量

为维护经济社会与生态环境的和谐发展，减少人类对水生态系统的干扰，维持生态功能区生物多样性和生态平衡可持续发展，需要从根本上落实“最严格水资源管理制度”，建立生态基本用水保障制度，因地制宜地开发利用非常规水源，严格控制入河排污，促进水功能区水质达标。

强化国土空间规划对各专项规划的指导约束作用，增强水电、航道、港口、采砂、取水、排污、岸线利用等各类规划的协同性，加强对水域开发利用的规范管理，严格限制并努力降低不利影响。涉及水生生物栖息地的规划和项目应依法开展环境影响评价，强化水生态系统整体性保护，严格控制开发强度，统筹处理好开发建设与水生生物保护的关系。

2.4.1.2　强化河湖生态空间管控

良好的水生态空间（如河湖水域、岸线等）可为河湖生态水文过程提供场所，是维持河湖生态系统完整性的重要条件。应减少挤占河道、围垦湖泊、破坏岸线、非法采砂等河

湖空间无序占用问题,严格水生态空间管控,实行清理整治和占用退出,塑造健康自然的河湖水体与岸线。统筹考虑河湖的水源涵养、保持水土、防风固沙、调蓄洪涝、岸线保护、保护生物多样性、河口稳定等方面的综合功能要求。

生态环境建设和水资源保护利用是一种互相依存的关系,在植被建设中,应当根据当地天然的生态环境条件,构建乔灌草多元化的立体配置。植被包括森林、灌丛、草地、荒漠植被、湿地植被等各种类型,是生态环境的重要组成部分。它对水资源的有利作用表现在:可以涵蓄水分,调节地表径流,控制土壤侵蚀,保护水质,改善流域水环境。森林、灌丛、草地三种植被的水文功能大小取决于各种植被的具体种类、结构及生长情况。三种植被中,以山丘区森林植被的水文调节功能最大,但另一方面,森林植被蒸散需要消耗的水量也相对较大,特别在干旱地区(不包括干旱地区中的高山森林),随着森林覆盖率的增加,流域产水量的减少比较明显。

2.4.2 维护河湖生态系统健康

2.4.2.1 强化水生态系统保护

注重生态要素,建立统筹水资源、水生态、水环境的规划指标体系,实现“有河要有水,有水要有鱼,有鱼要有草,下河能游泳”的目标要求,通过努力让断流的河流逐步恢复生态流量,生态功能遭到破坏的河湖逐步恢复水生动植物生长环境,形成良好的生态系统。对群众身边的一些水体,进一步改善水环境质量,满足群众的景观、休闲、垂钓、游泳等亲水要求。

在下一阶段的河湖水环境治理工作中,要把以往受制于区域分割的局面,以及规划项目与环境改善目标脱钩、盲目上项目的情况,转变为围绕具体河流先研究问题,提出目标并分析评估,按照轻重缓急,上下游配合,左右岸联手,有序采取针对性措施,对症施策、精准治污,实现生态环境质量改善的目标。在水环境改善的基础上,更加注重水生态保护修复,注重“人水和谐”,让群众拥有更多生态环境获得感和幸福感。

生态环境建设对水资源保护利用起了有利的作用,同时,它也要消耗一定的水量。保障生态环境需水,有助于流域水循环的可再生性维持,是实现水资源可持续利用的重要基础。

2.4.2.2 保障水生生物多样性

我国的大江大河出现淡水生物多样性下降的现象。淡水生物多样性通常可以从大宗水产品的渔获量和旗舰物种的种类、数量中反映出来。

提升水生生物多样性保护水平,可针对不同物种的濒危程度,制订保护规划,开展珍稀濒危物种人工繁育和种群恢复工程。推进水产健康养殖,加快编制养殖水域滩涂规划,依法开展规划环评,科学划定禁止养殖区、限制养殖区和允许养殖区。加强水产养殖科学技术研究与创新,推广成熟的生态增养殖、循环水养殖、稻渔综合种养等生态健康养殖模式,推进养殖尾水治理。加强全价人工配合饲料推广,逐步减少冰鲜鱼直接投喂,发展不投饵滤食性、草食性鱼类养殖,实现以鱼控草、以鱼抑藻、以鱼净水,修复水生生态环境。加强水产养殖环境管理和风险防控,减少鱼病发生与传播,防止外来物种养殖逃逸造成开放水域种质资源污染。推进重点水域禁捕。科学划定禁捕、限捕区域。

加快建立长江等流域重点水域禁捕补偿制度,统筹推进渔民上岸安居、精准扶贫等方面政策落实,通过资金奖补、就业扶持、社会保障等措施,健全河流湖泊休养生息制度,在长江干流和重要支流等重点水域逐步实行合理期限内禁捕的禁渔期制度。

长江上游是我国生物多样性最丰富的地区之一。当前国家正在进行西部大开发,包括长江上游在内的西部地区丰富的水电资源将被逐步进行开发和利用。因此,应该把三峡工程对生物多样性的保护工作,与整个长江上游梯级开发规划一起进行综合研究。在科学评价不同河段或支流及其汇水区的水力资源开发价值和生物多样性价值的基础上,对开发和保护问题进行综合规划,统筹安排,开发和保护并重,以保障长江上游地区经济的可持续发展,生物多样性得到有效保护。

2.4.3 严格控制入河排污总量,强化水环境监测

我国近些年来大江大河干流水质稳步改善,但部分流域的支流污染严重。应坚持以河长制湖长制为主导,以水功能区为基础,针对不同流域、区域河湖特点,统筹陆域与水域干支流、上下游、左右岸、城镇乡村,推进"山水林田湖草"水污染的系统防治,实施河湖清洁行动。还应当注重社会供水、自然水循环的良性修复、流域水管理体制与保障等过程的管理,以实现流域自然系统与社会经济系统的和谐统一。

2.4.3.1 加强污染源头防控

落实水功能区限制纳污红线管理,严格控制入河湖排污总量。强化源头减排,降低入河湖污染负荷。充分考虑水资源承载能力和环境容量,确定发展布局、结构和规模;强化过程控制,构筑河湖污染的拦截防线。如加强城镇雨污分流和污水收集管的配套建设,提高污水收集率。优化城乡污水处理设施布局,提升城乡污水处理能力,提高污水处理的排放标准。

2.4.3.2 全面提升水环境质量

全面提升水环境质量可从以下两方面着手发力。

1.提高人类活动地区的水污染排放标准

我国水污染排放标准有《污水综合排放标准》(GB 8978—1996)和《城镇污水处理厂污染物排放标准》(GB 18918—2002),实行分级分类管理。这两项排放标准与《地表水环境质量标准》(GB 3838—2002)未实现对接,对于强人类活动影响下的缺水地区,水环境容量十分有限,导致即使所有污染源都实现达标排放依然不能满足水域环境质量的要求,需要制定比国家标准更为严格的地方标准。对于流域污染物排放量远超过水体纳污能力的区域,可推广太湖流域的经验,制定比国家标准更为严格的标准,包括工业企业废水排放标准、城镇污水处理厂排放标准以及面源污染防治标准等。

2.有效防范水环境风险

严控重点污染物排放总量。加强非常规污染物的防控。提高突发性水污染预警与应急能力。从传统的"事后应急处理"向"全过程风险管理"转变,预防突发性水污染风险。

2.4.4 建设生态宜居水美乡村

按照实施乡村振兴战略的要求,以开展农村水系综合整治、加强农村水污染治理、发

展乡村水美经济为重点，大力推进生态宜居乡村发展，打造各具特色的生态宜居美丽村庄，传承乡村文化，留住乡愁记忆。

2.4.4.1 开展农村水系综合整治

针对农村水系存在的淤塞萎缩、水污染严重、水生态恶化等突出问题，立足乡村河流特点和保护发展需要，以县域为单元、河流为脉络、村庄为节点，通过清淤疏浚、岸坡整治、水系连通、水源涵养与水土保持等多种措施，集中连片推进，水与岸线并治。结合村庄建设和产业发展，开展农村水系综合整治，不断增强人民群众的获得感、幸福感、安全感。

2.4.4.2 加强农村水污染治理

农村水污染具有来源面广、较分散、难收集的特点，排放水质及水量波动大，有机物、氨氮和磷等营养物含量高。应考虑当地的自然环境，辩证地选择适合的工艺。在保证出水水质的情况下，尽量选择能耗小、运维便宜的工艺（在四季光照充足或风量较大的地区可以考虑光伏和风能发电为设备运行提供能源），减少当地政府的运维负担。对于不便于铺设管道的地区，可利用分散式一家一站或几家一站的模式进行生活污水处理。对便于铺设管网的区域，可实现建设中小型污水处理站进行污水处理，或并入现有污水处理厂。

2.4.4.3 发展乡村水美经济

把水与村庄紧密结合起来，实施农田林网工程，形成以水系为脉、田园为底、林带成网的生态网络。大力经营河湖资源，实施小水电生态景观化改造。发展生态农业、旅游等水美经济，切实转向生态化的生活、生产方式，提供优良水生态产品，为农村产业兴旺、农民生活富裕增添新动能。

2.4.5 加强水土保持生态治理

水土保持是削减洪水流量、缓解水资源供需矛盾的措施之一，是通过综合措施，充分拦蓄和利用降水资源，控制土壤侵蚀，改善生态环境，发展农业生产的一项综合治理性质的生态环境工程。应重视小流域综合治理，加强生产建设项目施工区监管，提高水土保持监测力度，从上游山区、平原区农村及城市区三个方面考虑水土流失的防治和施工期的科学管理。进行水土保持的综合治理，在陡坡退耕还林还草的同时，仍要继续加强沟壑治理和基本农田建设等工程措施，并发展蓄集雨水的抗旱补灌，解决人畜饮水困难。开展水土保持监测评价。充分运用高新技术手段开展水土流失动态监测及分析评价，实现年度水土流失动态监测全覆盖和人为水土流失监管全覆盖。

2.5 水安全保障案例

2.5.1 国内水安全保障案例——太湖流域水安全综合整治

2.5.1.1 太湖流域水安全问题

太湖位于长江三角洲南缘，是中国第三大淡水湖，属于大型浅水湖泊，流域总面积为

3.69 万 km^2，正常水位下水面面积为 2 340 km^2，平均水深 1.89 m，蓄水量为 44.3 亿 m^3，多年平均年入湖水量为 76.6 亿 m^3，换水周期约为 300 d，环湖出入湖河流共有 100 多条，其中入湖河流约占 60%。太湖具有饮水、工农业用水、航运、旅游、流域防洪调蓄等多种功能，是长江三角洲地区社会经济发展的重要水资源。太湖水环境问题进入公众视野始于 2007 年的蓝藻大规模暴发。实际上，太湖水环境问题由来已久。

太湖流域水质平均每 10 年下降一个级别，20 世纪 60 年代为Ⅰ~Ⅱ类；20 世纪 80 年代初为Ⅱ~Ⅲ类；20 世纪 80 年代末全面进入Ⅲ类，局部Ⅳ类和Ⅴ类；20 世纪 90 年代中期平均已达Ⅳ类，1/3 湖区为Ⅴ类；2000 年太湖水质为劣Ⅴ类。太湖水环境演化以 20 世纪 80 年代为转折点。20 世纪 80 年代以前，总氮变化较为显著。此后，总氮增长趋势放缓，而 COD 和总磷却呈稳定增长趋势。

经济高速发展的同时，入湖污染物排放量快速增加。中科院南京地理与湖泊研究所监测及相关资料显示，湖体水质方面，总氮浓度在 1960 年仅为 0.23 mg/L，1980 年上升为 0.85 mg/L，1987 年达 1.430 mg/L，2005 年湖区平均浓度为 3.6 mg/L；总磷浓度在 1981 年为 0.02 mg/L，1987 年为 0.046 mg/L，2005 年湖区平均浓度为 0.092 mg/L。以氮、磷指标评价，太湖的中—富营养化和富营养化的面积已占太湖总面积的 90%以上。河流水质方面，1983 年流域内污染河道长度占 40%，1996 年升至 86%；2005 年太湖流域 12 个省界断面中Ⅴ类和劣Ⅴ类水质占 2/3；在 28 个环湖河流监测断面中，水质为Ⅴ类和劣Ⅴ类断面超过 2/3。

蓝藻水华至 20 世纪 70 年代在无锡出现，20 世纪 80 年代每年暴发 2~3 次，20 世纪 90 年代中后期每年暴发 4~5 次，太湖西岸周铁镇，每到夏天就能看到太湖边蓝藻成片堆积、死亡腐败的景象；2000 年，湖心区出现严重蓝藻水华。1990 年 7 月，无锡梅梁湖湖区大面积蓝藻暴发，梅园水厂日减产 5 万 t，市区 116 家工厂被迫停工、减产。1994 年，梅梁湖地区首次出现"湖泛"，饮水水源地水体发臭，梅园水厂减量供水直至停产。最为关注的太湖蓝藻污染事件发生于 2007 年 5、6 月间，江苏太湖暴发严重蓝藻污染，造成无锡全城自来水污染。生活用水和饮用水严重短缺。该事件主要是由于水源地附近蓝藻大量堆积，厌氧分解过程中产生了大量的氨、硫醇、硫醚及硫化氢等异味物质。

2.5.1.2　太湖流域水安全综合整治措施

1.制定了更严格的法规和标准

2007 年，修订出台的《江苏省太湖水污染防治条例》，在全国率先提出最严格的环保法规标准、最难跨的产业准入门槛、最健全的监控体系和最昂贵的违法成本等要求，把产业结构调整、资源优化配置等理念以及行之有效的管理实践上升为法规条款。

针对太湖富营养化问题，2007 年出台了《江苏省太湖流域污水处理厂和重点工业行业污水排放限值》（DB 32j/1072—2007），在全国率先提出了污水处理厂和六大重污染行业最严格的氮磷排放标准。2010 年前后，流域 169 座污水处理厂和六大重点行业的提标改造基本完成。

2.制定了系统的治理规划

2008 年起，国家和江苏省、无锡市三级发改委分别牵头编制了两轮治理太湖国家总体方案和省市实施方案。还先后组织制定了几十个涉及行业、区域、小流域等的专项综合整治规划和方案。国家和省市治太方案以及各专项规划方案组成一套规划系统，有机整合了各地区、各行业治污需求，从规划源头扭转了环保等少数部门单打独斗的局面。如2016年12月，江苏省委、省政府正式实施"两减六治三提升"专项行动（"两减"指减少煤炭消费总量和减少落后化工产能，"六治"是指治理太湖及长江流域水环境、生活垃圾、黑臭水体、畜禽养殖污染、挥发性有机物和环境隐患，"三提升"指提升生态保护水平、环境经济政策调控水平和环境执法监管水平），太湖治理是"六治"的首要任务。2017年1月，省政府还发布了《江苏省"十三五"太湖水环境综合治理行动方案》。

3.设立了专项资金

规划的实施需要资金作为后盾，江苏省财政每年安排20亿元的太湖治理专项引导资金，地方财政拿出10%~20%的新增财力同步配套，重点支持治太总体方案和实施方案中所列的工程项目，以及省政府提出的年度治太重点任务。十年十期共支持了6 400多个项目，省级专项引导资金安排了180多亿元，带动全社会投资超千亿元。

4.建立了较为健全的组织机构

为克服九龙治水痼疾，江苏省实施了一套完善机构的组合拳。2008年，江苏省重新调整了省太湖治理委员会，成员均由单位主要负责人担任，增强了组织领导地位；成立了应急防控领导小组负责指挥安全度夏等工作。另外，专门设立了太湖水污染防治委员会，为治理太湖问诊把脉，2009年正式组建江苏省太湖流域水污染防治委员会办公室，各市县也相继成立了太湖水污染防治办公室，统一履行辖区内治理太湖工作组织协调和综合监管职责。同时，委员会各省级成员单位也相继调整其职责，设置专门处室，配备联络员，负责落实具体治太工作。

5.建立了周密的应急防控机制

制订了江苏省太湖蓝藻暴发和湖泛应急预案，从组织指挥体系、监测预警、应急响应、应急保障、监督管理、信息报送与处理等方面都做了详细的规定，每年应急防控领导小组都要在4月上旬启动部署各项应急度夏工作，保障了各项工作有序开展。

6.实施了较为领先的环境经济政策

水危机后，太湖流域更加注重环境经济政策四两拨千斤的作用，先后实施了排污费差别化征收、污水处理收费收取标准、排污权有偿分配和交易试点、水环境区域补偿、生态补偿、绿色保险、绿色信贷、环境质量达标奖励和污染物排放总量挂钩等一系列政策。

2.5.1.3 太湖流域水安全综合整治成效

1.流域水质持续向好

自2007年治太工作开始启动，湖体水质由2007年Ⅴ类改善为2015年Ⅳ类，综合营养状态指数由中度改善为轻度；高锰酸盐指数、氨氮、总磷等3项考核指标分别处于Ⅱ类、Ⅰ类和Ⅳ类，分别降低11.1%、83.6%和41.6%；参考指标总氮为1.81 mg/L，连续2年消除劣Ⅴ类，较2007年降低35.5%。2015年，流域65个国控断面水质达标率较2011年提高17.3%。15条主要入湖河流年平均水质由2007年9条劣Ⅴ类改善为全部达到Ⅳ类以上。

2."两个确保"顺利实现

制订实施应急预案，严格落实防控措施，连续11年实现了国家提出的"确保饮用水安全，确保不发生大面积湖泛"目标。以太湖为水源的城市基本实现双源供水和自来水

深度处理全覆盖,出厂水质全面达到或超过国家最新卫生标准。全面落实各项应急措施,超额完成国家下达的生态清淤任务,有效减轻了水体污染。加强湖泛防控,落实监测巡查、应急清淤、人工降雨等措施,降低了湖泛发生概率。

3.全面实施综合整治工程

累计关闭化工企业 4 300 多家,关停印染、电镀、造纸等重污染企业 1 000 余家。建成城镇污水处理厂 244 座,污水处理能力达 848 万 t/d,新建污水管网 24 500 km。新建规模循环农业工程 308 处,建设面源氮磷流失生态拦截工程 1 200 多万 m^2,治理大中型规模畜禽养殖场 3 000 处,关停搬迁 5 000 家左右养殖场。全流域拆除围网养殖面积 44 万亩,实施湿地保护与恢复项目 105 个,自然湿地保护率 48.1%,太湖流域建成最大的环保模范城市群和生态城市群。

4.体制机制不断创新

创新小流域治理工作机制,建立由省、地领导共同担任主要入湖河流河长的“双河长”制。蓝藻打捞处置基本实现“专业化队伍、机械化打捞、工厂化处理、资源化利用”。城市生活污水处理推广网格化排水达标区建设。创新经济政策,提高排污收费标准,推行环境资源区域补偿、绿色信贷、环境责任保险、排污权有偿使用和交易试点。创新载体建设,通过环保模范城市、生态市、生态示范区、环境优美乡镇和生态村等不同层次创建活动,推进了治太工作深入开展。

2.5.2　国外水安全保障案例——日本琵琶湖水环境综合管理治理

2.5.2.1　琵琶湖水安全问题

琵琶湖是日本第一大淡水湖,四面环山,面积约 674 km^2。其地理位置十分重要,邻近日本古都京都、奈良,横卧在经济重镇大阪和名古屋之间,是日本近年来经济发展速度最快的地区之一。琵琶湖纳入河流 460 条,流出河流仅濑田川 1 条,自然条件极为封闭,湖体净化周期为 19 年,进多出少的水流格局使得生态环境十分脆弱,因此琵琶湖环境保护的自然净化条件并不好,虽然自明治时代实施对京阪地区供水以来,就一直重视对琵琶湖的水质保护,但随着日本经济高速增长,琵琶湖的环境遭到严重的污染与破坏,水质下降,赤潮、绿藻时有发生,浅水区更是堆满了漂浮来的各种生活垃圾,京都市供水中一度出现过霉臭味。

2.5.2.2　琵琶湖水环境整治措施

1.城市生活污水处理

滋贺县城乡污水处理在琵琶湖污染治理中发挥了十分重要的作用,污水处理率 98.4%,在日本 47 个省级行政单位中排名第二。全县已经建成高度发达的污水管网体系,城市公共下水道普及率达到 87.3%,尚未普及的城区则安装按国家统一标准制作的合并净化槽,接入城市公共下水道后送往滋贺县已经建成的 9 座污水处理厂。滋贺县各级政府所属的污水处理厂严格实施限值标准,不断深化技术升级和质量管理。滋贺县城市污水处理厂污水处理均采取封闭运行并实施除臭处理,解决了污水处理厂建设普遍存在的公众环境污染投诉问题。

2.城镇工业污染治理

1972年日本制定了《水质污浊防止法》,滋贺县同时制定了严于国家限制的企业废水标准,政府要求所有企业均达标排放,经常采取突击性的环境监察和监测,对治理无望的企业实行关闭淘汰,对有意愿治理又缺乏资金的企业提供资金援助,目前境内420家企业中达标企业占到65%,对于达不到企业废水排放标准的企业,其废水禁止直接排入水体,而是纳入城市污水管网进行集中处置。

3.农村面源污染治理

为保护琵琶湖水质,污染物排放较大的畜禽养殖和水产养殖比重已经降到很低,辖区内农业生产以污染程度较低的粮食蔬菜种植和天然水产养殖为主,且大力引进精准施肥、利用堆肥等技术,降低肥料使用量。为解决灌溉用水直接下田的问题,滋贺县409个村落已全部建成污水处理设施,实现农业灌溉排水的循环利用。

4.不断提高公众参与环境治理的意识

琵琶湖水质改善过程中,当地民众发挥了巨大作用,如1977年发生赤潮,全县人民自发走上街头宣传为此专门制定的《富营养化防止条例》,广大家庭妇女积极参与,自觉抵制使用合成含磷洗涤剂。滋贺县人民还常年组织义务植树造林、拾捡垃圾、清除湖体污垢、割刈水草和芦苇、监督企业排污等,涵养水源,减少污染物纳入和湖体中腐败物,推进了湖体水质改善。

2.5.2.3 琵琶湖水环境整治成效

经过30年的治理,琵琶湖的污染得到了有效的控制,蓝藻水华消失,水质好转,水质相当于我国Ⅲ类标准,透明度达到6 m以上,美景重新恢复,成为著名的旅游胜地。

第 3 章　水资源保护

3.1　水资源概述

3.1.1　水资源概念

狭义的水资源是指可供人类直接利用,能不断更新的天然淡水,主要指陆地上的地表水和地下水。通常以淡水体的年补给量作为水资源的定量指标,如用河川年径流量表示地表水资源量,用含水层补给量表示地下水资源量。广义的水资源是指自然界任何形态的水,包括气态水、液态水和固态水。《中华人民共和国水法》中规定:本法所称水资源,包括地表水和地下水。

水资源总量:降水形成的地表和地下产水总量,即地表产流量与降水入渗补给地下水量之和,不包括过境水量。

地表水资源量:河流、湖泊、冰川等地表水体中由当地降水形成的、可以逐年更新的动态水量,用天然河川径流量表示。

地下水资源量:降水和地表水对饱水岩土层的补给量,包括降水入渗补给量和河道、湖库、渠系、渠灌田间等地表水体的入渗补给量。

降水量:从天空降落到地面上的液态或固态(经融化后)水,未经蒸发、渗透、流失,而在水平面上积聚的深度。按时段统计有:以降水起止时计算的一次降水量,以一日、一月及一年计算的日降水量、月降水量及年降水量。降水的主要部分是雨或全部是雨,因此降水量又叫作降雨量。一般所说某地年降雨量若干毫米,是包括了所有各种形式的降水。

流域平均雨量:又叫面雨量。水文工作中常需推求整个流域面上的平均降雨量。最常用的方法是算术平均法和垂直平分法(又叫作泰森多边形法),也有用绘制等雨量线图来推求的。

水资源承载能力:在一定的流域或区域内,其自身的水资源能够持续支撑经济社会发展的能力(包括工业、农业、社会、人民生活等),并维系良好的生态系统的能力。这种承载能力不是无限的,同时,它还有一个前提,就是要在保持可持续发展,也就是保证生态用水和环境用水的前提下再去谈经济发展用水。

水环境承载能力:在一定的水域,其水体能够被继续使用并保持良好生态系统时,所能容纳污水及污染物的最大能力。在一些发达国家,要求城市和工业做到零排放,一方面节水,用水量零增长,另一方面对污水处理做到零排放。有的国家提出水体自净能力的概念,即水环境承载能力等于水体自净能力。

径流:由于降水而从流域内地面与地下汇集到河沟,并沿河槽下泄的水流的统称。可分地面径流、地下径流两种。径流引起江河、湖泊水情的变化,是水文循环和水量平衡的基本要素。表示径流大小的方式有流量、径流总量、径流深、径流模数等。

地面径流:降水后除直接蒸发、植物截留、渗入地下、填充洼地外,其余经流域地面汇入河槽,并沿河下泄的水流。地面径流又由于降水形态的不同,可分为雨洪径流与融雪径流。前者是由降雨形成的,后者是由融雪产生的。它们的性质和形成过程是有所不同的。

当地径流:由当地的降雨或融雪产生的径流。过境河流流入或引入的径流除外。它表征当地产生的可资利用的水量,在农田基本建设中应首先充分利用它。

客水:指本地区以外的来水。例如由过境河流流入的或由外地引进的水,以及由区外高地因降雨产生的滚坡水。在当地水源缺乏时,客水是可资利用的水量,但在当地水量充沛时,客水入侵,有时造成洪涝灾害,须加以防范。

地下径流:降水到达地面,渗入土壤及岩层成为地下水,然后沿着地层空隙向压力小的方向流动,称为地下径流。地下径流是河流的一种水源。河流的枯季径流,主要由地下径流补给。

枯水径流:非汛期的径流。它包括地面水及地下水补给。

年、月径流:分别指一年或一月内流经河道上指定断面的全部水量。通常用年平均流量、月平均流量表示。研究年、月径流在地区和时间上的变化,可以为灌溉、发电等用水部门提供兴利计算所必需的水文数据。

径流量:在水文上有时指流量,有时指径流总量。流量即单位时间内通过河槽某一断面的径流量,以 m^3/s 计。将瞬时流量按时间平均,可求得某时段(如 1 日、1 月、1 年等)的平均流量,如日平均流量、月平均流量、年平均流量等。在某时段内通过的总水量叫作径流总量,如日径流总量、月径流总量、年径流总量等,以 m^3、万 m^3 或亿 m^3 计。

多年平均径流量:多年径流量的算术平均值,以 m^3/s 计。用以总括历年的径流资料,估计水资源,并可作为测量或评定历年径流变化、最大径流和最小径流的基数。多年平均径流量也可以多年平均径流深度表示,即以多年平均径流量转化为流域面积上多年平均降水深度,以毫米数计。水文手册上,常以各个流域的多年平均径流深度值注在该流域的中心点上,绘出等值线,叫作多年平均径流深度等值线。

降雨径流:由降雨所形成的径流。降雨形成径流,就其水体的运动性质,大致可以分为两大过程:产流过程与汇流过程;如就其过程所发生的地点,可以分为在流域面上进行的过程与在河槽里进行的过程。

净雨:降雨量中扣除植物截留、下渗、填洼与蒸发等各种损失后所剩下的那部分量,也叫作有效降雨。净雨量就等于地面径流,因此又叫作地面径流深度。在湿润地区,蓄满产流情况下,净雨就包括地面径流和地下径流两部分。

3.1.2 水资源现状

3.1.2.1 降水量

2021 年,全国平均年降水量为 691.6 mm,比多年平均值偏多 7.4%,比 2020 年减少 2.1%。从水资源分区看,10 个水资源一级区中有 8 个水资源一级区降水量比多年平均值偏多。2021 年水资源一级区降水量见表 3-1。

表 3-1 2021 年水资源一级区降水量

水资源一级区	降水量/mm	水资源一级区	降水量/mm
全国	691.6	淮河区	1 059.3
北方 6 区	405.7	长江区	1 152.8
南方 4 区	1 197.2	其中：太湖流域	1 419.0
松花江区	633.3	东南诸河区	1 748.3
辽河区	725.9	珠江区	1 371.1
海河区	838.5	西南诸河区	1 036.0
黄河区	555.0	西北诸河区	172.6

注：1.北方 6 区指松花江区、辽河区、海河区、黄河区、淮河区、西北诸河区；

2.南方 4 区指长江区（含太湖流域）、东南诸河区、珠江区、西南诸河区；

3.西北诸河区计算面积占北方 6 区的 55.6%，长江区计算面积占南方 4 区的 52.2%。

3.1.2.2 地表水资源量

2021 年，全国地表水资源量为 28 310.5 亿 m^3，折合年径流深为 299.3 mm，比多年平均值偏多 6.6%，比 2020 年减少 6.8%。从水资源分区看，10 个水资源一级区中有 7 个水资源一级区的地表水资源量比多年平均值偏多。2021 年水资源一级区地表水资源量见表 3-2。

表 3-2 2021 年水资源一级区地表水资源量

水资源一级区	地表水资源量/亿 m^3	水资源一级区	地表水资源量/亿 m^3
全国	28 310.5	淮河区	1 064.4
北方 6 区	6 273.1	长江区	11 079.0
南方 4 区	22 037.4	其中：太湖流域	250.5
松花江区	2 043.3	东南诸河区	1 981.0
辽河区	584.8	珠江区	3 625.7
海河区	473.2	西南诸河区	5 351.8
黄河区	860.0	西北诸河区	1 247.5

3.1.2.3 地下水资源量

2021 年，全国地下水资源量（矿化度≤2 g/L）为 8 195.7 亿 m^3，比多年平均值偏多 2.3%。其中，平原区地下水资源量为 2 062.3 亿 m^3，山丘区地下水资源量为 6 390.3 亿 m^3，平原区与山丘区之间的重复计算量为 256.9 亿 m^3。

全国平原浅层地下水总补给量为 2 133.0 亿 m^3。南方 4 区平原浅层地下水计算面积占全国平原区面积的 9%，地下水总补给量为 379.3 亿 m^3；北方 6 区计算面积占 91%，地下水总补给量为 1 753.7 亿 m^3。其中，松花江区 365.4 亿 m^3，辽河区 139.1 亿 m^3，海河区 292.5 亿 m^3，黄河区 196.8 亿 m^3，淮河区 359.5 亿 m^3，西北诸河区 400.5 亿 m^3。

3.1.2.4 水资源总量

2021 年,全国水资源总量为 29 638.2 亿 m^3,比多年平均值偏多 7.3%,比 2020 年减少 6.2%。其中,地表水资源量为 28 310.5 亿 m^3,地下水资源量为 8 195.7 亿 m^3,地下水与地表水资源不重复量为 1 327.7 亿 m^3。全国水资源总量占降水总量的 45.3%,平均单位面积产水量为 31.3 万 m^3/km^2。

3.2 水资源节约

3.2.1 水资源节约法律、法规

水法规体系建设是水利改革发展顶层设计的重要支撑。鉴于我国日益严峻的水安全形势,中共中央、国务院已经密集出台和实施了多项直接或间接涉水的战略、政策、计划和改革方案,立法部门也修改和实施了一些关于环境保护、水资源利用和保护的单行法律,包括修订《中华人民共和国环境保护法》《中华人民共和国水污染防治法》《中华人民共和国防洪法》和《中华人民共和国海洋环境保护法》等以及其他有关环境、资源和土地管理的法律。国家针对这些法律出台了配套实施的国务院行政法规和部门规章。各省及地方政府出台了地方性法规和政府规章,对节约和保护水资源、防治水污染发挥了重要的作用,奠定了良好的基础。据统计,我国已建立并形成了以《中华人民共和国水法》为核心,包括 4 部法律、20 部行政法规、50 余部部门规章以及 980 余部地方性法规和政府规章的较为完备的水法规体系,内容涵盖水旱灾害防御、水资源管理、水生态保护、河湖管理和执法监督等水利工作的各方面,各类水事活动基本做到有法可依。

3.2.1.1 水法律

水法律,是调整有关开发、利用、节约保护和管理水资源,防止水害等人类活动,明确由此产生的各类水事关系而制定的水事法律的总称。我国现行有效的水法律主要有 4 部:一是《中华人民共和国水法》,是中国有关水事的基本法律,是为了合理开发、利用、节约和保护水资源,防治水害,实现水资源可持续利用,适应国民经济和社会发展的需要而制定的法律。1988 年颁布,2002 年进行大幅度修订,2009 年、2016 年分别对其中的个别条文做了进一步修改。二是《中华人民共和国防洪法》,是为了防治洪水,防御、减轻洪涝灾害,维护人民的生命和财产安全,保障社会主义现代化建设顺利进行而制定的法律。1997 年颁布,2009 年、2016 年分别对其中的个别条文进行了修改。三是《中华人民共和国水土保持法》,是为预防和治理水土流失,保护和合理利用水土资源,减轻水、旱和风沙灾害,改善生态环境,保障经济社会可持续发展制定的法律。1991 年颁布,2010 年进行大幅度修订。四是《中华人民共和国水污染防治法》,是为了保护和改善环境,防治水污染,保护水生态,保障饮水安全,维护公共健康,推进生态文明建设,促进经济社会可持续发展而制定的法律,1984 年颁布,1996 年、2008 年和 2017 年分别做了修订。

3.2.1.2 水行政法规

水行政法规是国家最高行政机关依法制定和发布的有关调整水事活动中社会关系的行政法规、决定、命令等规范性文件的总称。现行有效的水行政法规主要有 20 部,包括

《中华人民共和国河道管理条例》《水库大坝安全管理条例》《中华人民共和国防汛条例》《蓄滞洪区运用补偿暂行办法》《长江河道采砂管理条例》《取水许可和水资源费征收管理条例》《大中型水利工程建设征地补偿和移民安置条例》《黄河水量调度条例》《中华人民共和国水文条例》《中华人民共和国抗旱条例》《太湖流域管理条例》《长江三峡水利枢纽安全保卫条例》《南水北调工程供用水管理条例》《农田水利条例》等。

3.2.1.3 水行政部门规章

水行政部门规章是由国家行政管理机关根据法律和国务院的行政法规、决定、命令、规定,在职权范围内,按照规定的立法程序所制定的,以部令形式发布,调整社会水事活动关系,具有普遍约束力的行为规范的总和。现行有效的水行政部门规章有50余部,包括《水行政处罚实施办法》《水利工程供水价格管理办法》《水量分配暂行办法》《取水许可管理办法》等,内容涵盖水资源管理、河道管理、水土保持、水政监察等水利管理的主要方面。

3.2.1.4 地方性水法规

地方性水法规是由依法享有立法权的地方国家权力机关和地方国家行政机关按法定程序制定的有关调整水事关系的地方性法规、决定、命令等规范性文件的总称。截至2019年,历年制定、修改且现行有效的地方水法规总计980余部,涉及以下领域:综合与监管、水旱灾害防御、水资源管理、水生态保护、河湖管理、水利工程管理。

3.2.2 水资源节约措施

3.2.2.1 农业节水

1.节水灌溉方式

(1)田间地面灌水。改土渠为防渗渠输水灌溉,可节水20%。推广宽畦改窄畦,长畦改短畦,长沟改短沟,控制田间灌水量,提高灌水的有效利用率,是节水灌溉的有效措施。

(2)管灌。是利用低压管道(埋设地下或铺设地面)将灌溉水直接输送到田间,常用的输水管多为硬塑管或软塑管。该技术具有投资少、节水、省工、节地和节省能耗等优点。与土渠输水灌溉相比管灌可省水30%~50%。

(3)微灌。包括微喷灌、滴灌、渗灌等微管灌等,是将灌水加压、过滤,各级管道和灌水器具灌水于作物根系附近。微灌属于局部灌溉,只湿润部分土壤。对部分密播作物适宜。微灌与地面灌溉相比,可节水80%~85%。微灌与施肥结合,利用施肥器将可溶性的肥料随水施入作物根区,及时补充作物所需要水分和养分,增产效果好,微灌应用于大棚栽培和高产高效经济作物上。

(4)喷灌。是将灌溉水加压,通过管道,由喷水嘴将水喷洒到灌溉土地上,喷灌是目前大田作物较理想的灌溉方式,与地面输水灌溉相比,喷灌能节水50%~60%。但喷灌所用管道需要压力高,设备投资较大,能耗较大,成本较高,适宜在高效经济作物或经济条件好、生产水平较高的地区应用。

(5)关键时期灌水。在水资源紧缺的条件下,应选择作物一生中对水最敏感、对产量影响最大的时期灌水,如禾本科作物拔节初期至抽穗期和灌浆期至乳熟期,大豆的花芽分化期至盛花期等。

2.节水抗旱栽培

(1)深耕深松。以土蓄水,深耕深松,打破犁底层,加厚活土层,增加透水性,加大土壤蓄水量,减少地面径流,更多地储蓄和利用自然降水。玉米秋种前深耕 29 cm 加深松到 35 cm,其渗水速度比未深耕松地快 10~12 倍,较大降水不产生地面径流,使降水绝大部分蓄于土壤。据测定,活土层每增加 3 cm,每亩蓄水量可增加 70~75 m^3。加厚活土层又可促进作物根系发育,提高土壤水分利用率。

(2)选用抗旱品种。称为作物界骆驼的花生等作物抗旱性强,在缺水旱作地区应适当扩大种植面积。同一作物的不同品种间抗旱性也有较大差异。

(3)增施有机肥。可降低生产单位产量用水量,在旱作地上施足有机肥可降低用水量 50%~60%,在有机肥不足的地方要大力推行秸秆还田技术,提高土壤的抗旱能力。合理施用化肥,也是提高土壤水分利用率的有效措施。

(4)防旱保墒。用中耕和镇压保蓄土壤水分。

(5)覆盖保墒。一是薄膜覆盖,在春播作物上应用可增温保墒,抗御春旱。二是秸秆覆盖,即将作物秸秆粉碎,均匀地铺盖在作物或果树行间,减少土壤水分蒸发,增加土壤蓄水量,起到保墒作用。

3.化学调控抗旱措施

(1)保水剂。能在短时间内吸收其自身重量几百倍至上千倍的水分,将保水剂用作种子涂层,幼苗蘸根,或沟施、穴施或地面喷洒等方法直接施到土壤中,就如同给种子和作物根部修了一个小水库,使其吸收土壤和空气中的水分,又能将雨水保存在土壤中,当遇旱时,它保存的水分能缓慢释放出来,以供种子萌发和作物生长需要。

(2)抗旱剂。属抗蒸腾剂,叶面喷洒,能有效控制气孔的开张度,减少叶面蒸腾,有效抗御季节性干旱和干热风危害。喷洒 1 次可持效 10~15 d。还可用作拌种、浸种、灌根和蘸根等,提高种子发芽率,出苗整齐,促进根系发达,可缩短移栽作物的缓苗期,提高成活率。

(3)种子化学处理。可提高种子发芽率,使苗齐、苗壮。

3.2.2.2　工业节水

工业用水是指工、矿企业在工业生产的制造、加工、冷却、洗涤等过程中与使用空调、锅炉等生产设施时的用水以及厂内职工生活用水的总和。加强工业节水可以缓解我国水资源的供需矛盾,还可以减少废水及其污染物的排放,改善水环境,因此也是我国实现水污染减排的重要举措。

社会经济要发展,不能通过降低工业产值来减少工业用水。工业节水的主要策略在于调整工业生产结构、采取经济措施和依靠科技进步等方面。

1.调整工业生产结构实施源头节水

在当前形势下,既要促进经济不断发展,又要实现节水,关键之一是要转变经济增长方式,优化产业结构,降低高耗水产业比重,鼓励发展高新技术产业,优先发展对经济增长有重要带动作用的低耗水产业,不断加大高新技术产业比重。鼓励运用高新技术和先进

技术改造及提升传统产业,促进产业结构优化和升级。国家对落后的、耗水过高的产品、设备实行淘汰制度,节水主管部门定期公布淘汰的、耗水过高的产品、设备目录,并加大监督检查力度。达不到强制用水标准的水产品或建筑,不能出厂或不准开工建设,对生产、销售和使用国家淘汰的、耗水过高的产品、设备的,要加大惩罚力度。

2.采取经济措施促进节水

水是一种特殊的商品,可制定水价政策促进高效用水、偿还工程投资和支付维护管理费用等,如采用累进制水价和高峰用水价模式。

3.依靠科技进步提高工业用水重复利用率

工业用水中,水的循环利用和回用均有利于提高水的重复利用率。因此,要大力发展和推广工业用水重复利用技术,包括发展循环用水系统、回用水系统;发展和推广蒸汽冷凝水回收再利用技术;发展外排废水回用和"零排放"技术等。

3.2.2.3　生活节水

随着经济与城市化进程的发展,用水人口增加,城市居民生活水平不断提高,公共市政设施范围不断扩大与完善,预计在今后一段时间内城市生活用水量将呈增长之势。因此,城市生活节水的核心是在满足人们对水的合理需求的基础上,控制公共建筑、市政和居民住宅用水的持续增长,使水资源得到有效利用。其主要途径有:实行计划用水和定额管理,进行节水宣传教育,推广应用节水器具与设备,以及发展城市再生水利用。

1.实行计划用水和定额管理

通过水平衡测试,分类分地区制定科学合理的用水定额,逐步扩大计划用水和定额管理制度的实施范围,对城市居民实行计划用水和定额管理制度。

针对不同类型的用水,实行不同的水价,以价格杠杆促进节约用水和水资源的优化配置,强化计划用水和定额管理力度。

居民住宅用水全面实行分户装表,计量收费,逐步采用阶梯式计量收费。

2.应用节水器具与设备

1)节水型水龙头

推广使用接触自动控制式、延时自闭、停水自闭、脚踏式、陶瓷膜片密封式等节水型水龙头。

2)节水型淋浴器

集中浴室普及使用冷热水混合淋浴装置,推广使用卡式智能、非接触自动控制、延时自闭、脚踏式等淋浴装置;宾馆、饭店、医院等用水量较大的公共建筑推广采用淋浴器的限流装置。

3)节水型便器

推广使用两档式便器,新建建筑便器小于6 L。公共建筑和公共场所使用6 L的两档式便器,小便器推广使用非接触式控制开关装置。

3.3　水资源保护

水资源保护(water resources protection)是指为防止因水资源不恰当利用造成的水资

源污染和破坏,而采取的法律、行政、经济、技术、教育等措施的总和。

3.3.1 水资源保护法律措施

法律措施是保护水资源及涉水事务的一种强制性手段。依法管理、保护水资源,是维护水资源开发利用秩序、优化配置水资源、消除和防治水害、保障水资源可持续利用、保护自然和生态系统平衡的重要措施。

水资源保护法律是以立法的形式,通过水资源法规体系的建立,为水资源的开发、利用、治理、配置、节约和保护提供法律依据,调整与水资源有关的人与人的关系,并间接调整人与自然的关系,从而达到人与人、人与自然、人与社会、人与水资源的和谐。

水资源保护法律以保护水资源和改善水环境状况为宗旨,它所约束的对象不仅是公民个人,而且包含了社会团体、企事业单位以及政府机关。

在中国,有关水资源保护的法律和法规有《中华人民共和国水法》《中华人民共和国水污染防治法》《中华人民共和国环境保护法》《中华人民共和国水土保持法》《取水许可制度实施办法》《中华人民共和国水土保持法实施条例》《城市地下水开发利用保护管理规定》《城市供水条例》《城市节约用水管理规定》《淮河流域水污染防治暂行条例》等。

3.3.1.1 水法

《中华人民共和国水法》是我国水的基本法,是制定有关水的法律法规的依据之一。

随着水资源工程的大量兴建和用水量的不断增长,水资源管理需要考虑的问题越来越多,已逐步形成专门的技术和学科。主要保护措施内容如下:

(1)水资源的所有权、开发权和使用权。所有水资源属于国家所有。水资源的所有权由国务院代表国家行使。农村集体经济组织的水塘和由农村集体经济组织修建管理的水库中的水,归该农村集体经济组织使用。国家对水资源依法实行取水许可制度和有偿使用制度。

(2)水资源的政策。为了管好用好水资源,对于如何确定水资源的开发规模、程序和时机,如何进行流域的全面规划和综合开发,如何实行水源保护和水体污染防治,如何计划用水、节约用水和计收水费等问题,都要根据国民经济的需要与可能,制定相应的方针政策。

(3)水量的分配和调度。在一个流域或一个供水系统内,有许多水利工程和用水单位,往往会发生供需矛盾和水利纠纷,因此要按照上下游兼顾和综合利用的原则,制订水量分配计划和调度方案,作为正常管理运用的依据。

(4)防洪措施。洪水灾害给生命财产造成巨大的损失,甚至会扰乱整个国民经济的部署。在防洪管理方面,除维护水库和堤防的安全外,还要防止行洪、分洪、滞洪、蓄洪的河滩、洼地、湖泊被侵占破坏,并实施相应的经济损失赔偿政策,试办防洪保险事业。

(5)水情预报。由于河流的多目标开发,水资源工程越来越多,相应的管理单位也不断增加,只有加强水文观测,做好水情预报,才能保证工程安全运行和提高经济效益。

3.3.1.2 水污染防治法

广义的水污染防治法是指国家为防治水环境的污染而制定的各项法律法规及有关法律规范的总称。狭义的水污染防治法指国家为防止陆地水(不包括海洋)污染而制定的法律法规及有关法律规范的总称。

主要的保护措施制度如下：

1.目标责任制和考核制度

各级人民政府对本行政区域的水环境质量负责，县级以上人民政府应当将水环境保护工作纳入国民经济和社会发展规划。

2.饮用水源保护区管理制度

为了保障饮用水安全，要优先保护饮用水水源。完善饮用水水源保护区分级管理制度，对饮用水水源保护区实行严格管理。禁止设置排污口；禁止在一级保护区内新、改、扩建与供水设施、保护水源无关的建设项目；禁止在准保护区内新建、扩建对水体污染严重的项目；改建项目不得增加排污量；禁止在二级保护区内新、改、扩建排污项目。

3.总量控制制度、区域限批制度

国务院环境保护主管部门在征求国务院有关部门和各省、自治区、直辖市人民政府意见后确定重点水污染物排放总量控制指标。省、自治区、直辖市人民政府应当按照国务院的规定削减和控制本行政区域的重点水污染物排放总量；可以根据本行政区域水环境质量状况和水污染防治工作的需要，对国家重点水污染物之外的其他水污染物排放实行总量控制。

对超过总量控制指标的地区，暂停审批新增重点水污染物排放总量的项目的环评文件。

4.排污许可证制度

直接或者间接向水体排放工业废水和医疗污水以及其他按照规定应当取得排污许可证方可排放的废水、污水的企业事业单位和其他生产经营者，应当取得排污许可证；城镇污水集中处理设施的运营单位，也应当取得排污许可证。

禁止企业事业单位和其他生产经营者无排污许可证或者违反排污许可证的规定向水体排放规定的废水、污水。

5.禁止超标、超总量控制制度

排放水污染物，不得超过国家或地方规定的水污染物排放标准和重点水污染物排放总量控制指标。

6.水污染事故应急处置制度

政府应当做好突发水污染事故的应急准备、应急处置和事后恢复工作。

企业应当制订应急预案，并定期演练。生产、储存危险化学品的单位应采取措施，防止在处理事故中产生的消防废水、废液直排水体。

发生事故后，企业应当立即启动应急预案，采取应急措施，并及时报告。

7.排污单位自我监测制度

实行排污许可管理的企业事业单位和其他生产经营者应当按照国家有关规定和监测规范，对所排放的水污染物自行监测，并保存原始监测记录。重点排污单位还应当安装水污染物排放自动监测设备，与环境保护主管部门的监控设备联网，并保证监测设备正常运行。

3.3.1.3 环境保护法

《中华人民共和国环境保护法》是为保护和改善环境,防治污染和其他公害,保障公众健康,推进生态文明建设,为促进经济社会可持续发展制定的国家法律。

1996年以来,国家制定或修订了包括水污染防治、海洋环境保护、大气污染防治、环境噪声污染防治、固体废物污染环境防治、环境影响评价、放射性污染防治等环境保护法律,以及水、清洁生产、可再生能源、农业、草原和畜牧等与环境保护关系密切的法律;国务院制定或修订了《建设项目环境保护管理条例》《中华人民共和国水污染防治法实施细则》等50余项行政法规;发布了《关于落实科学发展观加强环境保护的决定》等法规性文件。国务院有关部门、地方人民代表大会和地方人民政府依照职权,为实施国家环境保护法律和行政法规,制定和颁布了规章和地方性法规660余件。

环境税(environmental taxation),也有人称为生态税(ecological taxation)、绿色税(green tax),是20世纪末国际税收学界才兴起的概念,它是把环境污染和生态破坏的社会成本,内化到生产成本和市场价格中去,再通过市场机制来分配环境资源的一种经济手段。2011年12月,财政部同意适时开征环境税。《中华人民共和国环境保护税法》于2018年1月1日起施行,环境税正式开征。

3.3.1.4 相关法规条例和制度

相关法规条例和制度分别有《中华人民共和国河道管理条例》《中华人民共和国水土保持法》《取水许可管理办法》和《建设项目环境保护管理条例》等。

1.河道管理条例

《中华人民共和国河道管理条例》是根据《中华人民共和国水法》制定的,2018年3月通过了第四次修正。这部法规的实施,在规范河道管理,加强防洪安全、供水安全和水工程安全,发挥江河湖泊的综合效益方面都发挥了积极的作用。

2.水土保持法

《中华人民共和国水土保持法》于2010年12月进行了修订。为了避免水土的过度流失,从保护水土资源的角度出发,通过改良以及合理利用,提高并维护土地的生产力,为了能够充分发挥水土资源的生态效益、经济效益、社会效益,必须要采取综合性的保护措施。

3.取水许可管理办法

为加强取水许可管理,规范取水的申请、审批和监督管理,根据《中华人民共和国水法》和《取水许可和水资源费征收管理条例》(简称《取水条例》)等法律法规,制定《取水许可管理办法》,本办法于2008年发布,2017年第二次修订。

4.建设项目环境保护管理条例

《建设项目环境保护管理条例》是为防止建设项目产生新的污染、破坏生态环境而制定的。由中华人民共和国国务院于1998年11月29日发布,2017年《国务院关于修改〈建设项目环境保护管理条例〉的决定》通过,同时予以公布。

3.3.2 水资源保护行政措施

水资源保护行政措施主要指政府各级水行政管理机关,依据国家行政机关职能配置和行政法规所赋予的组织和指挥权力,对水资源及其环境保护管理工作制定方针、政策,建立法规,颁布标准,进行监督协调,实施行政决策和管理,是进行水资源保护管理活动的体制保障和组织行为保障。

3.3.2.1　水资源保护行政措施概述

水资源保护行政体制是一个递阶组织结构形式,各级都有各级的隶属关系和一定的责、权、利关系。通过行政手段可以上情下达和下情上报,维持水资源管理工作的运转。由于水的流动性和不确定性,常常出现水灾、旱灾、突发的水污染和公害事件以及水事纠纷等,可利用行政机构权威和与地方政府配合,及时调动人力、物力、财力解决防灾、抗灾、协调地区及部门间的水务矛盾,以保证水资源管理目标的实现。行政手段是水资源管理的执行渠道,又是解决突发事件强有力的组织者和指挥者。

行政措施是目前我国进行水资源管理常用的方法。国务院、水利部以及地方人大、政府都制定了大量的有关水资源管理的规章、命令、决定和条例等,这些规章、命令、决定和条例在水资源管理中起到了统一目标、统一行动的作用。

水资源保护行政措施的类型可以分为命令-控制手段和经济手段两大类。

1.命令-控制手段

水资源行政管理组织利用法律赋予的行政权力,以行政命令或法规条例的形式对各种水资源活动进行直接干预,将行为主体、行为方式、产生后果等限制在一定的时间、空间范围内或一定的标准之内。命令-控制手段运用的前提是行政组织拥有法定的权力,其特点是强制性,被管理者必须服从命令,否则就要受到行政处罚。命令-控制手段主要包括计划、许可、禁止、制定标准、审查登记等形式。

2.经济手段

经济手段是指在水资源管理中利用价值规律,运用价格、税收、信贷等经济杠杆,控制生产者在水资源开发中的行为,调节水资源的分配,促进合理用水、节约用水。经济手段的主要方法包括审定水价和计收水费、水资源费,制定实施奖罚措施等。利用政府对水资源定价的导向作用和市场经济中价格对资源配置的调节作用,促进水资源的优化配置和各项水资源管理活动的有效运作。

3.3.2.2　水资源权属

1.水权

水权是指由水资源所有权、水资源使用权(用益权)、水环境权、社会公益性水资源使用权、水资源行政管理权、水资源经营权、水产品所有权等不同种类的权力组成的水权体系,其中水资源产权则是一个混合性的权利束,本书所讨论的水权是指水资源的所有权以及从所有权中分设出的用益权。水资源的所有权是对水资源占有、使用、收益和处置的权力,所有权具有全面性、整体性和恒久性的特点。《中华人民共和国水法》明确规定,水资源属于国家所有,水资源的所有权由国务院代表国家行使。农业集体经济组织所有的水塘、水库中的水,属于集体所有。为适应不同的使用目的,可以在使用权的基础上,着眼于水资源的使用价值,将其各项权能分开,创设使用权、用水权、开发权等。其中最重要的是水资源的使用权。

2.水权的管理与转让

1)水权的管理

水权管理(water right administration)是作为国有水资源产权代表的各级政府的水行政主管部门,运用法律的、行政的、经济的手段,对水权持有者在水权的取得和使用以及履行义务等方面所进行的监督管理行为或活动。

水权管理的主要内容如下:

一是合法授予水权。在水资源属于国家所有的国家,一般通过水权登记或实施取水许可制度,使申请者取得水权。《中华人民共和国水法》规定,实施取水许可制度。

二是制定和实施有关水权的政策法规。在用水的优先顺序、取水许可的实施范围和办法、水权的调整、水权持有者的义务等方面制定相应的政策和法规,并加以贯彻实施。

三是对水权持有者行使权力和履行义务的行为进行监督管理。行使的权力主要有:依取水许可而取得额定水资源的使用权;为满足额定水资源而兴建水工程的修建权(但要遵守法定基建程序和河道管理范围内建设项目审批规定);对生产商品水而获得收益权(如计收水费)等。水权持有者应尽的义务主要有:严格贯彻执行取水许可制度;缴纳水资源费;接受行政执法监督,服从防治水害、防洪的需要;自觉主动防治水污染等。当法定水权遭到侵害时,可向水行政主管部门提出行政保护申请,也可向法院提出司法保护申请,以排除对其合法权益的侵害。

四是坚持水资源使用权的共享性。在发生水事纠纷时必须按照《中华人民共和国水法》的规定,妥善调处。

五是水权调整。根据国家建设的需要,或遇严重干旱年份,各级政府及其水行政主管部门,有权对水权进行调整。

2)水权的转让

水权转让是水权流动的一种形式,是水权主体对自己权力的一种处分,转让的主要是水资源使用权。鉴于我国的政治经济和行政管理体制,从大的方面分,国有水资源使用权的流动可以分为四种情况:一是国有水资源使用权同时进行跨流域、跨行政区域的流动;二是国有水资源使用权在同一流域、不同行政区间流动;三是国有水资源使用权在同一行政区、不同流域间流动;四是国有水资源使用权在同一流域、同一行政区内流动。

3.3.2.3 水资源行政管理监督

水资源行政管理监督是对水资源行政管理组织和行政人员的行政管理活动所实施的监督和控制,是水资源行政管理的重要组成部分。有效的监督能够防止水资源行政权力的滥用和腐化,保证水资源行政管理职能和目标的顺利实现,防止目标变形和走样。监督还兼有信息反馈的任务,有利于根据不断变化的客观实际对行政管理活动进行修正。水资源行政管理的监督一般可以分为系统内部的监督和系统外部的监督两方面。

1.水资源行政管理系统内部的监督

水资源行政管理系统内部的监督是水资源行政管理组织自身作为监督主体,对其各个组成部分的水资源行政管理活动的控制过程。

内部监督是水资源行政管理的一种自我调节机制,是行政权力主体自我控制、自我调

节的手段。水资源行政管理的内部监督分为一般性监督和专职监督。

一般性监督是指水资源行政管理组织、人员之间由于职责、权力的设置和分工而自然形成的相互制衡关系,包括上下级之间发生的纵向监督和同一级别不同部门之间的横向监督。一般性监督没有特定的指向,是在水资源行政管理组织正常的隶属关系、工作关系和业务范围内对日常工作所进行的监督,这是水资源行政管理监督中最基本、最普遍的形式。

专职监督则是指由政府专设的监督机构,根据特殊授权而对其他水资源行政管理组织和人员实施的监督,如我国设立的监察部驻水利部监察局、地方水利局的监察处等。专职监督的监督职责和目标通常比较明确,主要是监督检查水资源行政管理组织和人员执行国家法律、法规、政策、决议的情况,调查处理监察对象违法、违纪行为及受理不服处分的申诉,接待受理信访举报等。

2.水资源行政管理系统外部的监督

水资源行政管理系统外部的监督是水资源行政管理组织以外的权力主体,为保证水资源行政管理活动的合法性、合理性和社会效益而对水资源行政管理组织、人员和管理活动进行的监督。与内部监督不同,外部监督系统与被监督者之间不存在直接的依附关系,因而有利于监督活动的客观和公正。

按照实施外部监督的权力主体的不同,可以将外部监督分为国家权力的监督和社会权力的监督两种基本形式。

国家权力的监督是除行政机关外的立法机关、司法机关对水资源行政管理的监督。其核心问题是依法监督,即通过国家法律制度的制定和运用,来制约和督促水资源行政管理部门、人员依法进行水资源管理。

社会权力的监督则是指除国家机关外的社会组织、团体、用水户以及舆论等社会行为主体,依据法定权力,必要时经过法定程序对水资源行政管理的监督,即通常所说的公众参与。一切水资源行政管理的职能和目标最终都是通过被管理者的实践来体现的。公众参与是水资源管理民主化、多元化的体现,有利于增强政府与公众之间的理解,减少各种水资源管理政策、手段在执行过程中的阻力。

3.3.3 水资源保护经济措施

水资源既是重要的自然资源,也是不可缺少的经济资源。水资源保护的经济措施,就是以经济理论作为依据,由政府制定各种经济政策,运用有关的经济政策作为杠杆,间接调节和影响水资源的开发、利用、保护等水事活动,促进水资源可持续利用和经济社会可持续发展。具体来说,水资源管理的经济措施,目前应用比较广泛的有水价和水费政策、环境税制度、补贴措施以及水权和水资源市场等。

3.3.3.1 水价

水价制度作为一种有效的经济调控杠杆,涉及经营者、普通用户、政府等多方面因素,用户希望获得更多的低价用水,经营者希望通过供水获得利润,政府则希望实现其社会稳定、经济增长等经济目标。但从整体角度来看,水价制度的目的在于在合理配置水资源,保障生态系统、景观娱乐等社会效益用水以及在可持续发展的基础上，鼓励和引导合理、有效、最大限度地利用可供水资源，充分发挥水资源的间接经济、社会效益。

水价是水资源使用者为获得水资源使用权和可用性需支付给水资源所有者的一定货币额，它反映了资源所有者与使用者之间的经济关系，体现了对水资源有偿使用的原则、水资源的稀缺性、所有权的垄断性及所有权和使用权的分离，其实质就是对水资源耗竭进行补偿。水费是水利工程管理单位(如电管站、闸管所)或供水单位(如自来水公司)为用户提供一定量的水而收取的一种用于补偿所投入劳动的事业型费用。

水价制定的过程中，要考虑用水户的承受能力，保障起码的生存用水和基本的发展用水；而对不合理用水部分，则通过提升水价、利用水价杠杆来强迫减少控制、逐步消除不合理用水，以实现水资源有效利用。

3.3.3.2 环保税

环境保护税是对向环境排放污染物或者超过国家排放污染物标准的排污者，根据规定征收一定的费用。这项法律运用经济手段可以有效促进污染治理和新技术的发展，保护和改善环境，减少污染物排放，推进生态文明建设。

我国环保税的征收主要遵照2018年实施的《中华人民共和国环境保护税法》和《中华人民共和国环境保护税法实施条例》等执行。

《中华人民共和国环境保护税法》和《中华人民共和国环境保护税法实施条例》中规定：在中华人民共和国领域和中华人民共和国管辖的其他海域，直接向环境排放应税污染物的企业事业单位和其他生产经营者为环境保护税的纳税人。依法设立的城乡污水集中处理、生活垃圾集中处理场所超过国家和地方规定的排放标准向环境排放应税污染物的，应当缴纳环境保护税。企业事业单位和其他生产经营者贮存或者处置固体废物不符合国家和地方环境保护标准的，应当缴纳环境保护税。

3.3.3.3 补偿机制

建立水资源保护、恢复生态环境的经济补偿机制。实施水资源补偿，一方面可以抑制水资源利用不当造成的水资源价值流失、经济损失和生态环境破坏；另一方面可以筹集资金进行水源涵养、污染治理等水资源保护行为，促进受损水资源自身水量补给与水体功能的恢复，保障水资源可持续利用。

实施水资源补偿是为了实现水资源恢复。总体来讲，现代水资源统一管理需要建立三个补偿机制，即“谁耗用水量谁补偿，谁污染水质谁补偿，谁破坏生态环境谁补偿”。同时，利用补偿建立三个恢复机制，即“恢复水的供需平衡，恢复水质需求标准，恢复水环境与生态用水要求”。

3.3.3.4 水权及水市场制度

1.水权制度

水权制度就是通过明晰水权，建立对水资源所有、使用、收益和处置的权力，形成一种与市场经济体制相适应的水资源权属管理制度，这种制度就是水权制度。水权制度体系由水资源所有制度、水资源使用制度和水权转让制度组成。水资源所有制度主要实现国家对水资源的所有权。地方水权制度建设，主要是使用制度和转让制度建设。一般情况下,水权获取必须由水行政主管部门颁发取水许可证并向国家缴纳水资源费。

2.水市场

水市场就是通过出售水、买卖水、用经济杠杆推动和促进水资源优化配置的交易场所。在水的使用权确定以后,对水权进行交易和转让,就形成了水市场。水权的转让促使水的利用从低效益向高效益的经济利益转化,提高了水的利用效益和效率。

在一个运行良好的水市场。用水户可以转让水权,这是将水从低价值使用转到高价值使用的最佳机制,可以消除用水成为制约经济发展因素的现象。然而,运行良好的水市场需要对用水户的权力有效管理,通过这样的管理可以对水资源的使用进行测算和控制,使用水总量不会超过定额。如果测算和控制制度不力,那么用水户在转让水权以后,还可以在没有水权的情况下继续使用水。如果分配的水权量超出了可持续水平,那么购买者可能面临水无法持续供给的状况,从而使长期的水供应无法保证。

3.3.4 水资源保护技术措施

水资源保护的技术措施就是运用先进的管理技术手段,既能提高生产率,又能提高水资源开发利用率、减少水资源消耗,对水资源及其环境的损害能控制在最小限度的技术以及先进的水污染治理技术等,以达到有效管理、保护水资源的目的。许多水资源政策、法律、法规的制定和实施都涉及科学管理、技术问题,所以能否实现水资源可持续利用的保护管理目标,在很大程度上取决于科学管理及技术水平。因此,管理好水资源必须以科教兴国战略为指导,采用新理论、新技术、新方法,实现水资源管理的现代化。

3.3.4.1 水资源管理

水资源管理在保护水资源、防治水污染、促进经济可持续发展等方面发挥着重要作用。水资源管理是一个内容广泛的系统工程,它主要是指水行政主管部门运用法律、行政、经济、技术等手段对水资源的分配、开发、利用、调度和保护进行管理,以求可持续地满足社会经济发展和改善环境对水的需求的各种活动的总成。

水资源管理以实现经济、社会和生态环境的持续、协调发展为最终目的,主要管理内容如下。

1.水资源权属管理

"水资源属于国家所有。农业集体经济组织所有的水塘、水库中的水,属于集体所有。"国务院是水资源所有权的代表,代表国家对水资源行使占有、使用、收益和处分的权力。地方各级人民政府水行政主管部门依法负责本行政区域内水资源的统一管理和监督,并服从国家对水资源的统一规划、统一管理和统一调配的宏观管理。使用权则是由管理机构发给用户使用证。

2."三条红线"管理

1)开发利用管理

规划管理和水资源论证、开发利用水资源,应当符合主体功能区的要求,按照流域和区域统一制定规划,严格执行建设项目水资源论证制度。

控制流域和区域取用水总量,加快制定主要江河流域水量分配方案、流域和省市县三级行政区域的取用水总量控制指标体系,实施流域和区域取用水总量控制和年度取水总量控制管理;建立健全水权制度,运用市场机制合理配置水资源。

实施取水许可,严格规范取水许可审批管理;严格规范建设项目取水许可审批管理。

水资源有偿使用,合理调整水资源费征收标准,扩大征收范围,严格水资源费征收、使用和管理。

严格地下水管理和保护,加强地下水动态监测,实行地下水取用水总量控制和水位控制。

2)利用效率管理

在节约用水方面,全面推进节水型社会建设,建立健全有利于节约用水的体制和机制;稳步推进水价改革;各项引水、调水、取水、供用水工程建设首先考虑节水要求;限制高耗水工业项目建设和高耗水服务业发展,遏制农业粗放用水。在定额用水方面,加快制定高耗水工业和服务业用水定额国家标准;建立用水单位重点监控名录,强化用水监控管理;实施节水"三同时"制度。在节水技术改造方面,制定节水强制性标准,禁止生产和销售不符合节水强制性标准的产品。

3)纳污管理

严格限制地表水和地下水的排污行为,强化水功能区监督管理,从严核定水域纳污容量,严格控制入河湖排污总量。各级政府要把限制排污总量作为水污染防治和污染减排工作的重要依据。切实加强水污染防控,加强工业污染源控制,加大主要污染物减排力度,提高城市污水处理率,改善重点流域水环境质量,防治江河湖库富营养化。流域管理机构要加强重要江河湖泊的省界水质水量监测。严格入河湖排污口的监督管理,对排污量超出水功能区限排总量的地区,限制审批新增取水和入河湖排污口。建立水功能区水质达标评价体系,完善监测预警监督管理制度。

3.保障措施管理

水资源保障措施的管理,包括其他的制度建设和保护措施落实情况的管理。

实行水资源管理责任和考核制度,要将水资源开发、利用、节约和保护的主要指标纳入地方经济社会发展综合评价体系,考核结果作为地方人民政府相关领导干部综合考核评价的重要依据。

健全水资源监控体系,加强省界等重要控制断面、水功能区和地下水的水质水量监测能力建设,流域管理机构对省界水量、水质进行监测和核定,加快国家水资源综合管理系统和应急机动监测能力建设,全面提高监控、预警和管理能力。

完善流域管理与行政区域管理相结合的水资源管理体制,强化城乡水资源统一管理,对城乡供水、水资源综合利用、水环境治理和防洪排涝等实行统筹规划、协调实施,促进水资源优化配置。

完善水资源管理投入机制,建立长效、稳定的水资源管理投入机制,加大对水资源节约、保护和管理的支持力度。

健全政策法规和社会监督机制,抓紧完善水资源配置、节约、保护和管理等方面的政策法规体系,开展基本水情宣传教育,强化社会舆论监督,完善公众参与机制。

3.3.4.2 水资源数字化保护措施

1.3S技术

3S技术是现代信息技术的重要组成部分,包括遥感技术(RS)、地理信息系统(GIS)和全球定位系统(GPS)。3S技术是各种技术和专业的集成应用,例如计算机技术、卫星定位技术、空间技术和通信技术等。通过这些技术的集成运用,对目标的相关数据信息进行采集、分析处理和运用等。

到目前为止,3S技术在水资源数字化管理中的应用主要包括以下几个方面。

1)3S技术运用于水资源调查中

应用遥感资料进行下垫面同性分类,计算其分类面积,选取经验参数及入渗系数。根据多年平均降水量,计算出多年平均地表径流量、入渗补给量;两者之和扣去重复计算的基流量即为多年平均水量,对国内某些流域进行估算的相对误差小于7%,尤其适用于无水文资料地区。此外,根据遥感资料提供的积雪分布(三维)、积雪量、雪面湿度,用融雪径流模型估算融雪水资源和流域出流过程的相对误差在10%左右。

2)3S技术运用于水资源工程规划中

水资源工程规划是关系着社会稳定的重要工作,在开展水资源规划工作时,需要获得数量较大的资料和信息,要进行勘察探测的范围较广。运用传统技术进行这项工作的开展会浪费巨大的人力、物力以及时间。将3S技术运用到水资源工程的规划中,能够进行较大范围的探测,在较短的时间内获得较多的水资源数据信息,为进行水资源工程规划提供更多更准确的依据。例如,估算某个流域的需水量时,可以运用3S技术进行河道的监测,获得相关的数据信息,并对其进行分析,从而进行准确的估算。

3)3S技术运用于水环境监测中

水环境污染问题是制约我国可持续发展的重要问题,必须将3S技术运用到水环境的监测中,为开展水环境污染的治理提供可靠的依据。被污染的水环境与没有被污染的水环境所产生的电磁辐射信息是有所差异的,通过运用遥感技术对需要监测的区域进行探测,通过观察遥感影像,判断水环境的污染情况,从而以获取的资料信息为依据,制订科学合理的措施对水环境污染进行有效治理。目前已可以对浑浊度、pH、含盐度、BOD和COD等要素做定量监测,对污染带的位置做定性监测。

4)3S技术运用于水旱灾情和防洪中

水旱灾情预测评估及防洪减灾信息管理包括星载和机载测试合成孔径雷达(SAR)实时监测特大洪水造成的灾情,将信息迅速传送到指挥决策机构;对易发洪灾区和重点防洪地区建立防洪信息系统,从而获取洪灾的动态信息,在洪灾发生之前,采取相应措施对洪灾进行预防。也可以运用RS获取洪灾区域的影像资料,对不同时段洪水的情况进行收集分析。通过GIS建立洪灾情况的数字化模型,对洪灾区的情况进行模拟,从而制订有效的防灾方案。在全球气候变暖、海平面上升以及地下水超采造成地面沉降等情况下对可能造成的海水入侵的范围做出预估和进行对策研究;实时监测和预测洪水淹没耕地及居民地面积、受灾人口和受淹房屋间数,旱情、大面积水体污染和赤潮的影响范围,大面积泥石流、滑坡等山地灾害的影响范围。

5)3S 技术运用于水土保护中

在我国,水土流失是制约区域发展的重要原因,必须做好水文与水资源工程中的水土保护工作,将 3S 技术运用于水土保护中,能够有效提升水土保护工作的效率。具体来说,是通过将 RS 和 GIS 相结合,对区域内水土流失的相关数据进行收集和分析,从而判断出各个区域的水土流失情况,然后提出相应的预防治理措施。在水土保护工作中运用 GIS,还能对水土流失的相关数据信息进行动态的分析管理,为开展水土保护工作提供大量的更加科学和直观的数据资料。

2.信息系统

信息系统是实现水资源数字化管理的一个重要方面和基本手段。水资源管理信息系统的开发和建设以实现水资源数字化管理为目标,利用先进的网络、通信、3S、数据库、多媒体等技术以及决策支持理论、系统工程理论、信息工程理论建立数字化水资源信息管理系统。通过水资源管理信息系统,可以使信息技术广泛应用于陆地和海洋水文测报预报、水利规划编制和优化、水利工程建设和管理、防汛抗旱减灾预警和指挥、水资源优化配置和调度等各个方面。如采用微电子技术对水文、泥沙、水质、土壤墒情、水土流失等各种水利基础资料进行遥感遥测,运用计算机技术对水库、灌区、船闸、水电站等水利设施实行计算机辅助设计和管理,通过利用计算机仿真技术模拟洪水演进来设计防洪减灾预案和完善防洪体系,利用现代信息和网络技术对水资源管理实行在线控制和调度等。

3.数字流域

"数字流域"是综合运用遥感技术(RS)、地理信息系统(GIS)、全球定位系统(GPS)、网络技术、多媒体及虚拟现实等现代高新技术对全流域的地理环境、自然资源、生态环境、人文景观、社会和经济状态等各种信息进行采集和数字化管理,构建全流域综合信息平台和三维影像模型,使各级部门能够有效管理整个流域的经济建设,做出宏观的资源利用与开发决策。

在数字流域的支持下,可方便地获得地形、土壤类型、气候、植被和土地利用变化的数据,应用空间分析与虚拟现实技术,模拟人类活动对生产和环境的影响,制定可持续发展对策。数字流域具有十分广阔的发展前景,应用于政府管理、决策、科研教学和航运、气象服务等许多领域,例如在防洪减灾、防汛调度、水资源、流域环境质量控制与管理、土地利用动态变化、资源调查、环境保护等方面,可对重大决策实行全流域数字仿真预演,为流域经济的可持续发展提供决策支持。同时,在国家重大项目的决策、工程项目设计与建设、社会生活等方面,数字流域也能够提供全面、高质量的服务。

3.3.4.3 水资源保护工程措施

水资源保护工程措施是指水资源工程建设主管部门对拟建水资源工程在建设过程中实施的一系列管理活动,这些管理活动一般包括水资源工程建设规划、决策、组织、协调和控制等一系列系统的、科学的管理活动。依据严格的工程建设管理程序,水资源工程建设管理活动对水资源工程建设从工程立项到建设施工再到工程验收实行全过程的管理、监督、服务,其目的就是确保水资源工程建设按照既定的质量要求、建设周期、投资金额以及资源和环境条件限制完成水资源工程各项目的建设。例如:截污纳管、河道清淤、活水工程、生态护坡。

3.3.5　水资源保护教育措施

宣传教育既是水资源保护的基础,也是水资源保护的重要手段。水资源科学知识的普及、水资源可持续利用观的建立、国家水资源法规和政策的贯彻实施、水情通报等,都需要通过行之有效的宣传教育来达到。同时,宣传教育还是从思想上保护水资源、节约用水的有效环节,它能充分利用道德约束力量来规范人们对水资源的行为。

通过报刊、广播、电视、展览、专题讲座、文艺演出、网络以及公众号等各种传媒形式,广泛宣传教育,使公众了解水资源管理的重要意义和内容,提高全民水患意识,形成自觉珍惜水、保护水、节约用水的社会风尚,更有利于各项水资源保护措施的执行。

3.3.5.1　报刊、杂志

通过报刊、杂志等媒体广泛宣传普及,特别是要充分利用每年的"世界水日""中国水周"进行集中宣传,提高公众的水忧患意识,唤起人们珍惜水资源、节约用水、保护水环境从我做起的责任感和义务,增强人们的危机感、紧迫感和自觉性。

3.3.5.2　广播、电视

通过广播、电视等媒体广泛宣传,比如通过宣传节水(环保)城市、节水(环保)行业、节水(环保)社区、节水(环保)单位等活动,以引导公众积极参与,使公众在亲身的实践体验中受到深刻教育。

3.3.5.3　"互联网+"教育

1.水资源保护的网络教育

建立规范化的水资源保护新闻、影视、科普和教学资料等宣传教育信息共享机制,及时发布水资源保护的相关信息。加强水资源与水环境保护宣传教育的网络建设。采取多手段和方法大力宣传水资源保护相关知识,提升公众对水资源保护的认知。例如,通过公益广告、宣传标语、有线广播、电视以及公共互联网等媒体形式进行常年不懈的渗透式宣传,逐步提高公众的节水意识,让护水、惜水意识上升到道德层面。

2.水资源信息共享

通过水资源信息共享的建设来推广水资源保护教育,让公民认识到水资源的现状。通过水资源信息共享平台可以让大家熟悉并了解防汛指挥、水务管理、水资源管理与决策、水质监测与评价、水土保持与管理、水资源信息公共服务、水资源工程管理、水资源规划管理、水资源数字化图书馆等几个重点领域。

3.3.5.4　公众号

公众号具有如下优点:①可随时随地提供信息和服务;②丰富媒体内容,便于分享。

3.4　水资源节约保护案例

3.4.1　国外水资源节约保护案例

3.4.1.1　德国水资源节约保护措施

德国由环境保护部门对供水(水量、水质)、排水(污水处理)实行统一管理。具体从中央到地方分四级进行管理：

第一级为国家级，主要是进行宏观领导与管理，负责制定有关法律、法规及政策，目前已制定《国家水务法》。

第二级为联邦各州，各州根据《国家水务法》的基本原则，结合本州情况做出详细的规定，作为各州的实施细则颁布执行。

第三级为各州的地方水务部门，其职责是贯彻国家法律法规，负责本地区污水处理和供水管理。

第四级为各类水务协会，这些协会有着明确的具体任务，如鲁尔区协会主要负责鲁尔河流域供水和污水处理。

德国采取混合型节水立法模式，首先制定一部全国统一的水资源管理利用基本法，然后根据经济发展、社会需求和法律实践的需要逐步制定各种单行的节水法律法规。德国的节水法律体系涉及欧盟水法、联邦水法和州水法，主要法律包括欧盟水法、联邦水法、州水法等。

德国属于水质型缺水国家，针对水环境污染日益严重的问题，德国政府主要采取以下措施解决缺水问题：

(1)加大宣传力度。充分利用新闻媒体及广告宣传，营造全社会节水的氛围，增强全社会节约用水的意识。

(2)加强节水法律体系建设。德国联邦政府制定框架式的水法律，各州出台实施细则，对地表、地下水的取、用、排等环节做出明确的规定。

(3)利用经济机制，调节供水价格。价格杠杆的调节对节约用水产生了重要的影响。如现今德国工业用水平均重复 3 次，而著名的大众公司用水可循环利用 5~6 次。

(4)大力推广节水新技术。从 1985 年开始，德国就对抽水马桶进行节水技术改造，通过设置节水键，冲洗马桶的水量由 9 L 降为 3~6 L，每人每天可节水 15 L 以上。

(5)建立节水基金。德国的工业、农业、生活供水，都必须向水利部门缴纳水资源费。水资源费是节水基金的主要来源，主要用于资助节水工程措施和研究项目。

3.4.1.2　美国田纳西河流域管理案例

美国东南部的田纳西河，长 1 600 km，流域面积为 10.5 万 km^2，地跨 7 个州，是密西西比河的二级支流。田纳西河流域管理始于 20 世纪 30 年代，流域内雨量充沛，气候温和，多年平均降水量为 1 320 mm。作为实施罗斯福“新政”的一个试点，由于长期缺乏治理，森林遭到破坏，水土流失严重，经常暴雨成灾，此时的田纳西河流域是美国最贫穷落后的地区之一，人均收入约为全国平均值的 45%。为了进行全面的综合开发和管理田纳西河流域内的自然资源，1933 年美国国会通过《田纳西河流域管理局法》，成立田纳西河流域管理局(简称 TVA)。

田纳西河流域经过多年实践，其开发和管理取得了显著成就，从根本上改变了田纳西河流域落后的面貌。田纳西河流域目前已经在航运、发电、防洪、水质、娱乐和土地利用方面实现统一开发和管理，其运作机制表现为以下四个方面：

一是通过专项法令，依法成立专门管理机构。根据流域开发和管理的变化和需要，自《田纳西河流域管理局法》颁布后，不断进行修改和补充，使凡涉及流域开发和管理的重大举措都能得到相应法律支撑。

二是明晰责权，多方融资，协调发展。作为独立于联邦政府的国有公司，TVA有权自定电价和在国内外市场发行债券筹集资金。

三是科学治理，从单一水资源管理到多目标利用。20世纪70年代以前，主要利用水力学作用这种单一水资源管理目标改善水资源状况，近年来则以改善水资源（包括水资源不足、饮用水质低劣、洪水、土壤侵蚀、河川污染等）、能源短缺、粮食不足等有关问题为管理目标，制定针对性措施，强调多目标利用、科学治理，实现流域的可持续发展。

四是治理第一、发电第二、利益共享。相对于发电而言，TVA在管理决策上更重视环境保护、防洪以及改善内河航运。电力赢利为流域自然资源管理提供了资金支持。

3.4.2 国内水资源节约保护案例

3.4.2.1 洱海保护的行政措施

洱海，是云南省大理白族自治州人民的母亲湖。20世纪80年代起，伴随着洱海水资源的开发与利用，洱海入湖污染物大幅增加，洱海的水资源环境承载压力持续加大；加之，全球气候变暖影响洱海入湖净水大幅减少，进湖污水增加，洱海水动力严重不足，由于水体富营养化水循环呈逆良性。洱海流域的污染源主要来自工业污染、生活污染和农业面源污染。

为了进一步有效遏制洱海水体污染、高效实现流域管控，2017—2019年地方政府采取了一系列行政措施。大理州政府发布划定和规范管理洱海流域水生态保护区核心区的公告，暂停核心区内客栈、餐饮等经营场所的行政许可审批；出台《洱海流域化肥销售管理办法》，禁止向洱海流域内农作物种植者销售化肥。大理州、大理市和洱源县政府印发《“洱海绿色食品品牌”三年行动计划》，禁止洱海流域内农户种植大蒜等“大水大肥”农作物。大理市政府发布自2019年洱海全湖封湖禁渔行政命令；实施洱海流域内水生态保护区核心区餐饮、客栈服务业专项整治行动，整治范围内所有餐饮、客栈暂停营业；封填洱海流域和苍山自然保护区内的居民水井；暂停洱海流域内住房建设行政许可审批等。大理市和洱源县政府发布了关闭非煤矿山开采企业的行政措施。

通过一系列行政措施的实施，管理保护从“合理利用”过渡到了“保护优先”，从湖水治理过渡到山水林田湖生态系统的综合治理，洱海的水生态保护和水污染治理取得了阶段性成果，水生态环境得到明显改善。

3.4.2.2 河源市水资源保护措施

广东省河源市水资源丰富，境内分布着数百条河流。河源市将水环境保护和治理作为构建优质生态环境的重中之重，像“保护自己的眼睛一样保护水环境”，水生态环境质量状况持续改善，其具体措施如下：

一是深入推行河湖长制，建设“横向到边、纵向到底、先进实用”的互联网+河长制信息管理平台，推出“河长App”，做到“一线问题、一线调度、一线解决”，推进水资源实现系统化、精细化、科学化管理，治水效率大幅提高。

二是出台最严格的治水方案。

三是实行环保“一票否决”制度，所有重大决策严格落实环保优先原则。

四是落实责任到岗到人，鼓励社会大众对其进行严格监督。

五是推行环境保护联合执法，加强了各部门之间的交流互动，有利于提高打击环境违法行为的效率。

六是实行水质季度排名制度。

七是对举报环境违法者进行奖励。

第4章　水环境达标

4.1　水环境概述

4.1.1　水环境概述

4.1.1.1　水环境概念

水环境是指自然界中水的形成、分布和转化所处空间的环境，是指围绕人群空间及可直接或间接影响人类生活和发展的水体，其正常功能的各种自然因素和有关的社会因素的总体。也有的指相对稳定的、以陆地为边界的天然水域所处空间的环境。在地球表面，水体面积约占地球表面积的71%。水由海洋水和陆地水两部分组成，分别占总水量的97.28%和2.72%。后者所占总量比例很小，且所处空间的环境十分复杂。水在地球上处于不断循环的动态平衡状态。天然水的基本化学成分和含量，反映了它在不同自然环境循环过程中的原始物理化学性质，是研究水环境中元素存在、迁移、转化和环境质量（或污染程度）与水质评价的基本依据。水环境主要由地表水环境和地下水环境两部分组成。地表水环境包括河流、湖泊、水库、海洋、池塘、沼泽、冰川等，地下水环境包括泉水、浅层地下水、深层地下水等。水环境是构成环境的基本要素之一，是人类社会赖以生存和发展的重要场所，也是受人类干扰和破坏最严重的领域。水环境的污染和破坏已成为当今世界主要的环境问题之一。

4.1.1.2　水环境保护标准

1.水环境保护标准的概念

水环境保护标准是指国家及其有关部门所规定的保护各类水环境的准则，是为了保护人群健康、防治环境污染、促使生态良性循环、合理利用资源，促进经济发展，依据环境保护法和有关政策对有关环境的各项工作所做的规定，即各类水环境在物理性质、化学性质和生物性质等方面的度量标准。

2.水环境保护标准的类型和分级

水环境保护标准是制定国家水环境政策的依据，是国家环境政策的具体体现，是执行环保法规的基本保证，通过水环境标准的实施可以实现科学管理环境，提高环境管理水平。环境标准是监督管理的最重要的措施之一，是行使管理职能和执法的依据，也就是处理环境纠纷和进行环境质量评价的依据，是衡量排污状况和环境质量状况的主要尺度。

我国的环境标准分为环境质量标准、污染物排放标准（或污染控制标准）、环境基础标准、环境方法标准、环境标准样品标准和环保仪器设备标准六类。

环境标准分为国家环境标准、地方环境标准，其中环境基础标准、环境方法标准、环境样品标准和环保仪器设备标准等只有国家级标准。

国务院生态环境保护行政主管部门负责制定国家环境标准。省级人民政府对国家环境质量标准中未做规定的项目,可以制定地方环境质量标准;对国家污染物排放标准中未做规定的项目,可以规定地方污染物排放标准;对国家污染物排放标准已作规定的项目,可以制定严于国家污染物排放标准的地方污染物排放标准。

(1)环境质量标准。国家为保护人群健康和生存环境,对污染物(或有害因素)容许含量(或要求)所做的规定。环境质量标准体现国家的环境保护政策和要求,是衡量环境是否受到污染的尺度,是环境规划、环境管理和制定污染物排放标准的依据。

(2)污染物排放标准。国家对人为污染源排入环境的污染物的浓度或总量所做的限量规定。其目的是通过控制污染源排污量的途径来实现环境质量标准或环境目标。污染物排放标准按污染物形态分为气态、液态、固态以及物理性污染物(如噪声)排放标准。

(3)环境基础标准。是指在环境标准化工作范围内,对有指导意义的符号、代号、指南、程序、规范等所做的统一规定,它是制定其他环境标准的基础。

(4)环境方法标准。在环境保护工作中以试验、检验、分析、抽样、统计计算为对象制定的标准。

(5)环境标准样品标准。环境标准样品是在环境保护工作中,用来标定仪器、验证测量方法、进行量值传递或质量控制的材料或物质。对这类材料或物质必须达到的要求所做的规定称为环境标准样品标准。

(6)环保仪器设备标准。为了保证污染治理设备的效率和环境监测数据的可靠性与可比性,对环境保护仪器、设备的技术要求所做的统一规定。

水环境保护标准是环境保护标准体系的重要组成部分,包括水环境质量标准、工业废水污染物排放标准、水环境保护基础标准、水环境保护方法标准。

4.1.2 水环境现状

根据生态环境部通报2021年全国地表水环境质量状况,2021年全国有3 641个国家地表水监测断面,相较于2020年增加了1 701个断面,其中水质优良(Ⅰ~Ⅲ类)断面占比84.9%,与2020年相比上升了1.5%,劣Ⅴ类断面占比1.2%,主要污染指标为化学需氧量、总磷和高锰酸盐指数。

长江、黄河、珠江、松花江、淮河、海河、辽河等七大流域及西北诸河、西南诸河和浙闽片河流水质优良(Ⅰ~Ⅲ类)断面占比为87.0%,同比上升2.1个百分点;劣Ⅴ类断面比例为0.9%,同比下降0.8%。主要污染指标为化学需氧量、高锰酸盐指数和总磷。其中,长江流域、西北和西南诸河、浙闽片河流和珠江流域水质为优;黄河、辽河和淮河流域水质良好;松花江和海河流域为轻度污染。

监测的210个重点湖(库)中,水质优良(Ⅰ~Ⅲ类)湖库个数占比72.9%,同比下降0.9个百分点;劣Ⅴ类水质湖库个数占比5.2%,同比持平。主要污染指标为总磷、化学需氧量和高锰酸盐指数。209个监测营养状态的湖(库)中,中度富营养的9个,占4.3%;轻度富营养的48个,占23.0%;其余湖(库)为中营养或贫营养状态。其中,太湖为轻度污

染、轻度富营养，主要污染指标为总磷；巢湖为轻度污染、中度富营养，主要污染指标为总磷；滇池为轻度污染、中度富营养，主要污染指标为化学需氧量、总磷和高锰酸盐指数；丹江口水库和洱海水质均为优、中营养；白洋淀水质良好、中营养。与 2020 年同期相比，白洋淀水质有所好转，太湖、巢湖、滇池、丹江口水库和洱海水质均无明显变化；白洋淀营养状态有所好转，巢湖营养状态有所下降，太湖、滇池、丹江口水库和洱海营养状态均无明显变化。

全国水环境质量总体持续改善，但水生态环境保护不平衡不协调的问题依然突出，部分地区水质恶化等问题不容忽视。

我国《"十四五"城镇污水处理及资源化利用发展规划》提出，到 2025 年，基本消除城市建成区生活污水直排口和收集处理设施空白区，全国城市生活污水集中收集率力争达到 70%以上；县城污水处理率达到 95%以上；水环境敏感地区污水处理基本达到一级 A 排放标准；全国地级及以上缺水城市再生水利用率达到 25%以上，京津冀地区达到 35%以上；城市污泥无害化处置率达到 90%以上。到 2035 年，城市生活污水收集管网基本全覆盖，城镇污水处理能力全覆盖，全面实现污泥无害化处置，污水污泥资源化利用水平显著提升，城镇污水得到安全高效处理，全民共享绿色、生态、安全的城镇水生态环境。

4.1.3　水环境与可持续发展

根据目前的估计，到 2030 年，全球淡水资源将减少 40%，同时世界人口迅速增长，爆发全球水资源危机的可能性极大。联合国大会认识到日益严峻的挑战，于 2018 年 3 月 22 日启动了"水资源促进可持续发展"国际行动十年计划，号召采取转变水管理方式的行动，更加注重水资源可持续发展和统筹管理，促进实现社会、经济和环境目标。

4.2　水环境保护与达标

4.2.1　水环境保护的重要意义、内容与任务

4.2.1.1　水环境保护的意义

在经济发展和高速增长的同时，环境问题日渐突出，尤其是水环境与水生态日益突出，成为世界范围内高度关注的共同问题。水环境恶化对国家经济的发展产生严重影响和制约，水环境保护和生态建设已经上升到国家战略发展的高度。

保护水环境，建设美丽河湖、美丽海湾，实现河湖"清水绿岸、鱼翔浅底"，海湾"水清滩净、鱼鸥翔集、人海和谐"美丽景象，是贯彻落实习近平生态文明思想，建设美丽中国好经验、好做法的集中体现，是人民群众身边的优质生态产品。

4.2.1.2　水环境保护的任务与内容

党的十九大要求始终坚持山水林田湖草沙系统治理，着力推动水生态环境保护由以污染治理为主向水资源、水生态、水环境协同治理、统筹推进转变。因此，水环境保护工作

是一个复杂、庞大的系统工程，其主要任务与内容如下：加强水环境及水生态监测、调查与研究，以获得水环境保护的基础资料；加强多措施协同作用保护水环境；加强水环境质量评价，以全面认识环境质量的情况，了解水环境质量的优劣，为环境保护规划与管理提供依据。

4.2.2 水体污染与自净

4.2.2.1 水体污染物及其危害

1.水体污染物

水体污染物是指进入水体后使水体的正常组成和性质发生直接或间接有害于人类的变化的物质。这种物质有的是人类活动产生的，也有天然的。是否成为水体污染物，主要取决于其进入后是否对人类产生危害。有的物质进入水体后通过化学反应、物理和生物作用会转变成新的危害更大的污染物质，也可能降解成无害的物质。

2.水体污染物的类别及来源

进入水体的污染物种类繁多，危害各异，其分类方法依不同的要求可有多种。

根据其性质的不同分为物理性、化学性和生物性污染物三类(见表4-1)。物理性污染是指水的浑浊度、温度和水的颜色发生改变，水面的漂浮油膜、泡沫以及水中含有的放射性物质增加等；化学性污染包括有机化合物和无机化合物的污染，如水中溶解氧减少，溶解盐类增加，水的硬度变大，酸碱度发生变化或水中含有某种有毒化学物质等；生物性污染是指水体中进入了细菌和污水微生物等。

根据污染物的来源分布状况可以分为点源污染和非点源污染。点源污染主要是工业废水或城镇生活污水，它们有集中的排放地点。非点源污染主要是指来自流域广大面积上的降雨径流污染，如泥沙、农业化肥等污染，称为面源污染；又如航行的船舶的污染，称为线源污染。

表4-1 水污染类型、污染物、污染标志及来源

污染类型			污染物	污染标志	污染物来源
物理性污染	热污染		热的冷却水等	升温、缺氧或气体过饱和、富营养化	火电、冶金、石油、化工等工业
	放射性污染		铀、钚、锶、铯等	放射性沾污	核研究生产、试验、医疗、核电站等
	表观污染	水的浑浊度	泥、沙、渣、屑、漂浮物	混浊、泡沫	地表径流、农田排水、生活污水、大坝冲沙、工业废水
		水色	腐殖质、色素、染料、铁、锰等	染色	食品、印染、造纸、冶金等工业污水和农田排水
		水臭	酚、氨、胺、硫醇、硫化氢等	恶臭	污水、食品、制革、炼油、化工、农肥

续表 4-1

污染类型		污染物	污染标志	污染物来源
化学性污染	酸碱污染	无机或有机的酸碱物质	pH 异常	矿山、石油、化工、化肥、造纸、电镀、酸洗工业、酸雨等
	重金属污染	汞、镉、铬、铜、铅、锌等	毒性	矿山、冶金、电镀、仪表、颜料等工业
	非金属污染	砷、氰、氟、硫、硒等	毒性	化工、火电、农药、化肥等工业
	耗氧有机物污染	糖类、蛋白质、油脂、木质素等	耗氧，进而引起缺氧	食品、纺织、造纸、制革、化工等工业，生活污水、农田排水
	农药污染	有机氯、多氯联苯、有机磷等农药	严重时水中生物大量死亡	农药、化工、炼油、炼焦等工业，农田排水
	易分解有机物污染	酚类、苯、醛等	耗氧、异味、毒性	制革、炼油、化工、煤矿、化肥等工业及地面径流
	油类污染	石油及其制品	漂浮和乳化、增加水色、毒性	石油开采、炼油、油轮等
生物性污染	病原菌污染	病菌、虫卵、病毒	水体带菌、传染疾病	医院、屠宰、畜牧、制革等工业，生活污水、地面径流
	霉菌污染	霉菌毒素	毒性、致癌	制药、酿造、食品、制革等工业
	藻类污染	无机和有机氮、磷	富营养化、恶臭	化肥、化工、食品等工业，生活污水、农田排水

4.2.2.2　水体污染物的危害

水体受污染后，能使水体产生物理性、化学性和生物性的危害。物理性危害是指恶化人体感官，减弱浮游植物的光合作用以及热污染、放射性污染带来的一系列不良影响。化学性危害是指水中的化学物质变化，影响水体自净能力，毒害动植物，破坏生态系统平衡，引起某些疾病和遗传变异，腐蚀工程设施等。生物性危害主要指病原微生物随水传播，造成疾病蔓延；或水体富营养化，使藻类猛长，水体缺氧，鱼虾大量死亡。

下面从环境科学角度将水污染的危害特点及分类做简要介绍。

1.耗氧污染物

在生活污水、食品加工和造纸等工业废水中，含有碳水化合物、蛋白质、油脂、木质素等有机物质。这些物质以悬浮或溶解状态存在于污水中，可通过微生物的生物化学作用而分解。在其分解过程中需要消耗氧气，因而被称为耗氧污染物。这种污染物可造成水中溶解氧减少，影响鱼类和其他水生生物的生长。水中溶解氧耗尽后，有机物进行厌氧分解，产生硫化氢、氨和硫醇等难闻气味，使水质进一步恶化。

2.植物营养物质

植物营养物主要指氮、磷等能刺激藻类及水草生长、干扰水质净化,使 BOD_5 升高的物质。含植物营养物质的废水进入天然水体,造成水体富营养化,藻类大量繁殖,消耗水中溶解氧,造成水中鱼类窒息而无法生存、水产资源遭到破坏。水中氮化合物的增加,对人畜健康带来很大危害,亚硝酸根与人体内血红蛋白反应,生成高铁血红蛋白,使血红蛋白丧失输氧能力,致人中毒。硝酸盐和亚硝酸盐等是形成亚硝胺的物质,而亚硝胺是致癌物质,在人体消化系统中可诱发食管癌、胃癌等。

植物营养物质的来源广、数量大,有生活污水(有机质、洗涤剂)、农业(化肥、农家肥)及工业废水、垃圾等。每人每天带进污水中的氮约 50 g。生活污水中的磷主要来源于洗涤废水,而施入农田的化肥有 50%~80%流入江河、湖海和地下水体中。

藻类及其他浮游生物残体在腐烂过程中,又把生物所需的氮、磷等营养物质释放到水中,供新的一代藻类等生物利用。因此,水体富营养化后,即使切断外界营养物质的来源,也很难自净和恢复到正常水平。水体富营养化严重时,湖泊可被某些繁生植物及其残骸淤塞,成为沼泽甚至干地。局部海区可变成“死海”,或出现“赤潮”现象。

3.有毒污染物

有毒污染物指的是进入生物体后累积到一定数量能使体液和组织发生生化和生理功能的变化,引起暂时或持久的病理状态,甚至危及生命的物质。如重金属和难分解的有机污染物等。污染物的毒性与摄入机体内的数量有密切关系。同一污染物的毒性也与它的存在形态有密切关系。价态或形态不同,其毒性可以有很大的差异。如 Cr(Ⅵ)的毒性比 Cr(Ⅲ)大;As(Ⅲ)的毒性比 As(Ⅴ)大;甲基汞的毒性比无机汞大得多。另外,污染物的毒性还与若干综合效应有密切关系。从传统毒理学来看,有毒污染物对生物的综合效应有三种:

(1)相加作用,即两种以上毒物共存时,其总效果大致是各成分效果之和。

(2)协同作用,即两种以上毒物共存时,一种成分能促进另一种成分毒性急剧增加。如铜、锌共存时,其毒性为它们单独存在时的 8 倍。

(3)拮抗作用,两种以上的毒物共存时,其毒性可以抵消一部分或大部分。如锌可以抑制镉的毒性,又如在一定条件下硒对汞能产生拮抗作用。总之,除考虑有毒污染物的含量外,还须考虑它的存在形态和综合效应,这样才能全面深入地了解污染物对水质及人体健康的影响。

4.石油污染物

石油污染是水体污染的重要类型之一,特别在河口、近海水域更为突出。

石油是烷烃、烯烃和芳香烃的混合物,进入水体后的危害是多方面的。如在水上形成油膜,能阻碍水体复氧作用,油类黏附在鱼鳃上,可使鱼窒息;黏附在藻类、浮游生物上,可使它们死亡。油类会抑制水鸟产卵和孵化,严重时会使鸟类大量死亡。石油污染还能使水产品质量降低。

5.放射性污染物

放射性污染是放射性物质进入水体后造成的。放射性污染物主要来源于核动力工厂排出的冷却水,向海洋投弃的放射性废物,核爆炸降落到水体的散落物,核动力船舶事故泄漏的核燃料；开采、提炼和使用放射性物质时，如果处理不当，也会造成放射性污染。水体中的放射性污染物可以附着在生物体表面，也可以进入生物体内蓄积起来，还可通过食物链对人产生内照射。

6.热污染

热污染是一种能量污染，它是工矿企业向水体排放高温废水造成的。一些热电厂及各种工业过程中的冷却水，若不采取措施，直接排放到水体中，均可使水温升高，水中化学反应、生化反应的速度随之加快，使某些有毒物质（如氰化物、重金属离子等）的毒性提高，溶解氧减少，影响鱼类的生存和繁殖，加速某些细菌的繁殖，助长水草丛生，厌气发酵，恶臭。

7.酸、碱、盐无机污染物

各种酸、碱、盐等无机物进入水体（酸、碱中和生成盐，它们与水体中某些矿物相互作用产生某些盐类），使淡水资源的矿化度提高，影响各种用水水质。盐污染主要来自生活污水和工矿废水以及某些工业废渣。另外，由于酸雨规模日益扩大，土壤酸化、地下水矿化度增高。

水体中无机盐增加能提高水的渗透压，对淡水生物、植物生长产生不良影响。在盐碱化地区，地面水、地下水中的盐将对土壤质量产生更大影响。

8.病原体污染物

病原体污染物主要是指病毒、病菌、寄生虫等。危害主要表现为传播疾病：病菌可引起痢疾、伤寒、霍乱等；病毒可引起病毒性肝炎、小儿麻痹等；寄生虫可引起血吸虫病、钩端旋体病等。

4.2.2.3　水污染

地球上的水在太阳辐射作用下，不停地从海面、陆面和植物表面蒸发，化为水汽上升到高空，然后被气流带到其他地区，在适当的条件下凝结致云，以降水形式降落到地面上，然后在重力作用下，一部分渗入地下转化为土壤水和地下径流，一部分形成地表径流，汇入江河、湖泊、大海，自然界中水的这种不断蒸发、输送、凝结、降水、产流、汇流的往复循环称为水文循环，或自然界的水分循环（见图 4-1）。

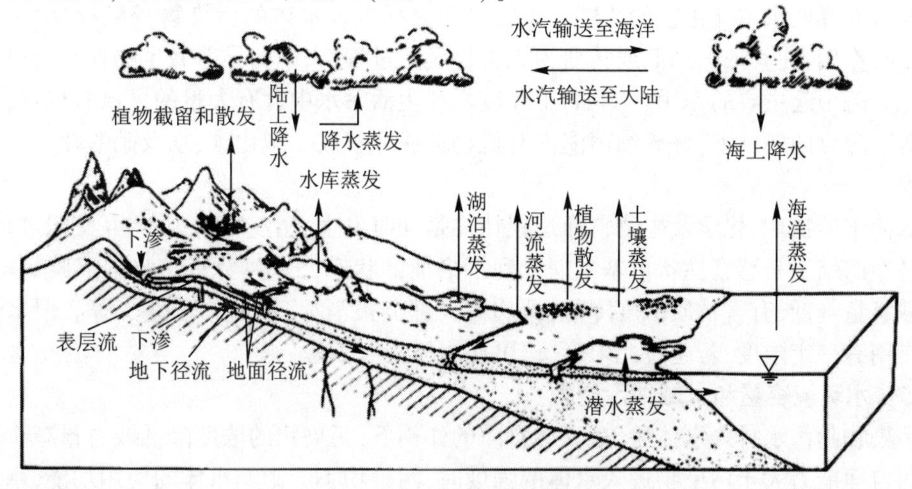

图 4-1　水分循环示意图

在水文循环中，水与各种各样的物质接触，使那些物质混入或溶入其中，并经历着不断的物理、化学、生物等变化过程。因此，自然界的水体中存在着种类繁多的、可致水体污染的不同物质，通常称为污染物。当水体中某些物质超过一定限度，危害人类生存和破坏生态平衡，影响水的用途时，称该水体受到了污染。否则，尽管水体中存在可能造成污染的物质，但数量不多、没有危害水体的应用功能时，则不形成水的污染。从水文循环的过程可知，水体的污染可以发生在水文循环的各个环节上。例如，在雨、雪等形成和降落过程中，吸收并溶解了空气中的二氧化硫、氮氧化合物等物质，形成了 pH 低于 5.6 的酸性降水，即降水受到了污染；沿河流有工业废水和生活污水排入时，可能形成局部河段或整条河流的污染；携带氮(N)、磷(P)等植物营养物质的面源径流进入湖泊和水库，长期富集时，可能出现富营养化污染；地面污水大量渗入地下，可使地下水污染。

从水文循环中还可看到，引起水体污染的原因，基本上可分为两大类：一类是由自然地理因素引起的，称自然污染；另一类是人为因素引起的，称人为污染。前者指特殊的地质或自然条件，使一些化学元素大量富集(如存在铀矿、砷矿、汞矿等)，或天然植物腐烂中产生的某些有毒物质或生物病原体进入水体。后者指由人类活动造成的污染，如大量的工业废水和生活污染水的直接排放，农药、化肥随降雨径流进入水体等。二者相比，后者的影响是主要的，是水污染防治的主要对象。

4.2.2.4 水体自净

在水文循环中不断进入水体的污染物，随着水体的运动发生一系列的物理、化学和生物学的作用，自然地减少、消失或无害化，这就是水体自净。

水体自净是一个物理、化学、生物作用极其复杂的过程。物理自净就是通过污染物在水体中的稀释、扩散、沉淀、吸附等作用使浓度降低的过程，如排入水体中的污水，在稀释作用下，污染物的浓度将降低；又如颗粒态的重金属、虫卵等由于流速较小而逐渐沉入水底，从而降低水中污染物的浓度。化学自净是水体中的污染物质通过氧化、还原、中和、吸附、分解、凝聚等反应，使其浓度降低或毒性丧失的过程。例如，水体中的某些重金属离子可被水中的溶解氧(DO)氧化生成难溶物(如铁、锰等)而沉降析出；硫化物可被氧化为硫代硫酸盐而降低水中硫化物的浓度。生物自净是指进入水体的污染物，经过水生生物降解和吸收作用，使其浓度降低或转变为无害物质的过程，水中的异养微生物在对有机物质的氧化分解中起主要的作用。例如，工业废水和生活污水中含有大量的含氮有机物，在水体溶解氧充分的条件下，好氧细菌能把有机物彻底分解成二氧化碳、水及硝酸盐等稳定性化合物。

水体中的物理、化学及生物自净过程往往是同时发生，相互影响，并相互交织进行的。水体自净的结果是感官性状可基本恢复到污染前的状态，分解物稳定，水中溶解氧增加，生化需氧量降低，有害物质浓度降低，致病菌大部分被消灭，细菌总数减少等。但水体的自净作用有一定限度，若超过此限度，仍可使水质进一步恶化。

4.2.2.5 水环境容量和水域纳污能力

污染物随污水排入水体后，在水体自净的作用下，污染物的浓度降低或总量减少。当水体的自净能力大于污染物进入水体的强度时，污染物不会影响水体的使用功能，水质保持良好；反之，水质将不断恶化，严重者导致污染，使水体丧失使用功能。显然，在自然情

况下,对于一定的水体,在不影响其正常使用的前提下,满足社会经济可持续发展和保持水生态系统健康的基础上,以环境目标要求所能容纳的某种污染物的最大量称为水环境容量。从某种意义上说,它是在不造成水体污染的情况下水体能够容纳某种污染物的最大数量,因此亦称“水体负荷量”或“水域纳污能力”。当水体接收的污染物不超过这个数量时,在自净作用下不会导致污染;否则,需要控制污染物排入水体的数量,以满足人类对水环境的功能需要。一般来说,水环境容量不可能全部被利用,因此它常常大于水域纳污能力。

4.2.3　水环境保护的措施

根据水污染物的产生过程及进入水环境的路径,将治理措施分为源头控制措施、污染源传输途径控制措施、污染源末端控制措施和非工程措施等四大类。

4.2.3.1　源头控制措施

污染源的控制仍是水环境保护的重要环节,这一过程所耗费的人力、财力、物力不容小觑。污染源头控制措施是针对污染物产生的源头,采取的相应措施,如通过清洁生产、污水循环利用消灭或最大程度地减少生产过程中污染物的排放;通过采取各种措施减少坡面径流、水土流失,拦截面源污染进入水体;通过污水处理厂等,可以有效控制点源污染进入水体。

1.清洁生产

清洁生产是指既可满足人们的需要又可合理使用自然资源和能源并保护环境的实用生产方法和措施,其实质是一种物料和能耗最少的人类生产活动的规划和管理,将废物减量化、资源化和无害化,或消灭于生产过程之中。推行清洁生产是贯彻落实节约资源和保护环境基本国策的重要举措,是实现减污降碳协同增效的重要手段,是加快形成绿色生产方式、促进经济社会发展全面绿色转型的有效途径。用清洁生产的方法保护环境,消灭或最大程度地减少生产过程中的污染物排放,从产生污染的源头控制污染。

自1989年联合国开始在全球范围内推行清洁生产以来,全球先后有8个国家建立了清洁生产中心,推动着各国清洁生产不断向深度和广度拓展。1989年5月联合国环境署工业与环境规划活动中心(UNEP IE/PAC)根据UNEP理事会会议的决议,制定了《清洁生产计划》,在全球范围内推进清洁生产。

1992年6月在巴西里约热内卢召开的“联合国环境与发展大会”上,通过了《21世纪议程》,号召工业提高能效,开展清洁技术,更新替代对环境有害的产品和原料,推动实现工业可持续发展。中国政府亦积极响应,于1994年提出了“中国21世纪议程”,将清洁生产列为“重点项目”之一。

清洁生产从本质上来说,就是对生产过程与产品采取整体预防的环境策略,减少或者消除它们对人类及环境的可能危害,同时充分满足人类需要,使社会经济效益最大化的一种生产模式。具体措施包括:不断改进设计;使用清洁的能源和原料;采用先进的工艺技术与设备;改善管理;综合利用;从源头削减污染,提高资源利用效率;减少或者避免生产、服务和产品使用过程中污染物的产生和排放。清洁生产是实施可持续发展的重要手段。

1993年10月,国务院、国家经贸委和国家环保局提出了在企业内推行清洁生产,

1997年国家环保局发布了《关于推行清洁生产的若干意见》和《企业清洁生产审计手册》,2003年1月《中华人民共和国清洁生产促进法》正式实施,清洁生产在全国展开。为贯彻落实《中华人民共和国清洁生产促进法》《中华人民共和国国民经济和社会发展第十四个五年规划和2035年远景目标纲要》,加快推行清洁生产,2021年国家发展和改革委员会等部门制定了《"十四五"全国清洁生产推行方案》,以清洁生产审核为抓手,系统推进工业、农业、建筑业、服务业等领域清洁生产,积极实施清洁生产改造,探索清洁生产区域协同推进模式,培育壮大清洁生产产业,促进实现碳达峰、碳中和目标,助力美丽中国建设。

2.水土流失治理措施

水土流失,是指流域表面的土壤在植被较差的情况下,因降雨径流、风力、重力、冰川等因素影响,表层的土壤和水分流失,造成土地干旱、沙化和生态退化,洪涝灾害加剧,严重威胁人类生存的一种环境恶化现象,已被1992年的"联合国环境与发展大会"列为八大环境问题之一。

我国是世界上水土流失最为严重的国家之一,水土流失面广量大。严重的水土流失,威胁国家生态安全、饮水安全、防洪安全和粮食安全,影响全面小康社会建设进程。2021年,中国全年新增水土流失治理面积6.2万km^2。水土保持就是针对该问题提出来的,其任务就是采取各种科学技术、措施、方法预防和治理水土流失,创造有利于经济快速持续发展的生态环境。根据治理措施特性分为工程措施、林草措施(或称植物措施)和耕作措施三大类,治理中三类措施都要采用。根据治理对象分为坡耕地治理措施、荒地治理措施、沟壑治理措施、风沙治理措施、崩岗治理措施和小型水利工程等六大类,各类治理对象在不同条件下分别采取工程措施、生物措施、耕作措施,以及这些措施的不同组合,综合起来即综合措施。

(1)工程措施。指为防治水土流失危害,保护和合理利用水土资源而修筑的各项工程设施,包括治坡工程(各类梯田、台地、水平沟、鱼鳞坑等)、治沟工程(如淤地坝、拦沙坝、谷坊、沟头防护等)和小型水利工程(如水池、水窖、排水系统和灌溉系统等)。

(2)生物措施。指为防治水土流失,保护与合理利用水土资源,采取造林种草及管护的方法,增加植被覆盖率,维护和提高土地生产力的一种水土保持措施,又称植物措施。主要包括造林、种草和封山育林、育草;保土蓄水,改良土壤,增强土壤有机质抗蚀力等方面的措施。

(3)耕作措施。指以改变坡面微小地形,增加植被覆盖率或增强土壤有机质抗蚀力等方法,保土蓄水,改良土壤,以提高农业生产的技术措施。如等高耕作、等高带状间作、沟垄耕作少耕、免耕等。

3.污水处理厂

城镇污水处理最常用的方法就是建立污水处理厂,集中处理工业废水和生活污水。相对于清洁生产从源头减少污染而言,该法则属于源头控制中末端消除污染的方法。其主要流程是把企业生产排放的废水和居民的生活污水,通过管网系统输送到污水处理厂,经过一系列物理、化学和生物的处理方法,降低污水污染物的浓度。

现代污水处理技术,按处理程度划分,可分为一级、二级和三级处理,一般根据水质状况和处理后的水的去向来确定污水处理程度。

一级处理主要去除污水中呈悬浮状态的固体污染物质、沉淀物(如砂石等)和调节 pH,一定程度上减少了污水物理性污染。其工艺构筑物主要有格栅、沉砂池、调节池、沉淀池或气浮池等。经过一级处理的污水,BOD 一般可去除 30%左右,多数情况下达不到向天然水体排放的标准。此时则要求做进一步的处理,如二级处理。对此,一级处理属于二级处理的预处理。

二级处理主要去除污水中呈胶体和溶解状态的有机污染物质(BOD、COD 物质)、氧化物、硫化物、氮、磷等有害物质,有机质的去除率可达 90%以上,悬浮物去除率可达 95%,一般能达到污水排放标准。采用的方法,主要是以生化处理为主体工艺的活性污泥法和生物膜法。活性污泥法的实质是以存在于污水中的有机物作为培养基(底物),在有氧的条件下,对各种微生物群体进行混合连续培养,通过凝聚、吸附、氧化分解、沉淀等过程去除有机物的一种方法,其中活性污泥法的反应器有曝气池、氧化沟等(见图 4-2)。生物膜法是将大量的微生物附着在填料(塑料球、塑料网等)上,形成薄膜,称生物膜,让污水均匀地流过生物膜,从而达到迅速净化,如生物滤池、生物转盘、生物接触氧化法和生物流化床等。

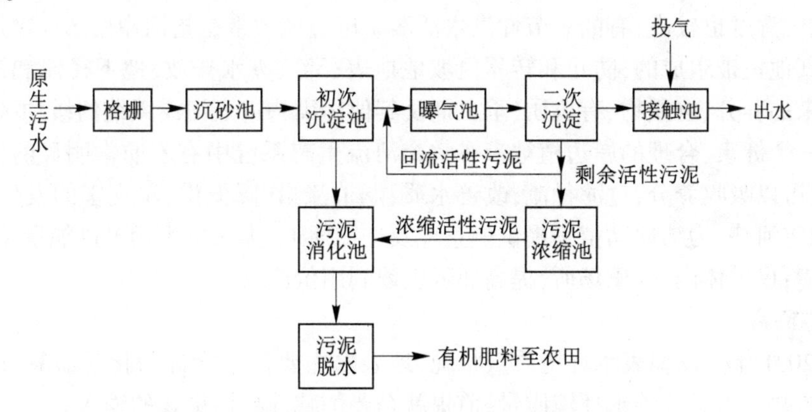

图 4-2　好氧活性污泥法二级处理厂典型工艺流程

三级处理能够进一步处理难降解的有机物、氮和磷等能够导致水体富营养化的可溶性无机物等。主要方法有生物脱氮除磷法、混凝沉淀法、砂滤法、活性炭吸附法、离子交换法和电渗析法等。

4.2.3.2　污染源传输途径控制措施

污染源传输途径控制措施是指污染已经产生,在污染物从源头向水体进行迁移的过程中,采取措施加以拦截,可以采用的措施包括人工湿地、生态隔离、岸边植被带、生态沟、生物塘、生态驳岸、土地渗流系统等,其中应用较多的措施是人工湿地、岸边植被带、生态隔离。

1.人工湿地

湿地是地球上水陆交互作用形成的独特生态系统,对净化水体、保护水环境具有非常重要的作用。湿地分为天然湿地和人工湿地。天然湿地由水体、透水介质以及水生生物组成;人工湿地则是为处理污水而人为设计建造的、工程化的湿地系统,是通过人工挖掘增加水力负荷,并移栽植物形成的。

湿地主要由五部分组成:①具有各种透水性的介质,如土壤、砂、砾石等;②适于在饱和水和厌氧基质中生长的植物,如芦苇;③水体(在介质表面上或下流动的水);④无脊椎动物或脊椎动物;⑤好氧或厌氧微生物种群。天然湿地和人工湿地已经广泛应用于城市污水或工业废水处理的实践中。从实践经验看,人工湿地比天然湿地具有更大的优势。

人工湿地处理系统以生长沼泽植物为主要特征,繁茂的水生植物为微生物提供栖息的场所,可以减缓水流速度和风速,有利于悬浮物的去除和底泥的上浮,能够遮盖阳光,避免藻类大量增殖影响出水水质。纤管束植物向根部输送光合作用产生的氧气以及水面复氧作用维持水和根区附近介质中微生物的正常活动,植物本身也能直接吸收和分解污染物。

人工湿地系统的另一个特征是水下保持一定厚度的淤泥层,淤泥层含有大量的有机质和微生物,对吸附和分解污水中的污染物起到重要作用。

2.岸边植被带

河岸带是指高低水位之间的河床及高水位之上直至河水影响完全消失的地带,它包括非永久被水淹没的河床及其周围新生的或残余的洪泛平原,其横向延伸范围可抵周围山麓坡脚。缓冲带则是位于水体与陆地之间的过渡地带,包括林带、菜地或其他土地利用类型,可描述为狭长的、线状的、滨水的水陆两栖植被带。最突出的特点是水分多、土壤肥力较高,空气湿度也较高,有的季节性洪水泛滥。岸边植被带是指河岸两边向岸坡爬伸的由树木及其他植被组成的,防止和转移由坡地地表径流、废水排放、地下径流和深层地下水流所带来的养分、沉积物、有机质、杀虫剂及其他污染物进入河溪系统的缓冲区域。

往往一个健康、合理的岸边植被带在整个河流生态系统中有着非常明显的作用。简单来说,它可以吸收养分,过滤径流,改善水质;调节流量,降低洪、旱灾害的发生概率;保护河岸,稳定河势;为陆地动植物提供栖息地及迁徙通道,为水生生物提供能量及食物,改善生存环境;提供休闲、娱乐场所,提高邻近土地利用价值。

3.生态隔离

根据2021年全国地表水环境质量状况,地表水主要污染指标为化学需氧量、总磷和高锰酸盐指数。为了改善水环境质量,前提就是要削减外界污染物的输入。

生态隔离带的理念与现有的岸边植被带概念在结构上具有一定的相似性。岸边植被带是设置在河岸的缓冲区域,缓冲带内种植树木等植被,从而缓冲由地表水流和地下径流携带的污染物进入河流水体。一般地,河岸植被缓冲带的结构形式多为由河道向岸边爬升的缓坡,并在缓坡上根据各高程水深变化范围布置适应性的植被带。

生态隔离带是布设在岸边与水体之间的缓冲平台,主体为具有一定宽度、水平的植被台,植被台内种植各种耐水、耐湿的乔木、灌木,在缓冲平台边缘布设生态护坡以维持缓冲带的稳定。

在日常情况下,生态隔离带的缓冲平台以及植被的空间隔离作用,能够阻止水体外侧面源污染物在风力作用下被吹入水环境,在雨水携带大量污染物进入生态隔离带后,经过生态隔离带的过滤、渗透、吸收、滞留、沉积等河岸带机械、化学和生物作用后,部分污染物滞留于隔离带内,其余的经过隔离带净化后进入水体,减少了进入水体污染物的量。

4.2.3.3 污染源末端控制措施

污染源末端控制措施是指针对已经进入水体的污染物,通过采取措施对其进行净化

处理,包括生态清淤、自然湿地、生态浮床(岛)、生态基、生物飘带等。其中生态清淤、生态浮床(岛)以及自然湿地等措施应用较多。

1.生态清淤

又称生态清淤为环保清淤,其主要作用为有效改善水质和水生态环境,有效地消除河道内的污染物,以免导致二次污染的情况,其过程主要为清淤、输送、处理等。

生态清淤技术是近些年来刚发展的技术,通过生态清淤技术可以对水库底部的污染物进行有效的清除,同时更好地为水生态的恢复创造良好的条件。事实上环保生态清淤技术是交叉性的内容和学科,不仅有疏浚工程的内容,还有环境工程、水利工程等内容,对比一般的疏浚项目,水库生态清淤的生态效果更为明显,在清淤过程中只是把底部的污染物、淤泥等予以清除,并不会对水库的生态水系环境造成破坏,还会为其生态的恢复奠定坚实的基础。疏浚工程的重点工作就是有针对性地对水面进行处理,达到水库容量增加的目的。

2.生态浮床(岛)

生态浮床技术是把高等水生植物或改良的陆生植物,以浮床为载体,种植到富营养化水体的水面,利用表面积很大的植物根系在水中形成浓密的网,能过滤吸附水体中大量的悬浮物,并形成富氧环境;此外,逐渐在植物根系表面形成生物膜,而根系膜内微生物既产生多聚糖,有效吸附水中悬浮物,也能吞噬和代谢水中的污染物,转化成为无机物(见图4-3)。通过植物的根系吸收或吸附作用,削减水体中的氮、磷及有机污染物质,使其成为植物的营养物质,通过光合作用转化为植物细胞的成分,促进其生长,最后通过收割浮岛植物和捕获鱼虾减少水中营养物质。同时生态浮床通过遮挡阳光抑制藻类的光合作用,减少浮游植物生长量,通过接触沉淀作用促使浮游植物沉降,有效防止“水华”发生,提高水体的透明度,其作用相比于前者更为明显,同时浮床上的植物可供鸟类栖息,下部植物根系形成鱼类和水生昆虫生息环境。

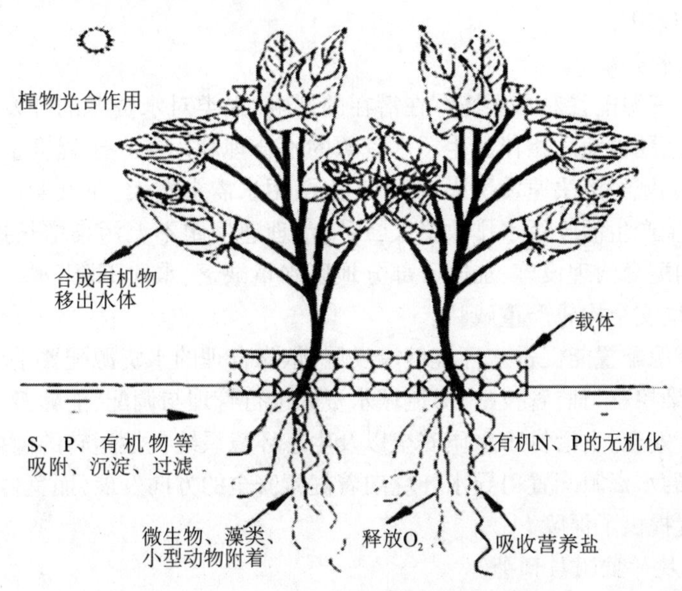

图4-3 生态浮床对污染物的净化示意图

4.2.3.4 非工程措施

1.加强水环境保护的宣传教育

水环境保护既是全体人民和整个社会的责任,也是每个公民的责任,关系到公众的切身利益。从公民自身的生存和发展的角度来看,这是不容置疑的责任,有必要逐步加强对水环境保护的宣传教育,并通过多种宣传教育方法,逐步提高全社会对水环境保护的认识。还应进一步完善环境教育法规和政策体系,加大环境教育的经费投入,培养环境教育的师资力量。在水环境保护方面需要进一步增强全民的节水意识和参与度,结合"世界环境日""世界水日""中国水周""中国环境周"等活动主题,加大水环境保护宣传力度,传播"多节水、少排污"的理念,提升全民的水环境保护意识。此外,还可以走进校园,在不同层次的学生中开展节约资源、废物利用和环境保护方面的教育,通过各类新媒体倡导保护水环境的理念。

2.加强水环境保护的法律、制度建设及执行

目前,我国是采用水资源和水污染分立立法的形式进行水环境保护管理,尚未建立健全的水环境综合保护管理法律体系,采用水资源和水污染分立立法形式进行水环境保护管理具有众多的弊端,如两种立法部分立法内容存在一定的交叉或冲突,从而会严重妨碍水环境保护管理的法律执行,且水资源和水污染分立立法均属于注重实体性立法,立法中的相关内容难以明确界定水环境保护管理的概念,从而导致这些立法在实际管理过程中的可操作性较差。

建立完善的水环境保护管理制度是推动水环境保护管理工作顺利和高效开展的基础条件,然而,我国当前大部分环境保护管理部门均未建立有效的管理制度,从而难以明确水环境保护管理权责,难以对各部间水环境保护和管理工作进行统一规划和协调,这样不仅不利于水环境的综合保护管理,同时还会导致水环境保护管理脱节,从而会降低水环境保护管理质量和效率。

3.优化配置水资源

不合理的水资源配置对水环境存在潜在的影响,人类对水资源的开发利用达到空前的发展,水环境问题也随之相伴而生。水资源的不合理利用在一定程度上加剧了水环境恶化的程度,受流域经济快速发展影响,生产生活用水需求增大,在长期以需定供的水资源利用模式下,生产生活废污水排放量大,污染治理速度跟不上污染增长速度,粗放的用水模式和落后的配套治理设施,加剧了部分地区水量缺乏、水质下降、水生态水环境退化的状况,对水环境安全构成严重威胁。

合理的水资源配置能促进水环境健康发展,依靠合理的水资源配置手段,利用先进的水量调控、水污染控制与监管技术,对流域水资源进行管理与调配,能够极大改善水环境,是保障社会生产安全、生活供水水质安全以及生态环境系统良性运转的前提。

因此,合理的水资源配置引导水环境向着健康安全的方向发展,而良好的水环境也为水资源合理配置提供了保障。

4.加强水环境的监测与预警

近年来,国家对水环境保护的重视程度逐年提高,政府对环境监测信息化建设的投入一再加大,无人化自动水质监测预警站点已在全国得到广泛应用,但水环境风险评价预警

能力还有待提高。为了实现美丽河湖、美丽海湾的目标,以水环境质量只能变好、不能变差为原则,不断提高水环境监测与预警系统,推进水环境质量的持续改善。

4.2.4　水环境质量达标与评价

4.2.4.1　水质指标

水质指标表示水中杂质的种类和数量,它是判断水污染程度的具体衡量尺度。同时针对水中存在的具体杂质或污染物,提出了相应的最低数量或最低浓度的限制和要求。水质指标有单因素指标和综合指标之分。前者用表征水的物理、化学和生物特性的单一要素指明水质状况,如金属元素(Cu^{2+}、Cd^{2+}、Fe^{3+}等)的含量、溶解氧(DO)浓度、细菌总数等;后者用来指明水在多种因素作用下的水质状况,如生化需氧量(BOD)、化学需氧量(COD)、总氮(TN)、总磷(TP)、pH 等,是若干污染物共同作用的结果。如生化需氧量(BOD)用以表征水中能被生物降解的所有耗氧有机物的浓度高低,总硬度用来指明水中含钙、镁等无机盐类的程度,生物指数则用生物群落结构表示水质。

下面介绍几种常见的水质指标。

1.pH

pH 是溶液中氢离子活度的负对数,即

$$pH = -\lg \alpha_{H^+} \tag{4-1}$$

pH 是最为常用和重要的水质监测指标之一,可以间接表示水的酸碱程度。pH 常用玻璃电极法测定,是一个无因次数。pH = 7,水溶液为中性;pH<7 为酸性;pH>7 为碱性。不同用途的水,其 pH 的要求也不相同。天然水的 pH 在 6~9;饮用水的 pH 要求控制在 6.5~8.5;工业用水的 pH 一般控制较为严格,锅炉给水的 pH 需要保持在 7.0~8.5 等。

2.溶解氧(DO)

溶解氧为溶解在水中的空气中的分子态氧,记作 DO,用每升水里氧气的毫克数表示,即 mg/L。DO 用碘量法和溶氧仪测定。水中溶解氧的多少是衡量水体自净能力的一个指标。水里的溶解氧被消耗,要恢复到初始状态所需的时间短,说明该水体的自净能力强,或者说水体污染不严重;反之,说明水体污染严重,自净能力弱,甚至失去自净能力。

3.生化需氧量(BOD)

生化需氧量或生化耗氧量(一般指五日生化需氧量),是表示水中有机物等需氧污染物质含量的一个综合指标,说明水中有机物由于微生物的生化作用进行氧化分解,使之无机化或气体化时所消耗水中溶解氧的总数量。通常情况下是指水样充满完全密闭的溶解氧瓶中,在 20 ℃的暗处培养 5 d,分别测定培养前后水样中溶解氧的质量浓度,由培养前后溶解氧的质量浓度之差,计算每升样品消耗的溶解氧量,以 BOD_5 形式表示。其单位为毫克/升(mg/L)。其值越高说明水中有机污染物质越多,污染也就越严重。

生化需氧量(BOD)是一种环境监测指标,主要用于监测水体中有机物的污染状况。一般有机物都可以被微生物分解,但微生物分解水中的有机化合物时需要消耗氧,如果水中的溶解氧不足以供给微生物的需要,水体就处于污染状态。BOD 才是有关环保的指标。

4.化学需氧量(COD)

水样在一定条件下,以氧化 1 L 水样中还原性物质所消耗的氧化剂的量为指标,折算成每升水样全部被氧化后,需要的氧的毫克数,以 mg/L 表示。它反映了水中受还原性物质污染的程度。水中的还原性物质有各种有机物、亚硝酸盐、硫化物、亚铁盐等,但主要的是有机物。因此,化学需氧量(COD)又往往作为衡量水中有机物质含量多少的指标。化学需氧量越大,说明水体受有机物的污染越严重。

5.总氮(TN)

总氮的定义是水中各种形态无机氮和有机氮的总量。包括 NO_3^-、NO_2^- 和 NH_4^+ 等无机氮和蛋白质、氨基酸及有机胺等有机氮,简称为 TN,以每升水含氮毫克数计算,即 mg/L。

水中的总氮含量是衡量水质的重要指标之一。其测定有助于评价水体被污染和自净状况。地表水中氮、磷物质超标时,微生物大量繁殖,浮游生物生长旺盛,出现富营养化状态。

6.总磷(TP)

水中的总磷含量是衡量水质的重要指标之一。总磷是水样经消解后将各种形态的磷转变成正磷酸盐后测定的结果,以每升水样含磷毫克数计量,即 mg/L。

水中磷可以以元素磷、正磷酸盐、缩合磷酸盐、焦磷酸盐、偏磷酸盐和有机团结合的磷酸盐等形式存在。其主要来源为生活污水、化肥、有机磷农药及近代洗涤剂所用的磷酸盐增洁剂等。磷酸盐会干扰水厂中的混凝过程。水体中的磷是藻类生长需要的一种关键元素,过量磷是造成水体污秽异臭,使湖泊发生富营养化和海湾出现赤潮的主要原因。

4.2.4.2 水质达标要求与评价

1.水质达标

水是地球上一切生物赖以生存也是人类生产生活不可缺少的最基本物质。但为满足人类对水资源合理开发、利用、节约和保护的需求,对不同的水域赋予不同的功能。例如,有的水域被划为生活饮用水源保护区、渔业用水区、工业用水区、农业用水区、景观娱乐用水区等。水域功能越高,水质的标准也越高,保护的要求也越高,这样既不经济,也不实用。因此,不能要求所有的水域都满足各种水域功能,应根据实际情况合理确定水域功能,从而制定不同的标准。如果水质达不到规定的标准,也就难以达到要求的功能。我国根据实际情况制定了一系列的水质标准,例如《地表水环境质量标准》(GB 3838—2002)、《地下水质量标准》(GB/T 14848—2017)、《生活饮用水卫生标准》(GB 5749—2022)、《渔业水质标准》(GB 11607—1989)等。

我国的《地表水环境质量标准》(GB 3838—2002)依据地表水水域环境功能和保护目标,按功能高低依次划分为五类:Ⅰ类,主要适用于源头水、国家自然保护区;Ⅱ类,主要适用于集中式生活饮用水地表水源地一级保护区、珍稀水生生物栖息地、鱼虾类产卵场、仔稚幼鱼的索饵场等;Ⅲ类,主要适用于集中式生活饮用水地表水源地二级保护区、鱼虾类越冬场、洄游通道、水产养殖区等渔业水域及游泳区;Ⅳ类,主要适用于一般工业用水区及人体非直接接触的娱乐用水区;Ⅴ类,主要适用于农业用水区及一般景观要求水域。该标准包括水质评价指标项目 109 项,其中表 4-2 为地表水环境质量标准基本项目(24 项),是水质评价必须要求的。表 4-3 为集中式生活饮用水地表水源地补充项目(5 项),是评价地表水源地另外补充的。表 4-4 为集中式生活饮用水地表水源地特定项目,是评价这类水质时,根据评价水域的特殊情况从中选择特别指定的项目。按照地表水环境功能分类,规定了水环境质量达标控制的项目及限值。

表 4-2　地表水环境质量标准基本项目标准限值　　单位:mg/L

序号	项目	Ⅰ类	Ⅱ类	Ⅲ类	Ⅳ类	Ⅴ类
1	水温/℃	人为造成的环境水温变化应限制在: 周平均最大温升≤1;周平均最大温降≤2				
2	pH(无量网)	6~9				
3	溶解氧≥	饱和率 90% (或 7.5)	6	5	3	2
4	高锰酸盐指数≤	2	4	6	10	15
5	化学需量(COD)≤	15	15	20	30	40
6	五日生化需氧量 (BOD_5)≤	3	3	4	6	10
7	氨氮(NH_3-N)≤	0.15	0.5	1.0	1.5	2.0
8	总磷(以 P 计)≤	0.02 (湖、库 0.01)	0.1 (湖、库 0.025)	0.2 (湖、库 0.05)	0.3 (湖、库 0.1)	0.4 (湖、库 0.2)
9	总氮(湖、库,以 N 计)≤	0.2	0.5	1.0	1.5	2.0
10	铜≤	0.01	1.0	1.0	1.0	1.0
11	锌≤	0.05	1.0	1.0	2.0	2.0
12	氟化物(以 F^- 计)≤	1.0	1.0	1.0	1.5	1.5
13	硒≤	0.01	0.01	0.01	0.02	0.02
14	砷≤	0.05	0.05	0.05	0.1	0.1
15	汞≤	0.000 05	0.000 05	0.000 1	0.001	0.001
16	镉≤	0.001	0.005	0.005	0.005	0.01
17	铬(六价)≤	0.01	0.05	0.05	0.05	0.1
18	铅≤	0.01	0.01	0.05	0.05	0.1
19	氰化物≤	0.005	0.05	0.2	0.2	0.2
20	挥发酚≤	0.002	0.002	0.005	0.01	0.1
21	石油类≤	0.05	0.05	0.05	0.5	1.0
22	阴离子表面活性剂≤	0.2	0.2	0.2	0.3	0.3
23	硫化物≤	0.05	0.1	0.2	0.5	1.0
24	粪大肠菌群(个/L)≤	200	2 000	10 000	20 000	40 000

表 4-3 集中式生活饮用水地表水源地补充项目标准限值 单位:mg/L

序号	项目	标准值
1	硫酸盐(以 SO_4^{2-} 计)	250
2	氯化物(以 Cl^- 计)	250
3	硝酸盐(以 N 计)	10
4	铁	0.3
5	锰	0.1

表 4-4 集中式生活饮用水地表水源地特定项目标准限值 单位:mg/L

序号	项目	标准值	序号	项目	标准值
1	三氯甲烷	0.06	24	氯苯	0.3
2	四氯化碳	0.002	25	1,2 二氯苯	1.0
3	三溴甲烷	0.1	26	1,4 二氯苯	0.3
4	二氯甲烷	0.02	27	三氯苯②	0.02
5	1,2 二氯乙烷	0.03	28	四氯苯③	0.02
6	环氧氯丙烷	0.02	29	六氯苯	0.05
7	氯乙烯	0.005	30	硝基苯	0.017
8	1,1 二氯乙烯	0.03	31	二硝基苯④	0.5
9	1,2 二氯乙烯	0.05	32	2,4 二硝基甲苯	0.000 3
10	三氯乙烯	0.07	33	2,4,6 三硝基甲苯	0.5
11	四氯乙烯	0.04	34	硝基氯苯⑤	0.05
12	氯丁二烯	0.002	35	2,4 二硝基氯苯	0.5
13	六氯丁二烯	0.000 6	36	2,4 二氯苯酚	0.093
14	苯乙烯	0.02	37	2,4,6 三氯苯酚	0.2
15	甲醛	0.9	38	五氯酚	0.009
16	乙醛	0.05	39	苯胺	0.1
17	丙烯醛	0.1	40	联苯胺	0.000 2
18	三氯乙醛	0.01	41	丙烯酰胺	0.000 5
19	苯	0.01	42	丙烯腈	0.1
20	甲苯	0.7	43	邻苯二甲酸二丁酯	0.003
21	乙苯	0.3	44	邻苯二甲酸二(2-乙基己基)酯	0.008
22	二甲苯①	0.5	45	水合肼	0.01
23	异丙苯	0.25	46	四乙基铅	0.000 1

续表 4-4

序号	项目	标准值	序号	项目	标准值
47	吡啶	0.2	64	溴氰菊酯	0.02
48	松节油	0.2	65	阿特拉津	0.003
49	苦味酸	0.5	66	苯并(a)芘	2.8×10^{-6}
50	丁基黄原酸	0.005	67	甲基汞	1.0×10^{-6}
51	活性氯	0.01	68	多氯联苯⑥	2.0×10^{-5}
52	滴滴涕	0.001	69	微囊藻毒素-LR	0.001
53	林丹	0.002	70	黄磷	0.003
54	环氧七氯	0.002	71	钼	0.07
55	对硫磷	0.003	72	钴	1.0
56	甲基对硫磷	0.002	73	铍	0.002
57	马拉硫磷	0.05	74	硼	0.5
58	乐果	0.08	75	锑	0.005
59	敌敌畏	0.05	76	镍	0.02
60	敌百虫	0.05	77	钡	0.7
61	内吸磷	0.03	78	钒	0.05
62	百菌清	0.01	79	钛	0.1
63	甲萘威	0.05	80	铊	0.000 1

注：①二甲苯，指对-二甲苯、间-二甲苯、邻-二甲苯。

②三氯苯，指 1,2,3-三氯苯、1,2,4-三氯苯、1,3,5-三氯苯。

③四氯苯，指 1,2,3,4-四氯苯、1,2,3,5-四氯苯、1,2,4,5-四氯苯。

④二硝基苯，指对-二硝基苯、间-二硝基氯苯、邻-二硝基苯。

⑤硝基氯苯，指对-硝基氯苯、间-硝基氯苯、邻-硝基氯苯。

⑥多氯联苯，指 PCB-1016、PCB-1221、PCB-1232、PCB-1242、PCB-1248、PCB-1254、PCB-1260。

2.水环境质量评价

水环境质量评价，简称水质评价，是根据水的用途，按照一定的评价标准、评价参数和评价方法，对水域的水质或水域综合体的质量进行定性或定量的评定。水环境质量评价是合理开发利用和保护水资源的一项基本工作。

水环境质量评价始于 20 世纪初。20 世纪 60 年代以后，水质指数得到了广泛的应用和发展。水环境质量评价应根据应实现的水域功能类别，选取相应类别标准，进行单因子评价，评价结果应说明水质达标情况，超标的应说明超标项目和超标倍数。丰、平、枯水期特征明显的水域，应分水期进行水质评价。

水质评价一般采用水质标准指数法，标准指数大于 1，则表明水体不能满足其功能要求,受到该指标的污染。

(1)一般性水质因子的标准指数。一般性水质因子(随着浓度增加而水质变差的水质因子)的标准指数,只用单个参数作为评价指标,可以直接了解水质状况与评价标准之间的关系,简单明了,其表达式为

$$S_{i,j} = C_{i,j}/C_{si} \tag{4-2}$$

式中 $S_{i,j}$——评价因子 i 在 j 点的标准指数,大于 1 表明该水质因子超标;

$C_{i,j}$——评价因子 i 在 j 点的实测统计代表值,mg/L;

C_{si}——评价因子 i 的水质评价标准限值,mg/L。

(2)DO 的标准指数为

$$S_{DO,j} = \frac{|DO_f - DO_j|}{DO_f - DO_s}, DO_j \geqslant DO_s \tag{4-3}$$

$$S_{DO,j} = 10 - 9\frac{DO_j}{DO_s}, DO_j < DO_s \tag{4-4}$$

式中 $S_{DO,j}$——溶解氧 DO 在预测点(可监测点)j 的标准指数,大于 1 表明该水质因子超标;

DO_j——监测点或预测点(可监测点)j 处的 DO 浓度,mg/L;

DO_s——溶解氧的评价标准限值,mg/L;

DO_f——某水温、气压条件下的饱和溶解氧 DO 的浓度,mg/L,对于河流,$DO_f = 468/(31.6+T)$;对于盐度比较高的湖泊、水库及河口、近岸海域,$DO_f = (491-2.65S)/(33.5+T)$。

(3)pH 的标准指数为

$$S_{pH,j} = \frac{7.0 - pH_j}{7.0 - pH_{sd}}, pH_j \leqslant 7.0 \tag{4-5}$$

$$S_{pH,j} = \frac{pH_j - 7.0}{pH_{su} - 7.0}, pH_j > 7.0 \tag{4-6}$$

式中 $S_{pH,j}$——pH 的标准指数,大于 1 表明该水质因子超标;

pH_j——pH 的实测值;

pH_{sd}——水质标准中规定的 pH 下限;

pH_{su}——水质标准中规定的 pH 上限。

(4)底泥污染指数计算公式为

$$P_{i,j} = C_{i,j}/C_{si} \tag{4-7}$$

式中 $P_{i,j}$——底泥污染因子 i 在 j 点的单项污染指数,大于 1 表明该污染因子超标;

$C_{i,j}$——底泥污染因子 i 在调查点位 j 点的实测值,mg/L;

C_{si}——底泥污染因子 i 的评价标准值或参考值,mg/L。

底泥污染评价标准值或参考值可以根据土壤环境质量标准或所在水域的背景值确定。

4.3　水环境保护案例

4.3.1　国外水环境保护案例

4.3.1.1　韩国首尔清溪川

1.水环境问题

清溪川全长 11 km,自西向东流经首尔市,流域面积为 51 km^2。20 世纪 40 年代,随着城市化和经济的快速发展,大量的生活污水和工业废水排入河道,后来又实施河床硬化、砌石护坡、裁弯取直等工程,严重破坏了河流自然生态环境,导致流量变小、水质变差,生态功能基本丧失。50 年代,政府用 5.6 km 长、16 m 宽的水泥板封盖河道,使其长期处于封闭状态,几乎成为城市下水道。70 年代,在河道封盖上建设公路,并修建了 4 车道高架桥,一度视为“现代化”标志。

2.治理思路和措施

21 世纪初,政府下决心开展综合整治和水质恢复,主要采取了三个方面措施:一是疏浚清淤。2005 年,总投资 3 900 亿韩元(约 3.6 亿美元)的“清溪川复原工程”竣工,拆除了河道上的高架桥、清除了水泥封盖、清理了河床淤泥、还原了自然面貌。二是全面截污。两岸铺设截污管道,将污水送入处理厂统一处理,并截流初期雨水。三是保持水量。从汉江日均取水 9.8 万 t,通过泵站注入河道,加上净化处理的 2.2 万 t 城市地下水,总注水量达 12 万 t,让河流保持 40 cm 水深。

3.治理效果

从生态环境效益看,清溪川成为重要的生态景观,除生化需氧量和总氮两项指标外,各项水质指标均达到韩国地表水一级标准。从经济社会效益看,由于生态环境、人居环境的改善,周边房地产价格飙升,旅游收入激增,带来的直接效益是投资的 59 倍,附加值效益超过 24 万亿韩元,并提供了 20 多万个就业岗位。

4.3.1.2　德国埃姆舍河

1.水环境问题

埃姆舍河全长约 70 km,位于德国北莱茵—威斯特法伦州鲁尔工业区,是莱茵河的一条支流;其流域面积为 865 km^2,流域内约有 230 万人,是欧洲人口最密集的地区之一。该流域煤炭开采量大,导致地面沉降,致使河床遭到严重破坏,出现河流改道、堵塞甚至河水倒流的情况。19 世纪下半叶起,鲁尔工业区的大量工业废水与生活污水直排入河,河水遭受严重污染,曾是欧洲最脏的河流之一。

2.治理思路和措施

一是雨污分流改造和污水处理设施建设。流域内城市历史悠久,排水管网基本实行雨污合流。因此,一方面实施雨污分流改造,将城市污水和重度污染的河水输送至两家大型污水处理厂净化处理,减少污染直排现象。另一方面建设雨水处理设施,单独处理初期雨水。此外,还建设了大量分散式污水处理设施、人工湿地以及雨水净化厂,全面削减入河污染物总量。

二是采取“污水电梯”、绿色堤岸、河道治理等措施修复河道。“污水电梯”是指在地下 45 m 深处建设提升泵站，把河床内历史上积存的大量垃圾及浓稠污水送到地表，分别进行处理处置。绿色堤岸是指在河道两边种植大量绿植并设置防护带，既改善河流水质，又改善河道景观。河道治理是指配合景观与污水处理效果，拓宽、加固清理好的河床，并在两岸设置雨水、洪水蓄滞池。

三是统筹管理水环境水资源。为加强河流治污工作，当地政府、煤矿和工业界代表，于 1899 年成立了德国第一个流域管理机构，即“埃姆舍河治理协会”，独立调配水资源，统筹管理排水、污水处理及相关水质，专职负责干流及支流的污染治理。治理资金 60% 来源于各级政府收取的污水处理费，40%由煤矿和其他企业承担。

3.治理效果

河流治理工程预算为 45 亿欧元，已实施了部分工程，预计还需几十年时间才能完工。目前，流经多特蒙德市的区域已恢复自然状态。

4.3.1.3　英国伦敦泰晤士河

1.水环境问题

泰晤士河全长 402 km，流经伦敦市区，是英国的母亲河。19 世纪以来，随着工业革命的兴起，河流两岸人口激增，大量的工业废水、生活污水未经处理直排入河，沿岸垃圾随意堆放。1858 年，伦敦发生“大恶臭”事件，政府开始治理河流污染。

2.治理思路和措施

一是通过立法严格控制污染物排放。20 世纪 60 年代初，政府对入河排污做出了严格规定，企业废水必须达标排放，或纳入城市污水处理管网。企业必须申请排污许可，并定期进行审核，未经许可不得排污。定期检查，起诉、处罚违法违规排放等行为。

二是修建污水处理厂及配套管网。1859 年，伦敦启动污水管网建设，在南北两岸共修建 7 条支线管网并接入排污干渠，减轻了主城区河流污染，但并未进行处理，只是将污水转移到海洋。19 世纪末以来，伦敦市建设了数百座小型污水处理厂，并最终合并为几座大型污水处理厂。1955—1980 年，流域污染物排污总量减少约 90%，河水溶解氧浓度提升约 10%。

三是从分散管理到综合管理。自 1955 年起，逐步实施流域水资源、水环境综合管理。1963 颁布了《水资源法》，成立了河流管理局，实施取水许可制度，统一水资源配置。1973 年《水资源法》修订后，全流域 200 多个涉水管理单位合并成泰晤士河水务管理局，统一管理水处理、水产养殖、灌溉、畜牧、航运、防洪等工作，形成流域综合管理模式。1989 年，随着公共事业民营化改革，水务局转变为泰晤士河水务公司，承担供水、排水职能，不再承担防洪、排涝和污染控制职能；政府建立了专业化的监管体系，负责财务、水质监管等，实现了经营者和监管者的分离。

四是加大新技术的研究与利用。早期的污水处理厂主要采用沉淀、消毒工艺，处理效果不明显。20 世纪五六十年代，研发采用了活性污泥法处理工艺，并对尾水进行深度处理，出水生化需氧量为 5~10 mg/L，处理效果显著，成为水质改善的根本原因之一。泰晤士水务公司近 20%的员工从事研究工作，为治理技术研发、水环境容量确定等提供了技术支持。

五是充分利用市场机制。泰晤士河水务公司经济独立、自主权较大,其引入市场机制,向排污者收取排污费,并发展沿河旅游娱乐业,多渠道筹措资金。仅 1987—1988 年,总收入就高达 6 亿英镑,其中日常支出 4 亿英镑,上交盈利 2 亿英镑,既解决了资金短缺难题,又促进了社会发展。

3.治理效果

泰晤士河水质逐步改善,20 世纪 70 年代,重新出现鱼类并逐年增加;80 年代后期,无脊椎动物达到 350 多种,鱼类达到 100 多种,包括鲑鱼、鳟鱼、三文鱼等名贵鱼种。目前,泰晤士河水质完全恢复到了工业化前的状态。

4.3.2　国内水环境保护案例

4.3.2.1　昆明宝象河

1.水环境问题

滇池是昆明市供水的来源地。全市 90%的工业分布在滇池地区,每天滇池要向市区供应 20 万 t 工业用水和生活用水。由于滇池位于该市下游,该市的废水、污水又排入滇池。随着工农业的迅速发展,滇池受到了严重污染,成为全国严重富营养化的湖泊之一。

2.治理思路和措施

为了治理滇池,探讨经济、有效的污水净化方法,在滇池的主要入湖河流宝象河边的某公司苗圃基地内建设人工湿地污水处理系统示范工程,进行净化河流污水的试验。该系统工艺流程如图 4-4 所示,用地面积为 1 400 m^2,水力负荷为 0.275～0.32 t/(m^2·d)。试验污水直接取自宝象河,其水质指标为:BOD_5 28～57 mg/L、COD_{Mn} 7.0～20 mg/L、TN 0.2～16 mg/L、TP 0.5～8.0 mg/L、DO 0.5～1.0 mg/L。

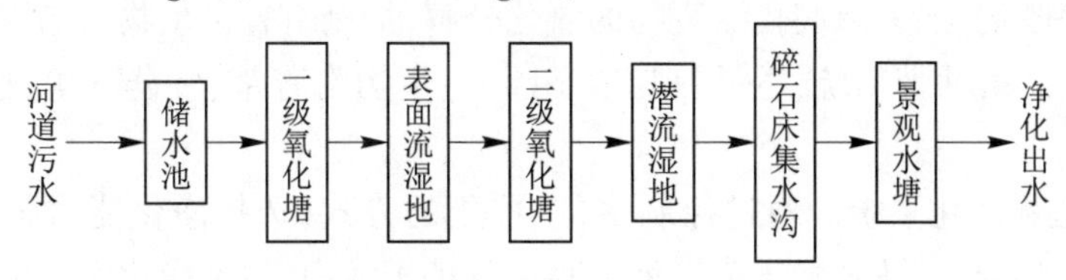

图 4-4　宝象河人工湿地污水处理系统示范工程工艺流程

该处理系统按工艺流程由下列单元组成:储水池、一级氧化塘、表面流湿地、二级氧化塘、潜流湿地、碎石床集水沟、景观水塘。其具体功能为:

(1)储水池,用于调节水流和沉积泥沙。

(2)一级氧化塘(实际为兼氧塘),种植耐污性强、生长快的浮水植物,如水葫芦、大藻等,一方面可以输送氧气到根系周围,促进那里的好氧微生物分解污水中的有机物成为营养盐,供植物吸收利用;另一方面,水葫芦、大藻对水面的覆盖,造成离根系较远的水体为强厌氧环境,促使那里的污染物厌氧分解。

(3)表面流湿地,接纳一级氧化塘的出水,其填料为沙土,水流从床面流过,床面上种植的植物为香蒲、芦苇、水芹菜,是由当地 70 余种水生植物筛选出来的吸收去除污染物能力比较强的种群。

(4)二级氧化塘,种植水芹菜和大藻,强化一级氧化塘的去污效果。

(5)潜流湿地,接收二级氧化塘的出水,其填料为碎石,上面种植的植物为香蒲、菖蒲、美人蕉、水葱、旱伞竹,水流以潜流的方式通过碎石床,利用湿地植物的生长、对悬浮物过滤和碎石床生物膜的降解,继续去除污水中的碳、氮、磷污染物。

3.治理效果

该人工湿地示范工程实施一年后,对系统进行了 15 次水质监测。结果表明,对这里的河道污水中 COD_{Mn}、BOD_5、TN、TP 的去除率分别达 67%、74%、83%和 65%,处理后的水质良好,景观水塘生长了许多小鱼,并到上游的集水沟里繁衍生息,一些水鸟也在湿地筑巢觅食,湿地生态系统勃勃生机。

4.3.2.2 重庆永川临江河

1.水环境问题

临江河是永川的母亲河,全长 100 km,流域面积为 655 km^2,涉及人口 75 万人。21 世纪以来,城区河道逐步成为黑臭水体,群众反映强烈。

2.治理思路和措施

红旗河为临江河经过城区的一段河道,该段河道长度 528 m,水域面积为 9 017 m^2。公园内环形健身跑道全长约 1 000 m,亲水栈桥全长约 295 m,中心水景水池长约 180 m。

(1)基底清理。通过机械+人工的施工方式完成了河流基底清理工作,并将清理出的垃圾一并运至场地外的垃圾回收站。

(2)水生态系统构建。通过降排水作业、稀释均匀泼洒的方式,采用强效底改剂杀灭底质中所有有害微生物、植物孢子等,加速底质有机物的氧化分解,抑制有害微生物繁殖,中和底泥中的各种有机酸,改变酸性环境,从而可以起到除害杀菌、施肥、改善底质的作用;采用增养底改剂,加速河底代谢废物的氧化分解,抑制有害微生物繁殖,提高河底溶解氧浓度;采用生态缓冲带系统,主材料为生态浮毯、生物附着基、香菇草等,达到保护和改善水质的目的。

(3)沉水植物净化系统。通过控制水位、覆土的方式,选择净化能力强、易于维护的矮生耐寒苦草、刺苦草、马来眼子菜三种沉水植物植于河中,达到净化水质的目的。

(4)组合式生态浮床。在河流两侧,成段布设生态浮床,采用的植物有水生美人蕉、梭鱼草、旱伞草、常绿鸢尾、黄菖蒲、香菇草,起到改善水质和美化河流的效果。

3.治理效果

目前,该段河流水体臭味已经消除,水质有了明显改善,形成了优美的河岸景观,突出听水、赏水、戏水、悦水的主题文化,体现出人与景观的和谐共处理念。

4.3.2.3 泰州市中子河

1.水环境问题

泰州市的中子河位于城市中心,河道内不仅淤积较为严重,还存在着较多生活垃圾。河道两侧挡墙均于 21 世纪初建设,年代较为久远,两岸居民小区也都沿河而建。如采用传统水力冲挖清淤,一方面,降水后对河道两侧挡墙抗滑、抗倾要求较高,可能会引起挡墙的不均匀沉降,对工程的安全运行造成不良影响;另一方面,传统清淤过程中噪声较大,容易影响周边居民的正常生产生活。

2.治理思路和措施

2020年,泰州市实施了城区河道清淤疏浚工程项目,采用生态清淤、淤泥固化技术对城区河道进行治理。采用绞吸式环保清淤一体式挖泥船进行河道清淤,清淤底泥通过管道输送至固化站,利用板框压滤机进行固化处理后再利用。

3.治理效果

泰州市的中子河采用的生态清淤、淤泥固化技术,达到了城市河道清淤的目的,促进了城市河道水环境的恢复,有效地减小了用地面积,缩短了用地时间,节约了土地资源,同时减少了因河道清淤而带来的环境污染,具有良好的生态效益和环保效益。

第5章 水生态健康

5.1 水生态系统概述

5.1.1 水生态系统的基本含义

5.1.1.1 水生态系统的定义

《生物多样性公约》第二条规定,生态系统是指植物、动物和微生物群落和它们的无生命环境交互作用形成的、作为一个功能单位的动态复合体。我国著名生态学家马世骏先生认为,生态学是研究生命系统和环境系统相互作用、相互关系的科学。作为生态系统的一部分,水生态系统概念可以延伸为:在一定时间和空间范围内,有水存在的情况下,生物与生物之间、生物与非生物之间,通过不断的物质循环和能量循环形成的相互作用、相互依存,共同构成的具有特定结构和功能的动态平衡系统。

5.1.1.2 水生态系统的结构

水生态系统由水生生物和非生物环境两大部分组成。其中非生物环境由包括太阳能和水能在内的能源、气候(光照、温度等)、基质(土壤、河床底质等)以及物质代谢原料(无机物质、有机化合物等)等因素组成,它们是水生态系统中各种生物赖以生存的基础。

水生生物则由生产者、消费者与分解者组成。其中生产者是能用简单的无机物制造有机物质的自养生物,主要包括绿色植物、藻类和某些细菌;消费者是不能用无机物制造有机物质的生物,称为异养生物,主要包括各种水禽、鱼类、浮游动物、底栖动物等水生或两栖动物。分解者皆为异养生物,又称还原者,主要指细菌、真菌、放线菌等微生物及原生动物等。它们把复杂的有机物逐步分解为简单的无机物,并最终以无机物的形式还原到环境中。

生产者中,绿色植物一为大型水生植物,分为浮游类和根生类,最常见的是水草,还有苔藓、地衣和地钱;二为微型植物,最常见的是藻类,生长机制比较简单,但是形态特征多种多样,是水体中一些动物的食物来源。消费者主要是水生动物,包括软体动物,蠕动动物、水螨、甲壳类动物、昆虫、鱼类等脊椎动物以及微型动物,主要是以原生动物、腐生细菌和腐生物质为食物。分解者主要包括细菌和真菌,它们生长在水体中的任何地方,包括水流、沉积物、底泥、石头和植物表面等,在水生态中扮演着分解者的角色,将死亡的生物体进行分解,维持自然生态循环。除水体中的生物外,水岸周边生态也是水生态的主要组成部分,如河岸上的乔木、灌木、草被和森林等,这些植被能够大幅度减少水土流失,并为河中的鱼类提供隐蔽所和食饵。

5.1.1.3 水生态系统的要素

1.水要素

水是水生态系统要素之一。水的生态学意义在于通过它的循环为系统中生物提供水

源，同时水还是很好的溶剂，绝大多数物质都是先溶于水，才能迁移并被生物利用。因此，其他物质的循环都是与水文循环结合在一起进行的。水生态系统中，水的流速、水位、时空变化深刻地影响着系统的物理、化学和生物过程。可以说，水文循环是地球上太阳能所推动的各种循环中的一个中心循环。没有水文循环，生命就不能维持，生态系统也无法启动。水的运动通过输移营养物质，影响水生态系统中的物质迁移转化过程，进而影响系统的生产力和生物结构；水的运动同时又影响系统的物理结构，进而影响栖息地的分布和特点；水分布特点又影响生物的栖息、产卵和食源，进而影响生物群落结构。水生态系统通过水文循环和所在区域的陆域取得联系。

水生态系统中流量大小、时空变化显著，深刻影响着其中物理化学和生物过程。水生态系统中水的特征受所在区域降水、蒸散发、地下水交换等因素决定，同时受自身汇水区的地表坡度、植被覆盖、土壤质地等因素影响。

依赖于水的生境具有高度的多样性特征，从高山到低谷、从热带到寒带的广阔范围内，形成了包括河流、湖泊、池塘、湿地等不同层次的生境类型。水生态系统中水的数量、质量、运动与分布和其所在的地理环境、生物及周边人类社会之间相互影响、相互联系。水生态系统所提供的功能和效益依赖于系统中生物、化学和物理相互作用的过程，这些过程维持生态系统的存在并使之随着环境条件的变化而变化。

而生物赖以生存的空间结构，主要由水流的变化所驱动。水流变化可以改变潮湿区域和水陆交界面的位置，水的输入和输出会形成不同的水深、水流模式，进而影响系统的生化条件。高流动水流可引起生境大小、位置、深浅的改变，而这些因素又通过影响光照等因素影响系统中生物结构；水的运动，如降水、地表径流、下渗、地下水回补、潮汐、蒸散发等过程，会为水生态系统中输送或带走能量和营养物质，从而影响水生态系统中的物质组成变化，进而影响水生态系统的生产力和层级结构。

2.地貌形态要素

河湖水生态系统的地貌形态是地表物质在力的作用下经侵蚀、搬运和堆积等过程形成的特定形态。决定这一形态的实质是地表作用力和抵抗力的对比关系。地貌过程对水体的物理因素，尤其是和水生态的多种类型塑造作用形成了不同的栖息地特点。

包括湖泊和河流在内的水生态系统，形态差别很大。既有近似圆形的火山口湖，又有大长宽比的冰川河谷湖；既有蜿蜒的溪流，又有平直的江河。这些形状、面积、水下形态、深度等空间结构均对其水流、水深、分层、沉积等有重要影响。不同的空间结构又会影响系统内生物的避难和栖息场所，进而影响系统的服务功能。众多研究成果表明，这种地貌形态的空间异质性，即地貌在空间分布上的不均匀性，决定了生物栖息地的多样性、有效性和总量。

3.水体物理化学要素

水生态系统中，水体的物理化学要素主要指系统内水体的物理状态和化学组分（包括水温、溶解氧浓度、pH、氧化还原电位等）以及重要物质组成（如氨类物质、有机物、磷、金属等）。

水温对水生生物有重要影响，各种水生生物都有其独特的生存水温承受范围。大部分水生动物都是冷血动物，其新陈代谢必须依靠外界热量。水温变化会对水生态系统带来两个方面的影响。食物链的代谢率和繁殖率在一定范围内和水温成正比，水温升高会使物质的溶解度上升，提高食物链的代谢率和繁殖率，同时，代谢率提高会消耗大量氧气，导致水中溶解氧降低、有毒污染物含量上升，限制水生生物呼吸，不利于水生生物生存。

溶解氧是鱼类等水生生物生存的必要条件。水中溶解氧水平是系统中生物生命活动耗氧、大气赋氧、植物光合作用释氧的平衡状态，同时受系统中有机物、营养物质等组分水平和温度影响，是水体生命力和代谢能力的一种体现。

除水温和溶解氧外，水的 pH、酸碱度也影响着水生生物的繁殖和生命过程，许多生物的繁殖不能在酸性或碱性条件下进行。一般生物最适生存的 pH 范围在 6~8.5，当 pH 在这个最适范围以外时，物种丰度逐渐下降。而水体的酸碱性主要与降水、随径流冲刷带来的输入物质和底质性质有关，同时又与物质在微生物作用下分解过程产物的酸碱性、植物光合作用产物等有关。

有机物等物质是水生态系统进行生命活动、获得生产力的基础物质，是生物链的基础“食物”。其中氮和磷是水生植物和微生物需要量最大的营养元素；碳类物质对水生态系统的光合作用、酸碱度的缓冲、微生物等能量的获取具有重要意义。

除含量相对较高的碳、氮、磷等物质外，铁、锰、硫等微量元素对水生态系统也有重要影响。铁和锰是植物生长所必需的微量营养元素，铁元素甚至可以控制某些藻类的生长；而还原性无机硫的浓度甚至可以决定透明湖泊中光合硫细菌的生产率。铁、锰和硫类物质又和氮、磷、碳类物质之间有物理化学和生物相互作用，最终共同决定各元素的存在状态、生物有效性和水生态系统的生产力。

4.生物要素

生物是水生态系统的核心。上述水要素、地貌形态要素和物理化学要素均直接或间接地对水生生物产生影响。具体表现在水生态系统中的食物网和生物多样性。

水生态系统中，存在两条食物链，这两条食物链联合起来，形成完整的食物网。最基础的生产，即初级生产，是植物通过光合作用，利用水中的氮、磷、碳、氧等物质生产有机物，为水生态系统中的食物链提供基础。完成这个过程的主要是藻类和水生植物。另一种初级生产为外来生产，即由陆地环境进入水体的外来物质，如落叶残枝、有机物碎屑等，为水生态系统中的分解者所利用，为初级食肉动物提供食物，进而进入食物网。

水生态系统中的生物结构与系统的地貌形态、物理化学要素、水文情势及所在区域气候等相关。水体的地貌形态变化为生物提供着多样性的栖息条件，在适宜条件下，水生态系统中生存有各种鱼类、甲壳类、无脊椎动物等，与微生物、藻类和大型水生植物构成复杂的食物网。各层级生物的生命状态又会影响水生态系统中的其他要素。生物和地貌形态、物理化学要素、水文情势共同构成水生态系统，其相互作用最终形成水生态系统的功能。

5.1.2 水生态系统的功能

水生态系统具有重要的基础功能和服务功能，这两大类功能将自然与人类社会关联起来，使物质能够在地球上的生命系统中循环，使生命系统得以运转。

5.1.2.1　基础功能

水生态系统的自然服务功能包括物质循环、能量流动、信息传递和生物生产。物质循环是指维持水生生物生命所需的各种营养元素在各个营养级之间流动、传递和转化的过程;能量流动则以物质为载体,沿食物链的方向单向传递,为食物链各级生物生存提供必要的能量;信息传递首先要以物质为载体,其次要以能量为驱动力,在物质循环和能量流动的基础上,形成从输入到输出的信息传递和从输出向输入的信息反馈,从而保证水生态系统的自动调节机制,使水生态系统中各级生物之间能够良好"沟通",能够相互协调,共同生存发展;物质循环、能量流动和信息传递相互作用和耦合,共同实现生物生产。因此,生物生产是根本目标,能量流动、物质循环、信息传递是手段,且生物生产、能量流动与信息传递统一于物质循环过程中,物质循环是生态系统功能最根本的实现方式。

1.生物生产

生态系统中的生物生产包括初级生产和次级生产两个过程。初级生产是指地球上的各种绿色植物通过光合作用将太阳辐射能以有机物质的形式储存起来的过程,因此绿色植物是初级生产者。初级生产是地球上一切能量流动的源泉。或者说,一切生态系统的能量流动是以初级生产为前提和基础的,因而初级生产也常常称作第一性生产或植物性生产。对于水生态系统,光、营养物和温度条件等是影响生物生产能力最重要的因子,次级生产即消费者和分解者利用初级生产物质进行同化建造自身和繁衍后代的过程,通过次级生产,初级生产的产品进入系统生物链。

2.物质循环

生态系统的物质循环是指无机化合物和单质通过生态系统的循环运动,生态系统的物质主要指维持生命活动正常进行所必需的各种营养元素。物质通过食物链各营养级传递和转化,最后经分解者分解成可被生产者利用的无机物质,这种周而复始的循环过程叫作物质循环。可以用库和流通两个概念来加以概括。库是由存在于生态系统某些生物或非生物成分中一定数量的某种化合物所构成的。对于某一种元素而言,存在一个或多个主要的储存库。在库里,该元素的数量远远超过正常结合在生命系统中的数量,并且通常只能缓慢地将该元素从储存库中放出。物质在生态系统中的循环实际上是在库与库之间彼此流通的。在物质循环中,周转率越大,周转时间就越短。能量元素占生物总重量的95%左右,需要量最大、最为重要的是碳、氢和氧;大量元素包括氮、磷、钙、钾、镁、硫、铁、钠等;微量元素指生物需要量很小的硼、铜、锌、锰、钴、钼、碘、铝、氟、硅、硒等。

这些物质在生态系统中,可以通过生物作用进行循环,这些物质进入水生态系统后,最初是供给初级生产者——绿色植物,它们从环境中吸收营养物质,通过光合作用合成有机化合物。合成的有机物质,一部分被自身消耗,另一部分进入高阶生物链,通过水生动物和植物之间的捕食关系在系统内传递,被各级生物吸收利用,最终经过微生物分解,将复杂的有机物转化成简单的有机物归还给环境,这个循环是开放式的,物质也可以通过生物作用、物理沉淀、化学转换等回归到沉积物或气体中,或经人类对生物从水生态系统中提取,离开水生态系统进入更为广阔的地球化学循环。

在自然水生态系统中,食物关系往往比较复杂,不同的食物链互相交叉,形成复杂的网状关系,称为食物网。一般情况下,食物网越复杂,生态系统就越稳定。因为食物网中某个环节(物种)缺失时,其他相应环节能起补偿作用。相反,食物网越简单,则生态系统越不稳定。

3.能量流动

水生态系统的能量流动是指能量通过食物网络在系统内的传递和耗散过程。它始于生产者的初级生产,止于还原者功能的完成,整个过程包括能量形态的非能量的转移、利用和耗散。以化学能(有机物质)为形式的初级生产产品是进入生态系统中可利用的基本能源。它们作为消费者和分解者的食物被利用,从而保证了生态系统功能的发生。能量流动是单向的,并逐级递减。与陆域生态系统相比,水域生态系统初级生产者对光能的利用率比较低。一个营养级的大部分能量通过未被消耗能量的损失、排泄物中能量的损失、呼吸中能量的损失等,使营养级间的能量传递效率很低。

4.信息传递

水生态系统的功能除体现在生物生产过程、能量流动和物质循环外,还表现在系统中各生命成分之间存在着信息传递。信息传递是双向的。水生态系统中包含多种多样的信息,大致可分为物理信息、化学信息、行为信息和营养信息。生物之间可以通过多种物理作用接收和传递信息。除此之外还有光信息、声信息、电信息、磁信息。同时,水生植物能产生气味,不同水生动物对水生植物气味有不同反应。植物之间的化学信息传递,有亲和性,也有相互拮抗性等多种模式。水生态系统中通过信息传递感知体外环境、寻求良好的生存条件,也是水生态系统自我组织能力的基础。

5.1.2.2 服务功能

生态系统服务功能是指生态系统与生态过程所形成及所维持的人类赖以生存的自然环境条件与效用。它不仅包括各类生态系统为人类所提供的食物、医药及其他工农业生产的原料,更重要的是支撑与维持了地球的生命支持系统,维持生命物质的生物地化循环与水文循环,维持生物物种与遗传多样性,净化环境,维持大气化学的平衡与稳定。

水生态系统服务功能是指水生态系统及其生态过程所形成及维持人类赖以生存的自然环境条件与效用。它不仅是人类社会经济的基础资源,还维持了人类赖以生存与发展的生态环境条件。根据水生态系统提供服务的机制、类型和效用,把水生态系统的服务功能划分为产品功能、调节功能、文化功能和生命支持功能四大类。

1.产品功能

产品功能指水生态系统所产生的,通过提供直接产品或服务维持人的生活生产活动、为人类带来直接利益的因子。它包括食品、医用药品、加工原料、动力工具、欣赏景观等。水生态系统提供的产品主要包括人类生活及生产用水、水力发电、内陆航运、水产品生产、基因资源等。

2.调节功能

调节功能是指人类从生态系统过程的调节作用中获取的服务功能和利益。水生态系统的调节作用主要包括水文调节、河流输送侵蚀控制、水质净化、空气净化、区域气候调节等。湖泊、沼泽等湿地对河川径流起到重要的调节作用,可以削减洪峰、滞后洪水过程,从而均化洪水,减少洪水造成的经济损失。河流具有输沙、输送营养物质、淤积造陆等一系

列的生态服务功能。河水流动能冲刷河床上的泥沙,达到疏通河道的作用,河流水量减少将导致泥沙沉积、河床抬高、湖泊变浅,水流携带并输送大量营养物质,如碳、氮、磷等,是全球生物地球化学循环的重要环节,也是海洋生态系统营养物质的主要来源,对维系近海生态子系统高的生产力起着关键的作用。此外,水生态系统对稳定区域气候、调节局部气候有显著作用,能够提高湿度,诱发降雨,对温度、降水和气流产生影响,可以缓冲极端气候对人类的不利影响。

3.文化功能

文化功能是指人类通过认知发展、主观印象、消遣娱乐和美学体验,从自然生态系统获得的非物质利益,水生态系统的文化功能主要包括文化多样性、教育价值、灵感启发、美学价值、文化遗产价值、娱乐和生态旅游价值等。水作为一类“自然风景”的“灵魂”,其娱乐服务功能是巨大的,同时作为一种独特的地理单元和生存环境,水生态系统对形成独特的传统、文化类型影响很大。

4.生命支持功能

生命支持功能是指维持自然生态过程与区域生态环境条件的功能,是上述服务功能产生的基础,与其他服务功能类型不同的是,它们对人类的影响是间接的并且需要经过很长时间才能显现出来,如土壤形成与保持、光合产氧、氮循环、水循环、初级生产力和提供生境等。以提供生境为例,湿地以其高景观异质性为各种水生生物提供生境,是野生动物栖息、繁衍、迁徙和越冬的基地,一些水体是珍稀濒危水禽的中转停歇站,还有一些水体养育了许多珍稀的两栖类和鱼类特有种。

5.1.3　水生态系统面临的问题

健康的水生态系统应具有合理的结构,能够维持正常功能,并对自然干扰的长期效应具有抵抗力和恢复力,能够维持自身的组织结构长期稳定。但实际上,由于全球性和区域性的环境问题逐渐加剧,严重干扰和破坏了水生态系统的良好状态。水生态系统中,各种生物群落及其与水环境之间相互作用,维持着特定的物质循环与能量流动,构成了完整的生态单元。水生态系统内部各要素之间相互联系、相互制约,在一定条件下,保持着自然、相对的平衡关系。生态系统维持着正常的生物循环,为人类社会提供着食物、水源、文化等服务功能。一旦水生态系统的水文节律大幅度改变、排入水体的废物超过其维系平衡的“自净容量”时,生态系统就会失衡,不仅会威胁各水生生物群落的生存,也威胁到人类的生存和发展。

随着人类社会的高速发展、人口急剧增加,人类对水资源、水生资源的需求越来越大,以往可持续的水资源和水生资源在如此巨大的需求下,资源量变得十分有限,在不同区域出现了各种水生态问题。大面积开垦荒地、农田灌溉,大规模的矿山开发、道路建设,城市规模的迅速扩大,耗水型工业的激增,以及众多水库、大规模长距离跨流域调水工程等水资源调控工程等,都不同程度地破坏了水生态系统的自然环境,改变了水的自然循环特征,打破了人与自然之间的和谐共存关系,加剧了自然生态系统与人类生态系统的矛盾与冲突。

随着人口数量、农业和工业生产活动的增加,人类取用水量越来越高,而返回水体的物质发生了量和质的变化,河流、溪流和湖库生态系统收纳了大量农业和城市污水,严重影响水体的新陈代谢;修建水库在很大程度上改变了水循环,一方面增加了水的滞留时间,并导致水分的额外蒸发损失,大量取用水改变了原有水文节律,下降的湖泊水位和干涸的入湖河流三角洲湿地,使大型水生植物、动物和水禽失去了赖以生存的栖息地,数量急剧减少;农灌取水则通常以污水的形式回归自然界。大量截留和取用水使得水生态系统面积大幅度缩小,盐度升高,鱼类等生物无法生存、产量下降,生物群落发生剧烈变化;而河流改直的溪流和河流河渠化加快了水流的排放,直接导致河流梯度变大、排水率增加、空间变化减少。排干湿地、修建堤坝,大大减小了水陆交错带的面积和正常水文过程带来的水陆之间的联系,降低了随水而来的物质传输,限制鱼类和无脊椎动物的洄游与迁移,阻断流量动态变化。这些忽视生态系统的需水要求、水生态服务功能的开发活动将会导致江河源头区水源涵养能力降低,河流断流、绿洲和湿地萎缩、湖泊干涸与咸化、河口生态恶化,闸坝建设导致生境破碎化和生物多样性减少,地下水下降造成植被衰退、地面沉降、区域生态环境退化、生物多样性受到威胁。此外,不断累积的污染物排放已经远远超过了自然本身的净化能力,导致水质恶化,人类赖以生存的水生态系统遭到巨大的破坏,具体表现有江河断流、湖泊萎缩、湿地减少、地面沉降、水生物种损失、功能退化等问题。为避免自然资源和人类福祉遭到破坏,水生态的修复与保护必不可少。

5.2 水生态治理与修复

1990 年生态修复学会首次提出生态修复的概念:生态修复是指有预期地、针对性地构建本地历史状态生态系统的改变过程。这一过程的目的是构建类自然过程的既定生态系统的结构、功能、驱动力和多样性。另一个早期的定义为:针对通过可持续生态再生行为,补偿人类活动对生态系统的生物多样性和动力学损坏的过程,从而重建可持续、健康的自然和文化关系。

5.2.1 水生态修复的内涵

水生态修复是指在充分发挥生态系统自修复功能的基础上,采取各种工程和非工程措施,促使水生态系统恢复到自然的状态,改善其生态完整性和可持续性的生态保护行动。

完整性是进行水生态系统管理和修复工作的最基本认识,维护水生态完整性是水生态修复的基本目标,其目的在于修复水文、地貌、水体化学性质和生物等要素,使各要素相互和谐,能够良好地进行沉淀、传输、栖息、遮蔽等基本过程,能够实现其物质循环、信息传递、能量流动和生物生产功能,这样才能可持续保证水生态系统的良好状态,在此基础上,有序、节制地开发其服务功能。

为了加速退化水生态系统的修复,除充分发挥系统自适应、自组织、自我调节能力外,往往依靠人工措施的辅助,如通过人工干预改善河道水力条件,塑造丰富的河流地貌及多样性的河流形态;通过生态护岸工程,提供生物栖息地和增加水体溶解氧,以此来保持周边生物的多样性和水陆缓冲带的连续性;构建人工湿地,构造一个独特的动植物生态环境，从而有效处理受污染水体。通过这些人工干预措施，尽可能保护水生态系统中尚未退化的组成部分等过程。

5.2.2　水生态修复的目标

生态修复自20世纪80年代发展起来后，逐渐成为世界各国科学家的一个研究热点。特别是近年来，水生态修复在国内开展得如火如荼并逐渐形成了一系列研究成果。控制污染源、恢复生态和实施流域管理成为目前的主流思路。同时，恢复水生植物、净化水质成为水生态修复的核心内容。

由于不同生态系统的退化程度不同，以及所在区域社会经济发展状况的差异，学术界对水生态修复存在不同的观点，使得水生态修复的目标、过程以及相关措施都有很大差异。

5.2.2.1　水生态修复目标的设定

对应不同客观条件和功能，设定不同修复目标，包括完全复原、修复、增强、重建或创造、自然化等不同的观点。

1.完全复原

完全复原指使生态系统的结构和功能完全恢复到干扰前的状态。对于水生态系统，首先是地貌学意义上的恢复，这就意味着拆除大坝和大部分人工设施以及恢复原有的蜿蜒性形态，然后在物理系统恢复的基础上促进生物系统的恢复。

2.修复

水生态系统的一些不可逆转的改变，使得系统的各种输入都不再具备修复到原始状态的条件。此时，采用修补重建或再造的方法，改善一些生态条件，使水生态系统的结构和功能部分修复到原始状态的条件。此时，采用修补重建或再造的方法，改善一些生态条件，使水生态系统的结构和功能部分地返回到受干扰前的状态。即通过生态修复的实施，建设具有重要功能的可持续生态系统和栖息地。

3.增强

增强指水生态系统环境质量有一定的改善，对于水生态系统的增强措施包括改变具体的水域、河道和河漫滩特征以补偿人类活动的影响。

4.重建或创造

重建或创造指开发一个原来不存在的新的水生态系统。如形成新的河流地貌和河流生物群落。

5.自然化

对于河流生态系统，主要通过河流地貌及生态多样性的恢复，达到建设一个具有河流地貌多样性和生物群落多样性的动态稳定、可以自我调节的河流系统。这种观点认为由于人类对水资源的长期开发利用，已经形成了一个与原始的自然生态系统不一致的新的河流生态系统，在承认人类对于水资源利用的必要性的同时，强调要保护自然生态环境质量。

5.2.2.2　水生态修复措施

对应不同的修复目标，采取不同的措施。概括各种措施不外以下几种。

1.人工直接干预

通过人工栽种植被,改变植被结构,引进某些生物以达到生态修复的目标。

2.自然修复

主要依靠生态系统的自我设计、自我组织、自我修复和自我净化的功能,达到生态修复目标。

3.增强修复

增强修复是介于以上两种方法的中间路线。在初期的物质和能量的投入的基础上,靠生态系统自然演替过程和河流侵蚀与泥沙输移实现修复目标。

上述几种生态修复目标存在着共同点。首先都是从水生态系统的整体性出发,确定修复的着眼点是水生态系统的结构和功能。研究表明,在一个水体生态系统中,各类生物相生相克,形成了复杂的食物链(网)结构,一个物种类型丰富而数量又均衡的食物网结构,其抵抗外界干扰的能力强,生态功能(如物质循环、能量流动等)也会趋于完善和健康。其次,各种修复目标都把生物群落多样性作为修复程度的主要衡量标准,而不是仅仅修复岸边植被或某单一物种。最后,从生物群落多样性与河流生境的统一性原理出发,都强调恢复工程要遵循河流地貌学原理。

水生态修复要尽可能地还原原始水生态系统的功能,包括植被、结构、水文和水质等要素,使得原始生态系统中的生物有机体得以复原。植被、水文、水力和河流形态改善成功的标志,是依赖水生态系统生存的生物有机体得以恢复。因此,水生态修复的对象是有生命的,而传统的水利工程对象是无生命的。水生态修复应将生态学和水利工程有机结合,不仅使水生态系统具有人类需要的各种服务功能,还能继续保持自身的生态功能。否则,生态功能的丧失也将威胁到人类的其他服务功能。

5.2.3 水生态修复的具体任务

水生态修复的目的是使水生态系统恢复到较为自然的状态,保证水生态系统具有可持续性,提高生态系统价值和生物多样性。

水生态修复是利用生态系统原理,修复受损水生态系统的生物群体及结构,重建健康的水生态系统,修复和强化水体生态系统的主要功能,并能使生态系统实现整体协调、自我维持、自我演替的良性循环。因此,具体的水生态修复的任务主要包括四大项:一是河流湖泊地貌特征的改善;二是水质条件、水文条件的改善;三是生物物种的恢复;四是生物栖息地的恢复。

5.2.3.1 河流湖泊地貌特征的改善

河流湖泊地貌特征的改善包括恢复河湖横向连通性和纵向连续性;恢复河流纵向蜿蜒性和横向形态的多样性;避免裁弯取直;加强岸线管理,维护河漫滩栖息地;护坡工程采用透水多空材料,避免自然河道渠道化。

5.2.3.2 水质条件、水文条件的改善

水质条件、水文条件的改善包括水量、水质条件的改善,水文情势的改善,水力学条件的改善。通过水资源的合理配置以维持河流最小生态需水量,通过污水处理、控制污水排放、生态技术治污提倡源头清洁生产,发展循环经济以改善河流水系的水质。提倡多目标

水库生态调度，即在满足社会经济需求的基础上，模拟自然河流丰枯变化的水文模式，以恢复下游的生境。

5.2.3.3　生物物种的恢复

生物物种的恢复包括保护濒危、珍稀、特有生物，重视土著生物，防止生物入侵；河湖水库水陆交错带植被恢复；包括鱼类在内的水生生物资源的恢复等。

5.2.3.4　生物栖息地的恢复

生物栖息地的恢复包括通过适度人工干预和保护措施，恢复河流廊道的栖息地多样性，进而改善河流生态系统的结构和功能。

总之，水生态系统的状态在一定程度上是水和以光照为主的能量驱动下，生物种间及其与系统内物质流动相互作用的平衡态，其中能量和营养来源于水体之外，与所在区域的光照、降水、绿植、土壤性质、土地利用等因素密切相关，水生态系统的各要素之间相互作用、相互影响，结构复杂、多功能交叉，且具有开放性特征，系统性极强。

5.3　水生态修复案例

5.3.1　国外水生态修复案例

5.3.1.1　美国芝加哥河的生态修复

芝加哥河全称芝加哥环境卫生和航行运河，全长 251 km，贯穿芝加哥市区，是美国伊利诺州东北部的通航运河，由密西根湖以西的南、北两条支流汇成。1885 年大风暴时，该河大量污水流入密西根湖，为解决这一问题，政府于 1900 年修筑运河，使河水倒流。这一工程被视为现代工程史上的一大壮举。现河水经南支流河流向内陆，经伊利诺水道与密西西比河相接。

1.存在问题

芝加哥河的历史也是芝加哥城百年来工业化发展的历史。在过去的 150 年中，芝加哥河对于城市的工业和航运做出了巨大贡献，但是城市中的居民和工业企业对芝加哥河却缺少保护意识，使得芝加哥河从一条自然资源丰富的自然河流，变成了有着为支撑航运码头而建造的绵延数千米的混凝土驳岸的渠化河流。

在百年后的今天，芝加哥河沿岸的混凝土驳岸和防波堤逐渐老化，存在严重的安全隐患，而两岸城市居民对于绿地的迫切要求，也把对芝加哥河岸的改造事宜提上了沿岸企业和城市管理者的日程。

2.修复措施

芝加哥河采取的生态修复措施，主要是对于河岸的处理。在过去，为了最大限度地利用河岸周围空间，芝加哥河两岸采用的是混凝土板桩护岸的形式。但是随着混凝土的老化和民众对生态性的要求，新型的生态驳岸成为了另一种选择。

1）矮墙式驳岸

矮墙式驳岸是指把原有驳岸的板桩截断或者直接将其替换为更短的板桩使之变为矮墙，并根据矮墙的高度进行一些土方工程改造，让河岸的坡度平缓自然。为了增加驳岸的生态性,一般在矮墙的顶端建造向水中延伸的平台,在平台上填充营养基质,种植水生植物,以此来提高驳岸的绿化水平,同时水生植物和平台也能为河中的鱼类和其他生物提供食物和栖息地。

而对于市民来说,更加低矮的驳岸增加了人们亲近水面的可能性,从心理上拉近了城市居民与河流的距离,也为人们的休闲活动提供了场地。

矮墙式驳岸最大的优点是非常适用于城市河流的生态修复,因为其占地面积少,不需要对河流周边的土地做出很大的调整就可以实现生态化的目标。虽然这种做法不如传统河岸修复的生态效果好,但是对于用地面积非常紧张且人口稠密的大城市中的河流而言,是一个更加经济且折中的生态方案。

2)经植物强化的板桩护岸

经植物强化的板桩护岸是另一种对于驳岸的生态处理方式。在不改变其结构的前提下,用植物加强护岸的生态性。

具体做法有三种,一是在板桩护岸向水中挑出的平台上填充基质,种植亲水的植物,当植物随着生长向外延伸到水中之后就可以形成一个人造的微型生态环境。二是在板桩护岸的桩脚凹槽内种植亲水的灌木。三是在板桩护岸的顶部种植藤蔓植物,覆盖板桩表面的藤蔓植物可以达到非常美观的视觉效果。

5.3.1.2 韩国光州川的生态修复

光州川是韩国光州市的母亲河。光州川最初的发源地是位于光州市东区龙渊洞的龙湫溪谷,流经光州市的市中心,在光州市西区的柳德洞汇入荣山江,全长 23 km。

1.存在问题

20 世纪 70 年代开始,光州市工业化发展进入高峰,由于缺乏对河流的保护意识,大量的生活污水和工业废水不经处理直接排入光州川,造成了严重的河流污染。同时河流两岸的人为取水和截流等活动造成河流水量减少,泥沙堆积,河床变浅。

21 世纪初,光州市民的环保意识开始觉醒,要求对受污染环境进行修复。光州市的城市管理者启动了一项名为光州川自然型河流净化工程的河流修复工程。

2.修复措施

光州川河流生态修复采取的主要是分段处理的方式,根据河流流经地段的环境和文化特点,把河流分为三个治理河段,每个河段都有自己的特色主题和治理措施。

上游为第一个河段,位于城市的郊区,靠近水源地,主题定位为“自然的河流”。建设的目标为恢复河流自然状态,尽量避免人工设施的建设,对河床进行清淤,恢复河道自然的形态,确保河道水量。

第二个河段为穿过市中心的中游,最接近市民,主题为“文化的河流”。这个河段过去出于安全考虑在河床上面加盖了许多混凝土构筑物,生态修复工程对这些构筑物表面进行绿化,使其成为非常独特的景观元素,把原本不可利用的空间改造成了供市民休闲娱乐的场所。

第三个河段——下游的主题为“生态的河流”,划定生态保护区域,在与荣山江交汇处直径 2.5 km 范围内限制人工设施的建设,不设置混凝土护岸,保留和恢复自然河滩,为野生动植物营造栖息地。

光州川河流生态修复的主要思路是因地制宜、分段规划。城市河流是线性的存在,同一条河流可能流经近郊、远郊和市中心,不同地段主导问题不同。

河流源头要保证水源地的水质清洁,采取措施以保护原生自然环境为主。穿过市中心的河段往往污染严重,采取措施以净化污染为主。河流的复杂情况要求设计师在进行河流生态修复时,不能以偏概全,要认真科学地进行前期调研工作,分析不同河段的具体问题,有针对性地制订修复方案,做到有的放矢。

5.3.2　国内水生态修复案例

5.3.2.1　重庆市梁平区双桂湖国家湿地公园水生态修复

双桂湖国家湿地公园占地面积近万亩(1 亩 = 1/15 hm^2,下同),是长江一级支流龙溪河的发源地之一,国家重要湿地,是重庆生态湖、三峡风景眼,梁平“城市之肾”。围绕“全域治水、湿地润城”湿地保护建设目标,梁平区率先提出了“城市湿地连绵体、乡村小微湿地和乡村湿地生命共同体”三个湿地生态建设。充分挖掘城市湿地之美,是人居环境发展的大趋势和城市未来的发展方向。

湿地公园生态修复保留规划范围内的原有竹林,移除浅草植物,栽植部分乔木。根据区域节点,设置相应的特色景观小品,提升景观性。打造草坪、百草花园、环湖小微湿地、自然恢复区、湿地经济种植园等多个区域,包含霜林径节点休闲场地、枫香亭,并建设林中步道,栽种了红枫、蜡梅、碧桃、樱花等观赏树木,供游客和市民赏花观景、闻香赏果。依托环湖自行车道,增设了木台和特色生态休闲座椅,以及宣教、观景平台。

为增加生物多样性,生态修复依托湖岸浅丘地形,借鉴传统农耕文化和中国乡村多塘系统生态智慧,在 120 亩的环湖小微湿地群内种植慈姑、芡实、荸荠、莼菜等 8 种水生经济作物和净水植物,以小微湿地、泡泡湿地、雨水花园、生物沟渠,有机组成环湖小微湿地群;还合理布设了多处昆虫旅馆(生物塔),为“湿地+”景观增色,成为鸟类、鱼类和昆虫等野生动物的“运动场所”“演奏厅”,构成水陆界面生态屏障。

梁平区双桂湖国家湿地公园生态修复秉承科学、经济、绿色、共享的发展理念,提绿增效,形成以森林储备为主体的森林生态系统,使其成为城区的生态屏障、绿肺和天然氧吧。

5.3.2.2　妫水河生态修复治理

妫水河属永定河水系,为官厅水库上游左岸主要支流,从东向西横贯延庆川区盆地。妫水河西湖、东湖水体污染,妫水河、三里河均为劣 V 类,水体主要污染物包括 BOD、COD、氨氮、总磷等。水体流动性差,水中污染物长期积聚,藻类繁殖速度增加,水体富营养化严重;世园区周边水系连通水平低,水域面积狭小,缺乏水生态景观功能及水生态经济外延等。

鉴于妫水河东、西湖水域面积和蓄水量大,水体生态系统退化,水质差,单一的技术均不能达到治理任务要求,经综合比选,妫水河世园段水体水生态治理采用种植水生植物、放养水生动物、水体原位修复、河道清淤等多种技术共用的治理方案。

1.水生生态系统构建

1)水生植物构建

妫水河治理以恢复生态为主要目标。考虑配置生态型植物群落,避免选择经济效益高的物种。在水流缓慢、水质富营养化严重的河道湿地,种植芦苇、水葱、荷花等挺水植物,建设生态河渠,削减污染物进入河道。

2)水生动物工程

依据妫水河鱼类资源现状,放养的鱼类品种主要选择水质净化和去藻效果好的鲢鱼、鳙鱼以及鲂鱼等形成完整的滤食性和摄食性鱼类食物链;底栖动物主要选择水质净化效果好的河蚌等。

3)悬浮湿地工程

由多个湿地单元组成,每个湿地单元由浮篮、种植篮、种植介质、连接扣以及水生植物5部分组成,利用表面积很大的植物根系在水中形成浓密的网,吸附水体中大量的悬浮物,并逐渐在植物根系表面形成生物膜,膜中微生物吞噬和代谢水中的污染物成为无机物,使其成为植物的营养物质,通过光合作用转化为植物细胞的成分,促进其生长,最后通过收割浮岛植物来减少水中的污染物,有效控制水体"富营养化",减少藻类的滋生,达到净化水质的目的。

2.河道清淤

在妫水河农场橡胶坝下游设立围堰,使用水泵将妫水河东西湖河水全部强制排干后,直接使用机械清除河底的淤泥。

通过实施妫水河水生态系统构建、河道清淤、水体原位修复,消除残留面源污染和污染物蒸发引起的污染物富集,满足蓄水安全和景观要求,建立水体水质改善与维护的工程体系,消除水体水华现象,使妫水河水体水质主要指标稳定保持在地表水Ⅲ类水质,修复妫水河水生态系统,恢复水体自净能力,改善和提高区域水环境和水景观。

第 6 章　水景观优美

6.1　水景观概述

6.1.1　基本概念

6.1.1.1　水景观的概念

水景观,是指以江、河、湖、海及其他各类自然水体和人工水体及其近陆域、水际线为对象,对此范围内的生命体和非生命体,物质流、能量流、信息流进行综合处理,将自然生态系统和人工建设系统相互交融所形成的人类感官所及的审美对象及空间要素。

水景观之水域,既包括宏观空间的海洋水域、湖泊水域、江河水域、湿地水域等,又包括微观空间的池、塘、溪等。研究范畴包含水体的形态特性、水文特征、水生态系统、水质、水上构筑物等要素。

水景观之陆域,指与水紧密相连的陆地空间。研究范畴包含植物群落、生物群落、建筑物、构筑物、道路铺装、设施小品、活动空间等要素。

水景观之水际线,即水域与陆域交融的边界,连接着水陆上的各种要素,是水域与陆域物质和能量交换最为集中和敏感的过渡空间。

6.1.1.2　水景观的特征

1.水景观的历史性特征

河流形态是水势冲刷淘蚀的长久积淀,水体存在的地形地貌更是印证了沧海桑田的岁月变迁。很多城市的诞生和兴衰都是与水息息相关的,人类生活和生产在滨水空间留下物质印迹,是城市生命的重要见证。城市水景观彰显了深厚的文化底蕴,蕴含了博大精深的文化脉络,可以说它折射了城市发展的历史,见证了城市文明的发展历程。

2.水景观的生态敏感性

滨水区域处于水陆交界地带,是生态系统最为脆弱的区域。水文、地形、温度、土壤等条件在此过渡带显示出更为复杂多变的特性。不同种群的动物、植物在边际界面表现出物种多样性,加上源于人类在此区域的频繁参与活动带来的干扰因素,使得这个边缘地带呈现显著的生态敏感性。

3.滨水区域资源共享特征

滨水区域作为城市的开放空间,其资源公众化和价值共享性成为普遍现象。人们表现出越来越多的对绿色空间、活动空间、公共设施等滨水资源共享的诉求,促使多数的滨水区域规划愈发重视建立城市腹地与滨水区域的联通关系。除为人们提供享受垂钓、划船、冲浪、游泳、慢跑、健身等休闲活动的场所外,城市滨水空间也呈现滨水居住、便利百货、餐饮服务、娱乐健身、创意产业等多重业态,形成了空间共享和功能多元的特性。

4.水景观的四维多变特征

由于水系的形态特征和空间元素受水流特性、流域作用及不同时期水文特征变化的影响,城市水景观除具有一般景观所表现的三维特性外,时间维度对其作用影响明显。河道水位变化、植物生长、气候条件,均与时间维度产生密切的联系,反映出显著的四维时空属性。在自然和人工、人文和社会等多重因子的作用下,城市水景观呈现出复杂的多元属性。

6.1.2 我国古代城市理水

水不仅是城市体系的形态组分和功能成分,也是城市产生和变迁的自然动力,引导着城市空间演化和文化脉络发展,牵引着城市生产、生活、生态、宗教、习俗等多功能演变。我国古代的城市理水思想和成果,反映在当今科学系统的规划学、水利学、环境学、园林学等诸多领域。各地差异的水资源丰富度以及不同的水文化渊源,形成了不同的理水思路,造就了南北不同的城市格局和园林风貌。城市理水,是指在城市发展建设中,将水应用于城市规划布局或园林景观营造中,运用多学科、多技术对水资源进行调、治、用的综合处理过程。

我国古代造园讲求以山为骨、以水为魂,理水成为园林建造的核心组成部分。从造园古籍和流传于世的园林作品来看,祖先们非常重视在中观和微观尺度理水过程中表现对自然的追求及对意境的抒发,具体反映在以下四方面。

6.1.2.1 尊重场地,疏源察水

先人们在造园时表现出对场地的尊重,根据基址地形特质布局水体形态和挖掘水源。如明代大师计成在《园冶》中提到“相土尝水”、因地制宜地造园,“立基先究源头、疏源之去由,察水之来历”。又如管仲在《管子·乘马》中提出“因天材,就地利,故域廓不必中规矩,道路不必中准绳”一说,强调园建和城建必须因地制宜,才能既得山水之利,又省建设之功。

6.1.2.2 道法自然,曲折深远

古代园林营造讲求“虽为人作,宛自天开”,即崇尚“道法自然”之理念,对水的疏源和引用也力求彰显自然之美,展现曲折深远的天然意境。私家园林的建造,更是利用蜿蜒曲折的水系,营建开合有致的园林景观,形成藏风聚气的人居环境。

计成在《园冶》“掇山篇”“曲水”一节提到:“古皆凿石槽,上置石龙头喷水者,斯费工类俗,何不以理涧法,上理石泉,口如瀑布,亦可流觞,似得天然之趣。”在“瀑布”一节提到:“瀑布如峭壁山理也。先观有高楼檐水,可涧至墙顶作天沟,行壁山顶,留小坑,突出石口,泛漫而下,才如瀑布。”宋朱长文《乐圃记》记载,“水由门萦纡曲引至于冈侧”。

古人还总结了在有限的区域使空间显得深远的理水技术,如郭熙在《林泉高致》中提出:“山欲高,尽出之则不高,烟霞锁其腰则高矣。水欲远,尽出之则不远,掩映断其脉则远矣。”

6.1.2.3 形态各异,动静结合

池,在庭院中展现水体静态之美,用以比拟自然景观中的江、河、湖、海。呈现水体动态之美的形态有溪、泉、瀑。其中,溪,表现屈曲萦回之态,展现湍流、激水、跳波等动态特征,同时还可以作为“曲水流觞”的娱乐之用。元代饶自然《绘宗十二忌》有云:“寒滩浅濑,必见跳波,乃活水也”。宋代李格非《洛阳名园记松岛》曰“清泉细流,涓涓无不通处”以及唐代王维《栾家濑》中的“浅浅石溜泻”“跳波自相溅”等,都表现了动态水体的典型特征。

6.1.2.4　水利设施，景观装饰

随着古代水利技术的日臻成熟，闸、坝、堰等水利设施出现，在园林中，也采取不同的工程设施来营造不同的水景。比如，利用水闸控制水体流动方向及流量，利用堰坝形成水面间的不同高差，从而营建动态的跌水景观。很多庭园造景时考虑到了对这些水利设施的美化，如拙政园，将滚水坝与亭榭、廊桥相结合，既营造出跌宕有声的动态水景，也将修饰后的水利设施融于整体景观环境中。

6.1.3　水景观的演变历程

6.1.3.1　水景观的功能演变

人类繁衍生息的根源、人类与水的关系，从原始社会的生存需求进化到现代社会的物质、精神需水共存，经历了功能上的发展演变。

1.人类逐水而居，生存基本需求引导人类对自然水系的依存和利用

水是生命之源泉，人类对水在饮用和灌溉方面的生存需求，通过逐水而居的表象体现了人类与自然水系之间的生存和依托关系。基本生存需求所引导的人类对自然的依存和利用，是这个时期人类与水之间关系的真实表述。

2.漕航运输的需要促进了人工水系的发展，大量城市因水而兴

大规模人工水系的开挖，多源于战时运输和生活物资流通。漕航运输促进了很多城市的崛起和繁荣，成为城市人口密集和经济发展的助推器。在节级转运和水道汇流的漕运枢纽，形成了船乘不绝、集市繁荣、物资丰富、商贾云集的场面，促进了城市的兴盛和各地的经济文化交流。

我国著名的文化遗产京杭大运河，始建于春秋、成形于隋元。其开通连接了五大水系，激发了运河两岸的昌盛。20 多座繁华都市随之而兴，如北京、天津、沧州、济宁、徐州、淮安、扬州、苏州、杭州等，传承了延续千百年的繁华和名声。

3.滨水环境营造引起重视，水景观质量引导区域发展定位和品位

到了近现代，人们开始重视滨水环境的营造，与水之间的关系从之前的物质需求过渡到物质、精神两方面的双重依托。滨水空间提供给人们绿道、栈桥、码头、广场、绿荫、设施，为居民和游客提供休闲场所和体验空间，成为城市的景观聚焦点和人流聚集地。

城市水景观，需要遵从城市总体规划的框架，是城市发展的核心地带。滨水空间的面貌，直接作用于周边地块的价值，并通过经济、文化、环境的相互影响，引导区域发展定位和品位，成为彰显风貌和传承文化的城市名片。

6.1.3.2　水景观的理念演变

1.从兴利除害到人水和谐的思想嬗变

人与水之间的关系历经依存、开发、掠夺、和谐的发展过程，人类在治水和水景观营建过程中，也经历了不同阶段的思想演变。以生产和水生为核心的古代，人们对水充满敬畏，引水用水和防止水患是当时治水工作的全部任务。随着进入工业社会和治水工程技术水平的提高，在开发利用水资源的过程中，出现了对水源大肆污染和对自然资源掠夺式破坏的现象。当今，人们意识到水景观可持续性发展的重要性，以人水和谐的思想用水、治水，步入人文系统与水系统相互协调的良性循环。

2.从专注科学工程到人文情怀的融入

最初的人类治水，专注于水利工程本身的科学技术，彼时的治水工程，可以说是土方和混凝土的技术应用。园林景观的出现，使工程本身突破了功能主义的局限，人们开始关注水景观的观赏和美学价值。现今，人文内涵和文化底蕴体现在更多的治水项目中，水景观与河流历史、风土人文、传统文化等元素融合起来，成为具有灵魂的科学人文工程。

3.从以人为本到尊重自然的思维转变

人类社会发展到一定阶段，“以人为本”的思想理念在很多工程中被过度地演绎为“唯我独尊”的意识形态。所有的工程选址、价值目标、技术手段，围绕着人类使用的有利与否而淡漠了人与自然之间的关系，更忽略了长久的可持续发展。大量的湿地水域侵蚀为住区、工厂，寸草不生的钢筋混凝土驳岸取代了河流水系的边缘植被群落，连续的水体被过多的闸坝肢解，这些工程措施无不使城市自然生物的栖息环境遭受侵害，生存举步维艰。

所幸，人们开始意识到与自然和谐共处是不可违背的规律，在创造良好人居环境的同时，也要给地球其他生物留有繁衍生息、生存发展的空间。近年来，人们开始着力研究各种生态保护策略和技术手段，从生态红线规划、自然保护区等区域性规划，到营建会呼吸的健康型河流；从海绵城市政策理念到各种生态环保新材料、生物适生型技术应用，力求使水资源成为人与自然共存和社会持续发展的保障。

6.1.3.3 水景观的表象演变

1.从服务统治阶级的家苑囿到面向公众的开放空间

中国古代园林，从先秦时期的灵台苑囿到秦汉时期的皇家园林，再到东汉时期的私家园林，服务的对象均是统治阶级、皇家、达官贵族等少数人。水景观也是如此，除去自然形成的大江大河和人工运河，但凡应用了造园技术而成形的水景庭园，无论是借水成园的颐和园，还是庭中引水的庐山草堂，很难为大众所观览。

到了近现代，滨水景观成为面向大众的公共开放空间。这里有可供人们游玩的亲水场所，有树木花草的自然气息，有体验慢生活文化的休闲空间，有与生物共处的水生态环境。在滨水空间的构建过程中，常需要考虑如何打造不同的水环境分区，更好地为不同人群提供多功能服务。

2.从单一的水系治理发展到多学科耦合的技术应用

早期的水系治理仅涉及单一的水利工程，而随着水景观发展的多目标定位，涉及的学科包含了水利工程、环境工程、生态工程、景观工程等。其中既包含传统河道水系治理的清淤疏浚、闸坝建设、筑堤修路、防洪排灌、供水排水等水利工程，也包括改善水质、污水治理、土壤修复等环境工程，生物共生、微生物治理、湿地修复等生态工程以及植物种植、生态浮岛、景观构筑等景观工程。各学科之间相互结合，共同应用于水景观体系构建过程中，形成了多元属性耦合的治理方法和技术应用。

3.从单纯的自然风光发展到复合型公共空间的营造

纯粹的自然风光是初期水系景观的全部内容，而后出现了诗情画意的园艺景观，清代《天咫偶闻》有述：“见桃红初沐，柳翠乍剪，高墉左环，春波右泻，石桥宛转，欲拟垂虹，高台参差，半笼晓雾”。

随着国民经济的快速发展和居民生活水平的提高,城市河湖水系承担了越来越多的功能。滨水公共空间,集合景观观览、生态涵养、运动休闲、娱乐健身、旅游观光、餐饮购物、博物展览等定位要求。水景观的表象,从单纯的自然风光,发展成为自然与人工的结合、艺术与文化的并存、功能与美学的兼备,形成兼具水利功能、景观功能、经济价值、生态价值、文化价值的复合型公共空间。

6.1.4　水景观的发展趋势

6.1.4.1　水景观的生态化发展趋势

国外水系生态化治理已有较长的发展历程。20世纪80年代,欧洲诸国及日本等发达国家,开始将城市河流的综合治理和生态建设应用于大型河道。莱茵河的治理是一个应用生态工程技术的典型案例。由于大量未经处理的有机废水倾入莱茵河,导致河水的含氧量不断降低,生物物种减少,标志性生物鲑鱼开始死亡。因此,各国制定了到2000年使鲑鱼重返莱茵河的"鲑鱼2000计划",相关的生态化治理也逐段展开。20世纪90年代,生态修复技术日臻成熟,应用于流域的案例逐渐增多,如美国的伊利诺伊河、密西西比河均取得了不错的生态治理成效。

在我国,水景观的生态价值渐趋被学者和工程实施者们接受,并成为对实践工作的指导理念。近年来,出现了对蜿蜒型水系、多变的河道断面、生态驳岸等模拟自然生态水系的探索和实践,相关生态材料和专利技术也大量涌现。

在未来的河道综合治理和健康河流的建设之路上,应进一步提高对生态资源的关注。着力推广自然河道恢复与生态治理技术,提倡自然资源与人工构筑相互平衡、有机融合、建设生态型城市水景观,将其纳入可持续发展的城市海绵系统中。

6.1.4.2　水景观的文化性发展趋势

在现代社会对水景观高度重视的背景下,水体不再是呆板的工程实体,而是具有灵魂的生命载体。水景观的文化渊源,是其流淌在生命中的血液。很多河流水系两岸分布大量的古建文物和历史遗迹。

借助景观美学和建筑艺术等表达方式,诠释水景观的文化特性和城市历史文脉,展现具有地域水文化特色的滨水景观,是当下水景观建设的发展趋势。沿着河流水系探索城市文明的"文化基因",挖掘城市发展的历史文化遗存,建立以城市水系为载体的文化遗产廊道,是城市水景观发展过程中的重要任务。

6.1.4.3　水景观的体验式发展趋势

随着人们欣赏水平的提高和精神文化追求的丰富,单纯的视觉欣赏已不能满足要求,体验式的构建模式是水景观发展的又一趋势。

在滨水景观的营建过程中,强调亲水交流,注重人与水、岸、周边环境的参与和互动。多方面考虑人处于滨水空间中的需求,从审美欣赏、娱乐健身、休闲游憩、餐饮购物、科教文化等诸多方面,最大限度地吸引不同人群参与其中。通过植物群落、景观雕塑、铺装路径、建筑小品、配套设施等元素设计,形成安全、舒适、具有观赏性和吸引力的场景,激发人们视觉、听觉、嗅觉、味觉、触觉方面的感官体验。

6.2 水景观设计

6.2.1 景观水体的表现形式

景观水体按照流动状态可以分为静态水体和动态水体。静态水体主要以湖、池的形态展现，给人以平静、沉稳的感觉。动态水体的形态多样，源于自然界水的种种状态，主要有河、瀑布、溪、泉等，给人以鲜活、明快的感觉。

6.2.1.1 静态水体

1.湖

湖是指四面有陆地包围的相对开阔的完整水域。天然湖的成因主要是外部自然因素而引发的地表断层陷落等地质条件变化，再经雨水、河流汇集而成，如青海湖、滇池。还有一种情况，原是江、河、海的弯道水域，由于泥沙沉淀隔离，塞住湾口形成湖泊。人工湖大多数是由于调蓄供水的需要，修建水库而成的。也有因景观生态及海绵城市建设的需要，在原有鱼塘、低洼地、坑池的基础上整挖成湖，形成公园、风景区的核心景点，充当缓解雨洪压力、削弱雨洪峰值、调节蓄存水源的“城市海绵”。

2.池

池是水面较小的静态水体，常见于规模不大的园林或大型园林中的局部景区。中国古典园林的大多数水池在道法自然的理水思想指导下多呈迂回盘曲之态，成为分隔空间的一种手段，有着隔而不断、虚中有实的效果，让人产生源远流长之感。也有方正规矩之态的水池，简单、严整，显出理性之美。

6.2.1.2 动态水体

1.河

我国自然河流众多，源远流长，主要有树枝状、网状、平行状和混合状水系等。除天然河流外，还有许多人工开凿的河流。

2.溪

溪狭长弯曲，依地势高低形成，水流时缓时急。山中之溪，起伏跌宕即称为涧。“理涧壑无水，似少深意”，曲折多变的溪涧易于形成流动意趣和幽深意境，给园林带来无限生机。

3.瀑布

瀑布是流动的河水突然垂直跌落，是河水流动中的主要阻断。瀑布的主要特点是山与水的结合，使其具有形、声、色三要素的不同组合变化，形成千姿百态的动态美景。

4.泉

泉造型丰富，使水成为一种奇特的艺术载体，强烈地冲击着人们的视觉感官。现代景观中，泉已形成灵活多变，水态各异的表现形式。

6.2.2 城市水景观构成元素

水体是构成城市水景观最为核心的景观要素，参与构成水景观的还有很多其他元素，

如堤防、驳岸、道路、植物、水工建筑物、跨水构筑物、滨水建筑物、附属景观元素等，它们共同组成了水生态环境与人文景观的基本格局。

6.2.2.1　水体

水乃万物之本、生命之源，是人们生产生活的基础保障、人类赖以生存的最重要的物质之一，也是人类文明和城市诞生的摇篮。

水体是城市水景观设计的主要对象，水形态、水环境、水生态和水文化均是城市水景观设计的重点内容。水体在规划设计中往往体现点睛之功用。水生态在城市生态建设中发挥引领作用，城市水景观很多时候也成为体现地域文化特质的地标。

6.2.2.2　堤防

沿江、河、湖、海的岸边修建的挡水建筑物称为堤，构建在河谷或者河流中拦截水流的水工建筑物称为坝，防水的堤坝合称为堤防。堤防工程的主要作用是防御洪、潮水的危害。城市水景中的堤防，发挥着分隔水体、布局水面、组织交通的作用。

6.2.2.3　驳岸

驳岸是在水域和陆域的交界处，保护水体稳定性、阻止水体边坡崩塌或冲刷的构筑物。驳岸的形态决定了水体的形态与风格，兼顾生态、美观、稳固、经济的性能。驳岸是水体和陆域物质与能量交换的过渡带，具有很强的生态敏感性。

6.2.2.4　道路

道路是城市水景观体系中的组成部分，起到引导游人进入滨水空间，并连接各景观节点的作用。城市水景观道路系统一般能满足车行、骑行、人行的多功能需求。

6.2.2.5　植物

植物是滨水景观生态系统中极其重要的资源，是水陆便捷生态链的重要组成部分，在水污染控制和小气候调节中发挥着生态效应。植物变化多姿、色彩丰富的季相变化，衬托出水的柔美和灵动。

6.2.2.6　水工建筑物

为满足防洪、灌溉、供水、发电等功能，实现防治水患和水资源调配利用的目的而修建的用以控制和支配水流的建筑物。水工建筑物按照功能可以分为挡水建筑物、泄水建筑物、输水建筑物、取水建筑物、整治建筑物、专门建筑物等几大类。

6.2.2.7　跨水构筑物

跨水构筑物一般指横跨各种水体的构筑物的总称，包括桥梁、隧道、能源管线等，其中桥梁是城市水景观中最为常见的跨水构筑物。

6.2.2.8　滨水建筑物

滨水建筑物是指水系岸边及附近范围内，为滨水空间提供使用功能或景观观赏元素的建筑物。滨水建筑物为游客及附近居民提供居住、休憩、餐饮、娱乐、观景、航运等功能。

6.2.2.9　附属景观元素

附属景观元素在水景观营建中虽不占主体地位，但同样起到至关重要的作用，使整体景观体系和使用功能更加丰富完整。附属景观元素类型主要包括雕塑、亭、台、栈道、景墙、花架、廊架、山石、灯光、标识、垃圾桶、坐凳、车站、铺装等。

6.2.3 水体形态布局

6.2.3.1 规则式水体

规则式水体包括规则不对称式水体和规则对称式水体。此类水体的外形轮廓是有规律的直线或曲线闭合而形成的几何形状，大多采用圆形、方形、矩形、椭圆形、梅花形、半圆形或其他组合类型，线条轮廓简单，有整齐式的驳岸，常以喷泉作为水景主题，并多以水池的形式出现。

6.2.3.2 自然式水体

自然式水体的外形轮廓由无规律的曲线组成。园林中，自然式水体主要是对原水体进行改造，或者进行人工再造而形成的，是通过对自然界中存在的各种水体形式进行高度概括提炼、缩拟，用艺术形式而表现出来的。

自然式水体大致归纳为两种类型：拟自然式水体和流线型水体。拟自然式水体有溪、涧、河流、人工湖、池塘、潭、瀑布、泉等；流线型水体是指构成水体的外形轮廓自然流畅，具有一定的运动感。自然式水体多采用动水的形式形成流动跌落、喷涌等各种水体形态，水位可固定也可变化，结合各种水岸处理形成各种不同的水体景观。自然式水体的驳岸为各种自然曲线的倾斜坡度，且多为自然山石驳岸。

6.2.3.3 混合式水体

混合式水体是规则式水体与自然式水体有机结合的一种水体类型，富于变化，具有比规则式水体更灵活自由，又比自然式水体易于与建筑空间环境相协调的优点。

6.2.4 水景观设计

水景观的设计首先需要根据园林的不同性质、功能和要求，结合水体周围的其他园林要素，如水体周围的温度、光线等自然因素会直接影响水体景观的观赏效果。其次是综合考虑工程技术、景观的需要等确定园林中水体采用何种布局手法，确定水体的大小等，创造不同的水体景观。水景的设计主要是水质和水形的设计。

6.2.4.1 水质

水域风景区的水质要根据《地表水环境质量标准》(GB 3838—2002)安排不同的活动。水体设计中对水质有较高的要求，如游泳池、戏水池，必须以沉淀、过滤、净化措施或过滤循环方式保持水质，或定期更换水体。绝大部分的喷泉和水量设计必须要构筑防水层与外界隔断。要对水体采取相应的保护措施，保证水量充足，达到景观设计要求。同时，要注意水的回收再利用，非接触性娱乐用水与接触性娱乐用水对水质的要求都有所不同。

6.2.4.2 水形

水形是水在园林中的应用和设计。根据水的类型及在园林中的应用，水形可分为点式水体、线式水体和面式水体三种形式。

1.点式水体

点式水体主要有喷泉和壁泉。

1)喷泉

喷泉又名喷水，是利用泉水向外喷射而供观赏的重要水体，常与水池、雕塑同时设计，起

装饰和点缀的作用。喷泉的类型有地泉，涌泉，山泉，间歇泉，音乐喷泉，光控、声控喷泉等。喷泉的形式也很多，主要有喷水式、溢水式、溅水式等。喷泉无维度感，要在空间中标志一定的位置，必须向上突起呈竖向线性的特点。一是要因地制宜，根据现场地形结构，仿照天然水景制作而成，如壁泉、雾泉、管流、溪流、瀑布、水帘、跌水、水涛、漩涡等。二是完全依靠喷泉设备人工造景。这类水景近年来在建筑领域广泛应用，发展速度很快，种类繁多，有音乐喷泉、声控喷泉、摆动喷泉、跑动喷泉、光亮喷泉、游乐喷泉、超高喷泉、激光水幕电影等。

喷泉宜设置在人流集中处。一般把它安置在主轴线或透视线上，如建筑物前方或公共建筑物前庭中心、广场中央、主干道交叉口、出入口、正副轴线的交点上、花坛组群等园林艺术的构图中心，常与花坛、雕塑组合成景。

2）壁泉

壁泉严格来说也是喷泉的一种，壁泉一般设置于建筑物或墙垣的壁面，有时设置于水池驳岸或挡土墙上。壁泉由墙壁喷水口、承水盘和贮水池等几部分组成。墙壁一般为平面墙，也可内凹做成壁龛形状。喷水口多用大理石或金属材料雕成龙头、狮子等动物形象，泉水由动物口中吐出喷到承水盘中然后由水盘溢入贮水池内。墙垣上装置壁泉，可破除墙面平淡单调的气氛，因此它具备装饰墙面的功能。

在造园构图上常把壁泉设置在透视线轴线或者园路的端点，故又具备刹住轴线冲力和引导游人前进的功能。

2.线式水体

线式水体有表示方向和引导的作用，有联系统一和隔离划分空间的功能。沿着线性水体安排的活动可以形成序列性的水景空间。

1）溪、涧和河流

溪、涧和河流都属于流水。在自然界中，水源自源头集水而下，到平地时流淌向前，形成溪涧及河流水景。溪，浅而阔，狭而深，溪、涧的水面狭窄而细长，水因势而流，不受拘束。水口的处理应使水声悦耳动听，使人犹如置身于真山真水之间。溪、涧设计时，源头应作隐蔽处理。

溪、涧、河流、飞瀑、水帘、深潭的独立运用或相互组合，巧妙地运用山体，建造岗、峦、洞壑，以大自然中的自然山水景观为蓝本，采取置石筑山叠景等手法，将从山上流下的清泉建成蜿蜒流淌的小溪，或建成浪花飞溅的涧流等。在平面设计上，应蜿蜒曲折、有分有合、有收有放，构成大小不同的水面或宽窄各异的河流。在立面设计上，随地形变化形成不同高差的跌水。同时应注意河流在纵深方向上的藏与露。

2）瀑布

瀑布是由水的落差形成的，属于动水。瀑布在园林中虽用得不多，但它的特点鲜明，既充分利用了高差变化，又使水产生动态之势。例如，把石山叠高，下挖成潭，水自高往下倾泻，击石四溅，飞珠若帘，俨如千尺飞流，震撼人心，令人流连忘返。

瀑布由 5 个部分构成：上游水流、落水口、瀑身、受水潭、下游泄水。瀑布按形态不同，可分为直落式、叠落式、散落式、水帘式、喷射式；按瀑布的大小，可分为宽瀑、细瀑、高瀑、短瀑、涧瀑等。人工创造的瀑布，景观是模拟自然界中的瀑布，应按照园林中的地形情况和造景的需要，创造不同的瀑布景观。

3)跌水

跌水有规则式跌水和自然式跌水之分。所谓规则式,就是跌水边缘为直线或曲线且相互平行,高度错落有致使跌水规则有序。而自然式跌水则不必一定要平行整齐,如泉水从山体自上而下三叠而落,连成一体。

3.面式水体

面式水体主要体现静态水的形态特征,如湖、池、沼、井等。面式水体常采用自然式布局,沿岸因境设景,可在适当位置种植水生植物。

1)湖、池

湖属于静水,在园林中可利用湖获取倒影,扩展空间。在湖体的设计中,主要是湖体的轮廓设计以及用岛、桥、矶、礁等来分隔而形成的水体景观。

园林中常以天然湖泊作为面式水体,尤其是在皇家园林中,此水景有一望千顷、海阔天空之气派,构成了大型园林的宏旷水景。而私家园林或小型园林中的水体面积较小,其形状可方、可圆、可直、可曲,常以近观为主,不可过分分隔,故给人的感觉是古朴野趣。园林中的水池面积可大可小,形状可方可圆,水池除本身外形轮廓的设计外,与环境的有机结合也是水池设计的重点。

2)潭、滩

潭景一般与峭壁相连。水面不大,深浅不一。大自然之潭周围峭壁嶙峋,俯瞰气势险峻,有若万丈深渊。庭园中潭岸边宜叠石,不宜披土。光线处理宜荫蔽浓郁,不宜阳光灿烂。水位标高宜低下,不宜涨满。水面集中、空间狭隘是渊潭的创作要点。滩是水浅而与岸高差很小。滩景可结合洲、矶、岸等,潇洒自如,极富自然。

3)岛

岛一般是指突出水面的小土丘,属块状岸型。常用的设计手法是岛外水面萦回,折桥相引;岛心立亭,四面配以花木景石,形成庭园水局之中心,游人临岛眺望,可遍览周围景色。该岸型与洲渚相仿,但体积较小,造型也很灵巧。

4)堤

以堤分隔水面,属带形岸型。在大型园林中,如杭州西湖苏堤,既是园林水局中的堤景,又是诱导眺望远景的游览路线。在庭园里用小堤作景的,多作庭内空间的分割,以增添庭景之情趣。

5)矶

矶是指突出水面的湖石。属点状岸型,一般临岸矶多与水景相配。位于池中的矶,常暗藏喷水龙头,自湖中央溅喷成景,也有用矶作水上亭榭之衬景的,成为水景三小品。随着现代园林艺术的发展,水景的表现手法越来越多,它活跃了园林空间,丰富了园林内涵,美化了园林的景致。正是理水手法的多元化,才表达出了园林中水体景观的无穷魅力。

6.3 水景观案例分析

6.3.1 都江堰水文化广场

都江堰水文化广场位于四川成都都江堰市(原灌县),该城市因著名的水利工程都江

堰而得名。水文化广场地处城市中心,岷江在鱼嘴分出的内江穿城而过,在此处又分为江安河、走马河、柏条河和蒲阳河四条河流。因此,广场所处地块为河水分流处常见的扇形地块。同时,城市主干道横穿东西,道路与河流将场地大致分为三块。

在一个城市中,城市广场往往具有景观绿地、集会活动、交通集散、文化纪念等功能,而作为都江堰市中心地标性的城市广场,其景观空间功能主要在于提供休闲、活动空间和弘扬城市文化两个方面,其景观构成也围绕着两个方面来设计。

6.3.1.1 设计定位

都江堰广场的设计哲学,通过地域、场所以及众多相关联系中寻找设计线索。特别是从其掌握的素材中发现并捕捉到了这块土地的本质并创作出了一个用当代景观语言讲述都江古堰、地域历史、当地百姓和民间传说的现代人文景观。

6.3.1.2 基于水文化的水景观设计

1.饮水思源——以治水、用水为核心的历史文脉及含义

1)治水的渊源

都江堰真正为多数人公认的始创者是秦昭王时的蜀郡守——李冰。都江堰是一个千秋功业,它凝聚了数千年蜀人的辛劳。继李冰之后,各朝代的人都对都江堰进行了修复与改造,技术上不断得以更新。

2)种植文化

随着都江堰工程的进一步完善,成都平原处处皆为人间乐土,沟渠纵横,阡陌交错,地无旷土,已到了“天孙纵有闲针线,难绣西川百里图”的佳境。汉化后的种植文化将种植与养殖统一,稻鱼结合,自成体系。种植文化使四川“人杰地灵”,成为政治经济的重地,也为后世种植、渔业等的发展打下了基础。

3)植根古蜀的建筑技术

都江堰工程中的若干重要技术,如笼石技术(竹笼卵石及后来的羊圈-木桩石笼工程)、鱼嘴技术、火烧崖、石凿崖技术、都江堰渠首和有关河渠上的若干索桥的建筑技术,都具浓重的地方水利风格,富有民族文化特征。另外,川西民居及宗教建筑也有鲜明的特点,特别是对竹木石材的应用及艺术处理都有其浓厚的地方特色。

2.广场主体构思

天府之源,投玉入波;鱼嘴竹笼,编织稻香荷肥。在广场的中心地段,设一涡旋形水景,意为“天府之源”。中立石雕编框,内填白色卵石,取古代“投玉入波”以镇水神之象,又为竹笼搏波之形,同时喻古蜀之大石崇拜主要旨。石柱上水花飞溅,其下浪泉翻滚,夜晚彩灯之下,浮光掠影。水波顺扇形水道盘旋而下,扇面上折石凸起,似鱼嘴般将水一分为二、二分为四、四分为八……细薄水波纹编织成一个流动的网,波光淋漓;蜿蜒细水顺扇面而下,直达太平步行街,取“遇弯裁角,逢正抽心”之意。广场的铺装和草地之上是三个没有编织完的、平展开来的“竹笼”。竹篾(草带、水带或石带)的中心线分别指向“天府之源”。中部“竹笼”为草带方格,罩于平静的水体之上,中心为圆台形白色卵石堆。东部“竹笼”则以稻秧(后改为花岗岩)构成方格,罩于白色卵石之上,中置梯形草堆(后改为卵石堆)。西边“竹笼”则是红砂岩方格罩于草地之上。

水作为主导景观元素,其设计灵感来自都江古堰的启示。从当地的高脊山脉山区获

得灵感，景观的设计却深刻地蕴涵了当地的文化。都江堰广场的设计被地域场所的文化气息和乡土气息所强化。这个设计作品与邻近河渠中奔腾的水流、浪涛声和各种设计元素有机地融为一体。水元素引入的设计形式——雾喷泉、主雕塑、小溪、下沉式水广场等，构成一部交响乐，讴歌着都江古堰的水利盛事。

6.3.2 深圳市坪山河滨水景观

坪山河是深圳市五大河流之一，贯穿坪山区全境，是坪山的母亲河。由于近30年来的工业化、城市化建设，坪山河河道空间逐渐被侵占，河道污染越来越严重，河道生态遭到破坏，逐渐形成黑臭水体，水环境日益恶化。2016年，在深圳市政府的大力支持下，坪山区政府启动了坪山河流域水环境综合整治工程，经过近几年的流域综合治理，坪山河面貌焕然一新。

6.3.2.1 整治前景观概况

整治前的坪山河黑臭水体横流，上中游以混凝土六角砖护坡为主，下游以自然驳岸为主，沿河道两侧设置巡河道；河道两岸植物主要有榕树、木棉、黄槿、南洋楹、荔枝、龙眼等，河道内植物主要有鬼针草、芦竹、五节芒、西来稗、竹节菜等。河道周边分布着20多座客家围屋建筑，如大万世居、茜坑客家老围、李氏祠堂、文武帝宫、国兴寺、陈氏宗祠等。

6.3.2.2 坪山河景观总体设计

坪山河景观规划方案以“生态低碳、低影响开发、海绵城市建设、多元文化融合、水务工程与生态环境工程融合、滨水空间与城市公共空间融合”为理念指导，结合河道主体工程，通过重塑岸坡、增加植物种类和群落组成等设计手法，拓宽河道现有生境和植物群落，适度营造滨河公共活动空间，构建联系山体—河道—城市—景观的多元生态、文化、通行脉络。坪山河景观设计以“发展的理念，流动的公园”为指导思想，提出“关爱河流、振兴河流、感知河流、融入河流”四大策略，整合坪山河流域资源，体现地区特色，进而提升区域城市品质，达到“跨河渗透、河城共生”的美好愿景。通过贯通滨水道路系统，打造景观亮点，修复滨水生态系统，完善服务设施，使得坪山河更具有游览性、观光性，提升视觉美感，增强与城市、居民的互动，成为城市最具魅力的活力水岸。上游段与坪山大道并线段，河道景观设计与坪山大道南段市政化改造工程充分衔接，共同打造坪山区“一河一路”核心景观带。中游段串联坪山公园、坪山老城区、国兴寺、燕子岭公园、深圳自然博物馆（规划）、燕子湖（规划）、燕子湖国际会议中心等景观节点，燕子湖片区为坪山未来重点规划发展片区。设计将南布净化站上部建筑与南布净水公园、南布人工湿地结合，打造坪山河畔城市会客厅、水质提升科普教育基地，作为坪山河治理成效的集中展示区。下游段范围为荔景南路桥至深惠交接断面，治理河长约4.3 km。下游段串联老河道、横塘湿地公园、深圳技术大学、吓山湿地公园等景观节点，保留9处河心洲，设置12处塘床海绵设施，落实海绵城市设计理念，恢复河道湿地生态系统。

坪山河项目保护和延续坪山河的自然肌理和历史文脉，留存城市记忆，如老河道两岸原生大树的保护、中下游河心洲的保护、沿河客家传统民居的保护、生态修复、景观节点营造等，在满足防洪标准的前提下，营造具有坪山河特色的水景观、水文化、水生态。生态好转、水清岸绿的坪山河与马峦山联动，形成富有特色的深圳东部山水宜居城区，为坪山区城市创新发展、产业升级、吸引高端人才提供良好的绿色基础设施，为周边居民提供茶余饭后休憩健身、沟通交流、亲近自然的滨水公共活动空间。

第7章　水文化深厚

7.1　水文化概述

7.1.1　水文化的内涵及功能

7.1.1.1　水文化的内涵

1.文化的内涵

从词源学的角度看,“文化”一词在英语世界的国家表现为culture,而culture一词来自拉丁文cultura,意为“对土地的开垦”,也可表达居住、耕种、练习、留心、注意等。其词性为动词,强调人类通过此摆脱自然状态。这个时期的“cultura”主要表达的是社会物质资料的生产,涉猎精神层面的内容比较少。

文化(culture)作为内涵丰富、意义多维的概念而被众多学科所探究、阐发发端于近代欧洲。在历经文艺复兴、启蒙运动后,欧洲人逐渐意识到,从纵向视角看,风俗、信仰、观念、语言都是一个历史性的动态过程;从横向视角看,率先开辟世界市场的欧洲人还发现人类文化有着极大的地缘性、多样性。在这两种对传统的批判性视角下,文化概念的内涵开始发展。到16世纪、17世纪后,英文和法文的culture词义逐渐由耕种引申为对树木禾苗的培养,进而指对人的心灵、知识、情操、风尚的化育,从而使得英语世界中的“文化”概念逐步转到对精神层面的关注上来了。中国传统文化中也有文化这个词汇,但是其意义与当代理解的文化则大相径庭。据学者考察,“文化”一词最早出现在刘向《说苑·指武》,但当时强调的是文章教化。在19世纪中后叶“明治维新”期间,日本大量译介西方学术作品。作为汉语文化圈的一员,其多借汉语词汇对译西方学术术语。由此,“文化”这一概念的含义便加入了西方的历史经验。后由中国学者又将这样一个概念输入中国。由此可见,当今使用的“文化”这个概念,首先发端于西方,进入近代社会后,这个词汇开始普遍化,近代日本的翻译及留学日本的中国学者的引进使得文化也成为了一个颇为流行的词汇。

关于文化的界定,拉裴·比尔斯在《文化人类学》中指出:文化概念是19世纪、20世纪的一大科学发现,其内容是,人类的行为之所以不同于其他种类动物的行为,是因为他受文化传统的影响和制约。这一段话鲜明地指出文化人与动物之本质区别。这种对文化的界定可认为是对文化意义的阐明,其不足之处是除意义外,并不能提供一个认识文化概念的“图景”。此种对文化的界定鲜明地阐述了文化的诸多表象。但对文化的定义较为广泛,是广义的文化概念。其意义更多阐述“何为文化?”而不是“文化为何?”这一基本问题。较之前两者,美国较有代表性的人类学家克鲁伯(Kroeber)和克拉克洪(Clyde Kluckhohn)合著的《文化:关于概念和定义的检讨》一书中,关于文化概念的论述更具科学性,更体现理性价值。殷海光先生在其著的《中国文化展望》一书中,对此做了一个大概的梳理。简而言之,文化的定义大致有以下五种:一是记述的定义。这种对文化的定义是对文化内容的诸多方面的一种列举,着重于对文化的整体性把握,如信仰、价值、行为、知识等。此种定义模式以泰勒、博亚斯、林顿、洛维等为代表。二是历史的定义。这种对文化的定义,并不着眼于文化的内容、实质,而是从文化的特色、社会遗产或社会传统来对文化下定义。比如巴尔克和博尔格斯就认为一个共同体的文化是其社会遗产之全部及其组织,这些社会遗产之所以获得文化的意义乃在于不同的共同体有不同的气质及历史。这种定义模式以巴尔克、博尔格斯、博斯、梅德等为代表。三是规范的定义。此种定义又可分为两大类:其一,注重规律的规范定义。这种规律性在这里应该被理解为行为的可理解及可预测性。在这种定义下,文化即被理解为文化共同体的行为模式,或通俗来讲即文化共同体的生活方式,包括一切标准化的社会秩序,这种定义模式以维斯勒、伯格杜斯等为代表。其二,注重理想、价值的规范的定义。这种定义将文化与社会(物质范畴)分开,对文化采取一种精神、价值(精神范畴)的把握。此种定义模式以索罗金最为典型。四是心理的定义。这种定义的方式一般认为人类对社会之现实往往会有诸多心理上的"反应",而这种反应在一个文化共同体中会被广泛地接受。这种被接受的反应即是文化。简言之,文化之于社会,便似人之性格之于人之机体。这种定义模式的代表人物有福尔特、莫里斯等。五是结构的定义。这种对文化的定义注重文化的组织、系统性。其代表人物有维利、奥格本等。除上述对文化的定义方式外,还有文化发生的定义,对文化的心理解析学意义上的定义等。

各民族文化间的比较可以在一定程度上量化为适应、应付环境的成绩。我国当代学者冯天瑜教授认为文化的本质内涵是自然的人化,是人的价值观念在社会实践中对象化的过程与结果,其中包括外在于人的文化产品的创制和内在于人心的心智、德行的修养。因此,文化可以划分为技术系统和价值系统两大部类,前者即所说的物质文化范畴,后者为精神文化范畴,而介于两者之间的还有制度文化和行为文化。如此,物质、精神、制度、价值四个层面的文化观念就构成了广义的文化概念,而其中的精神、观念层面的文化就是所说的与政治、经济相对应的狭义文化概念。这些关于文化的定义基本上构成了当今世界人们对文化的理解,同时也比较符合当代中国人对文化的理解。

2.水文化的内涵

水,是民族的哲学源泉和智者的思想之本,尼罗河孕育了灿烂的古埃及文明,两河流域(幼发拉底河和底格里斯河)创造了辉煌的古巴比伦王国,地中海成为了古希腊文化的摇篮,恒河奠定了古印度文明的兴盛,而长江和黄河更让我国古代的先哲贤圣们从水性中得到修身养性之法、处世齐家之道,并升华为治国、安邦、平天下的博大精深的思想文化体系。《管子·水地篇》提到:"水者,何也,万物之本源也,诸生之宗室也。"水文化是文化的重要组成部分,是一种体现人与水的关系的文化,反映文化的价值观。在不同时间、空间,由不同的族群创造出来的水文化,是各有特质与魅力的,这些特质与魅力是其核心价值观念或价值取向的外在表现。

水文化是文化的一个组成部分,它反映文化的价值观。挖掘水文化的内涵实际上就是寻找"人水和谐共处"的规律,是一种体现人与水的关系的文化。究其本质应是因水而产生的"化人"的过程,或因水而形成的"自然的人化"。我国水文化博大精深、源远流长,

对水文化概念的研究兴起于 20 世纪 80 年代末,特别是 2011 年水利部发布《水文化建设规划纲要(2011—2020 年)》以来,激起了学者们对水文化研究的极大兴趣,近些年来,涌现出了一大批优秀的研究成果。1989 年,李宗新首先提出了“水文化”研究的新课题。截至 2018 年底,在中国知网上以“水文化”为关键词进行查询,总共 1 379 篇文献。“水文化”的研究范围主要聚焦在水文化遗产、水景观、水生态文明等方面。从现有学者的观点分析来看,学界对水文化的界定主要分为两大流派。部分学者认为水文化是人类在与水打交道的过程中所产生的精神文明的总和,代表性观点有“水是万物的源泉,是国家繁荣的基础,水的管理必须兼顾平衡。这是传统水文化中对水的基本认识。人类因水而兴、以水为师,体现了对于追求人水和谐是历史上形成的水文化的精神价值所在”。“水文化主要是指作为群体的水事活动方式(这种方式通常表现为制度规范和人们的水事行为),以及那些在人类的治水行动实践中所创造出的精神产物”。另一部分学者认为水文化是人类与水在打交道过程中所形成的一切事物的合集,包括物质、精神、行为等各个方面。代表性观点有“水文化是指人类在生产和生活中与水有关的各种文化现象的总和,是以水为载体的民族文化的合集。”“水作为自然资源,自身并不能形成文化,文化的主体是人,只有当水与人接触时产生了联系,才能通过用水、治水和管水,这样的过程中才能形成水文化。由于人类活动与水的关系,基于水的各种文化现象的总和。”“水文化是人类在管水过程中,对水的认识、思考、行动、治理、享受、感悟、抒情等行为,创造的以水为载体的所有物质财富和精神财富总称。”“水文化是人类在与水打交道的社会实践活动中所获得的物质财富、精神财富、生产能力的总和,水文化是中华民族文化的重要组成部分,水文化的主体是水利文化”。“水文化是指人类以水为基础所产生的生活方式、生产方式和相应的思想观念。”“水文化是人类认识水、使用水、管理水的相关文化”。

综上研究,水文化是文化的重要构成部分,是文化中基于水的那一部分,是一种体现人与水的关系的文化。结合水利行业自身特点,本书将水文化定义为人类社会实践过程中所创造物质层水文化(如水体、水域、水工程、水环境)、精神层水文化(包括观念、习俗、精神等)、行为层水文化(水工程的建设、运营、管理及社会广泛的涉水活动,及依此而形成的礼仪、民俗、风俗等)、制度层水文化(水制度、水政策、水法规、涉水的乡规民约)等四个层面的总和。

7.1.1.2　水文化的功能

水文化是一个古老而又新颖的文化形态,其展现的功能对推动人类社会发展具有极其重要的作用和价值。这就要求人们充分认识水文化的功能,深入挖掘传统水文化内涵,不断弘扬水文化精神。水文化研究学者认为水文化具有教化、凝聚、引领、激励、传承、审美、规范、孕育等方面的功能。

1.教化功能

教化功能即教育和感化的功能,这是一切文化的基本功能。水文化的教化功能主要表现在以下三个方面。

1)有助于提高人们的思想道德素质

水文化作为一种观念形态的文化,对人的思想观念、道德情操、精神意志、智慧能力等方面有着潜移默化的直接或间接影响。千百年来,中华民族在认识水、治理水、开发水、保护水和欣赏水的过程中,领悟出许多充满智慧的思想。水的这种自然特性,能给予人们勇敢、坚定、包容、灵敏、公平、意志、礼义等启迪作用,对人们的人格塑造具有重要作用。曾有"以水为师"的名言,如"水太满即溢",寓意人做事要懂得适可而止;"水深则流缓",表示水越深,水流的速度反而越平缓,它越能负载更多,胸怀越宽广,越能容纳清浊百川,寓意做事说话要慎言。"水能载舟,亦能覆舟",寓意要辩证地看待问题。"覆水难收",寓意做事要三思而行。"滴水之恩,涌泉以报",寓意要知恩善报。"上善若水""水几于道"和"知者乐水"等都是以水比德。因此,水能启示人们要树立正确的世界观、人生观、价值观。要做高尚的人、纯粹的人、脱离低级趣味的人、有益于人民的人,要做有理想、有道德、有文化、有纪律的"四有"新人。

2)有助于提高人们的科学文化知识素质

科学文化知识是水文化的重要内容。我国几千年的治水实践积累了丰富而先进的水利科学文化知识,长期以来一直走在世界的前列,我们应该通过传授加以继承和发展。当今,知识、智力等无形资产已成为资源配置的第一生产要素,要求更加增强人们的文化意识,转变观念,统一思想,把发展水利事业从以依靠有形资产为主,逐步转移到依靠智力、知识等无形资产上来,应用高新科技来推动现代水利发展。

3)提高全社会的水意识

水意识包括爱水、惜水、护水和水患意识。水与人们的生产生活、经济发展、社会进步关系极为密切,通过弘扬水文化,呼吁全社会关注水、珍惜水和保护水资源。因此,通过水文化的宣传教育,使广大人民群众知道水的可爱、水资源的珍贵,保护水资源的重要性,以及提防水旱灾害对人类造成危害,培养人们爱水、惜水、亲水的生活方式,从而为建设人水和谐的社会而共同努力。

2.凝聚功能

文化关乎国本、国运。文化强则民族强。习近平总书记指出:"没有高度的文化自信,没有文化的繁荣兴盛,就没有中华民族伟大复兴。"文化是民族凝聚力和创造力的源泉。2014 年 5 月 5 日,习近平总书记在北京大学师生座谈会上的讲话强调,"人类社会发展的历史表明,对一个民族、一个国家来说,最持久、最深层的力量是全社会共同认可的核心价值观"。核心价值体现了一个社会评判是非曲直的价值标准,更承载着一个国家、一个民族的人格理想和精神追求。社会主义核心价值观是当代中国社会价值秩序的关键要素,是当代中国文化软实力的核心要义,是凝聚人心、汇聚民力的强大力量。水文化作为中华优秀传统文化的有机组成部分,其重要功能之一就是具有强大的凝聚力。新时代的水利人凝心聚力"不忘初心、牢记使命",践行了新时代的水利精神,攻克了一个又一个治水兴水难关,在治水实践中凝聚形成独具特色的行业品质和集体人格,成为培育和践行社会主义核心价值观的生动诠释。

3.引领功能

作为意识形态的文化是来自实践而高于实践的,因而能指导实践。先进的水文化包括科学的水理论、治水思路、先进技术等,包括水利工作的方针、政策等。这些对水利事业的发展都有重要的引领作用。水资源的管理和使用技能以及因水而生的生活方式、社会习俗、人际关系、文化艺术等,要充分考虑人们对地理环境的多样性和生物多样性的认知

和知识水平。水文化对于保护水资源、做好水资源开发利用具有重要的价值。因为不同地域的水文化不仅能造福人类,创造人类文明,也会影响该流域人类对待水资源、水环境的态度和行为,进而影响到水资源的状态。

4.激励功能

激励是激发人的某种行为动机、调动人的积极性的心理过程。激励功能是激励人们奋发向上、不断进取的功能。水文化的激励功能主要体现为精神的激励。水利精神是水利人治水兴水的生动实践,是中华民族伟大智慧、创造力和优秀品格的集中体现。在中华民族悠久的治水史中,孕育了大禹精神、都江堰精神、红旗渠精神、九八抗洪精神等优秀治水传统和宝贵精神财富。在新中国成立以来的治水过程中,广大水利人以自己的实际行动铸就了"献身、负责、求实"的水利行业精神,在三峡工程建设中形成了"科学民主、团结协作、精益求精、自强不息"的三峡精神,在南水北调工程建设中形成了"负责、务实、求精、创新"的南水北调精神。这些宝贵的精神财富培养造就了一代又一代艰苦奋斗、勇于奉献、特别能吃苦、特别能战斗的水利人,涌现出一批又一批先进人物,创造了一个又一个水利奇迹,不仅激励着一代又一代水利人奋发向上,更是推动我国水利事业取得了一个又一个历史性成就。

5.传承功能

传承功能是指水文化由于具有历史的连续性和继承性,可以通过传达、传递和传授达到继承和弘扬的功能。任何文化一旦形成,不仅作用于当代,而且影响未来。中华民族在长期治水实践中,既创造了光辉灿烂的文明成果,也饱尝失败的艰辛和教训,值得今天充分地重视和借鉴。在治水理论方面,大禹采取"疏导"的方法治水,对于后世关于堵塞与疏导关系的认识产生了重大影响;西汉贾让治河三策中的"上策",充分体现了人与洪水和谐相处的思想;潘季驯在长期治黄实践中总结出的"筑堤束水、以水攻沙"的治黄方略,体现了治黄的系统性、整体性和辩证法观念,对今天的黄河治理仍然有着十分重要的意义。在水利工程建设方面,如都江堰主体工程将岷江水流分成两条,将其中一条水流引入成都平原,既可以分洪减灾,又能引水灌田、变害为利,并在飞沙堰的设计中很好地运用了回旋流的理论,是水工设计中遵循自然规律、利用自然规律的典范。

6.审美功能

审美是一种欣赏美和创造美的实践活动,是一种满足人们精神需要的心理活动。美,是道德规范的基本内容之。常言道:爱美之心人皆有之。对于什么是美,会因人的文化素养和审美情趣不同而不同。具有较高文化水平的人,会有较高的欣赏美和创造美的能力,能以更美的东西来满足人们的精神需要。这里主要从水环境和水工程两方面看水文化的审美功能。

从水环境看,水为人们创造了许多无限美好的境界。茫茫的海洋、滚滚的江河、潺潺的涧溪、飞挂的瀑布、粼粼的湖荡、清澈的山泉,构成了地球上千娇百媚的"水体"景色,与自然和人文等要素组合成奇妙多彩、文雅别致的风景名胜,给人以美的享受。刘禹锡在《浪淘沙》中写道:"九曲黄河万里沙,浪淘风簸自天涯。如今直上银河去,同到牵牛织女家。"写出了黄河河源高悬于云天外、仿佛是从天上的银河倾泻下来的气象。苏轼在《饮湖上初晴后雨》中写道:"水光潋滟晴方好,山色空蒙雨亦奇。欲把西湖比西子,淡妆浓抹总相宜。”把西湖比作古代美女西施，西湖遂又多了一个雅号：西子湖。这些水景观美不胜收。

从水工程看，过去人们常常是只重视水工程技术层面，而忽视了工程本身的艺术效果，随着我国人民物质文化生活水平的不断提高，人们对水工程、水环境在满足除害兴利要求的同时更加重视其文化功能，提出了亲水、爱水、喜水的文化需要。在此情况下，在水工程建筑的规划设计中，应该更新设计和建设观念，更加注重水工程的文化内涵和人文色彩，既要融会中国传统水文化的精髓，又要富有时代气息，展示艺术魅力，还要符合中国老百姓喜闻乐见的形式，形成中国特色的水利工程建筑风格，彰显中国当代水文化和建筑文化的绚丽色彩。要使每项水工程成为具有民族优秀文化传统与时代精神相结合的工艺品，成为旅游观光的理想景点、休闲娱乐的良好场所、陶冶情操的高雅去处，满足人们亲水、爱水、喜水、休闲、娱乐等文化的需求。为提高人们的精神生活品质，提供优美的环境。

7.规范功能

水文化的规范功能是指规范实践层面水事活动的功能。主要包括两方面的内容：一是法律、法规、条例、规章、制度办法等强制性行为规范，这些都是水文化中制度文化功能的集中体现，这是一种非情感、超意志的强制性的规范功能。水文化的规范功能不仅规范从事水事活动人们的行为，而且要求全社会的人都要共同遵守。二是人们遵循长期以来在水事活动中形成的基本道德、习惯、行为准则以及对水和水利的价值判断标准，这是一种情感、意识的内在强制性的规范功能。例如，广大水利工作者，为了除水患，兴水利，造福人民，长期自觉艰苦奋斗在水利战线上，为发展我国的水利事业默默奉献。又如广大的水文工作者，每到汛期，越是风高浪急越是要去测水位、查汛情，这些都成为水利职工在长期的水事活动中形成的基本道德规范和行为准则。

8.孕育功能

水孕育了人类文明和民族的生存与发展。从人类的祖先类人猿开始，没有一天不与水打交道，无论旧石器时期文化还是新石器时期文化大都是在江河湖海之畔产生。一个民族的形成和发展总是与文化的形成和发展相伴而行的，且首先是与水文化的形成和发展相伴而行的。因此，水文化参与了人类文明与中华民族孕育和发展的全过程，催化了人类文明与中华民族的生存和发展。人类文明的发祥及发展与水密不可分。自从人与水发生联系而产生了水文化以后，水文化就与人类文明的生存和发展结下了不解之缘。尼罗河孕育了古埃及文明，幼发拉底河和底格里斯河诞生了古巴比伦文明，印度河催生了古印度文明，黄河与长江哺育了华夏文明。而这四大文明的盛衰存亡也都与水和水文化的状况紧密相关。古巴比伦文明在发展了近 4 000 年后被埋藏于沙漠之下。根本原因是古巴比伦人只知道引水灌溉，不懂得排水洗田，由于缺乏排水，致使美索不达米亚平原的地下水位不断上升，淤泥和土地的盐渍化最终使古巴比伦生态系统崩溃，高大的神庙和美丽的花园都随着人们被迫离开家园而坍塌，如今在伊拉克境内的古巴比伦遗址已是满目荒凉。

7.1.2 水文化研究的现实意义

回顾新中国成立以来，特别是改革开放 40 多年来，我国水文化建设与发展取得丰硕成果，主要表现在：一是水文化建设与我国物质文明、精神文明建设的结合更加紧密，水文

化建设的重大意义在人们的思想认识中不断深化。二是水利工程建设赋予更多的文化内涵，一大批水文化产品，以及具有深厚文化内涵的水利工程得以建成投用，发挥着极为重要的社会、经济、文化价值；水文化精神在水利工程建设中得到进一步彰显和弘扬。三是水文化研究队伍持续壮大。基本形成区域分布和层次结构合理的水文化研究队伍，取得了不少研究成果。四是水文化备受关注，人水和谐的理念深入人心。全社会的水生态观念持续增强，人民的水危机与忧患意识、水节约与环保意识方面有了跨越式的进步，对"绿水青山就是金山银山"的新发展理念的认识与领悟更加深入。

7.1.2.1　拓宽文化研究理论体系

15年前，时任水利部部长陈雷在首届中国水文化论坛上的讲话中明确提出："要围绕人与水、社会与水、经济与水的关系，从历史地理、风土人情、传统习俗、生活方式、行为规范、思维理念等方面，多角度、宽领域、全方位加强水文化建设，建设较为完整的水文化理论体系"。随后，水利部出台了我国第一部水文化建设纲要性文件，即《水文化建设规划纲要(2011—2020年)》，其中提出一个任务目标："逐步达到对水文化本质的总体认识，构建具有中国特色，内容较为完善的水文化理论体系，使水文化成为一门新兴的学科"。当时所提出的一个"水文化理论体系"的概念，事实上，水文化理论仅仅是文化理论体系的一个分支。总体来看，目前学术界对于水文化的研究还比较泛化、零散，尚未形成较为系统性、综合性、实践性强的体系化研究成果。接下来，水文化研究的首要任务即明确水文化在文化体系中的地位、作用。其一，从水文化的概念出发，厘清水文化的内涵界定及构成要素，研究水文化的生成与发生、发展规律，把握其基本规律特征。其二，新时代背景下，分析水文化对政治、经济、文化、生态等各个领域将产生哪些功能，这些功能如何发挥作用。其三，探究水文化与文化之间的关系，以及水文化对文化强国、国家文化软实力等方面提升的路径，为有效拓展整个文化研究的理论体系提供新思路。

7.1.2.2　传承与丰富水文化精神

当前，水文化传承与宣传的载体较多，如书籍、博物馆、电影、短视频等，这一系列载体综合收藏、展陈、科普、宣传、教育、研究和交流等功能，对人类几千年的水利历史和文化进行了生动再现，诠释了中华民族悠久的治水实践和文化内涵，表达了人们爱水、护水、用水，与水和谐共生的美好愿景。深入开展水文化研究，能够更好地传承与丰富水文化精神。一方面，传承水文化精神。水文化源自人类几千年文明历史所孕育的文化精髓，熔铸于人们在治水实践中创造的精神价值，植根于人们伟大的治水实践。换言之，水文化是人类治水实践历史的文化象征与精神记忆。水文化的载体与形式多样，内容丰富，是人类文化的重要组成部分和表现形态。诸多流传至今的水风俗或节日，都具有其独特的文化内涵，凝聚着人们智慧，体现着水文化特点。通过水文化研究，既传承着人们对美好的理想信念与伦理道德的追求和向往，又弘扬水文化精神及理念。另一方面，丰富水文化精神。时至今日，水文化的探索与研究依然是时代的热潮，究其原因，得益于广大关注与热爱水文化研究者们长期以来的艰辛探索与深入研究。通过过去的水实践发掘和吸收文化建设与发展的思想营养。在这一过程中，人们必须在科技与思想层面进行创新，共同开启水文化建设崭新的篇章。归根结底，水文化研究的重点在于继承和创新。要不断汲取传统水文化精华，探索推进水文化建设的新途径，提高全民亲水、爱水、节水、护水意识，持续不断发展和繁荣水文化,全力构建资源节约型、环境友好型社会。

7.1.2.3 践行"绿水青山就是金山银山"新理念

人类历史发展过程中,人们对环境保护缺乏较为深刻的认识。特别是工业革命后的很长一段时期内,世界的主流是发展。直到环境持续恶化,严重影响人们生存、生活、生产的安全。尤其是20世纪30年代至60年代发生的八大公害事件。其根本原因在于现代化学、冶炼、汽车等工业的兴起和发展,造成环境污染和破坏事件频频发生。八大公害事件发生后,越来越多的国家和人们开始反思环境保护问题。当今世界,如何平衡发展与保护之间的关系,成为社会发展的重中之重。以我国为例,改革开放40多年所取得的经济成就举世瞩目,相应地也付出了较大的资源环境代价。究其原因,在于没有科学、正确地处理好发展与保护的关系。近年来,习近平总书记高度重视生态环保建设,提出了"建设美丽中国、实现永续发展"的宏伟目标。那么,要想实现这一宏伟目标,必须要立足于当前我国经济与生态发展实际,重新审视发展与保护之间的关系,关键在于要以"绿水青山就是金山银山"新理念来指导实践。就其本质来说,习近平总书记提出的新理念系统阐明了保护与发展的辩证统一关系。从水文化研究的维度,深入贯彻与应用好这一新理念,可从三个方面进行理解与把握。第一,水保护的本质目的在于实现更好的发展。水保护与社会、经济发展本身并不是对立的,而是辩证统一的。保护水生态,本质上来说就是保护生产力;改善水生态的根本在于发展生产力。水生态保护为实现永续发展奠定坚实基础。第二,生态优先,绿色导向。开展水文化研究,就要不断践行水生态保护优先的观念,厚植"绿水青山就是金山银山"的理念,让生态优先绿色发展的观念深入人心。第三,将生态优势转化为发展优势。水文化研究在很大程度上能够挖掘水生态内涵,并通过创新思路与模式,进行优势转化。以湖北武汉市为例,武汉市素来就有"江城"和"百湖之市"的美名,其水文化优势尤为独特,经过历史的积淀,"大江大湖"已然成为武汉的文化符号。近年来,武汉积极探索"大湖+"的水文化建设与发展模式,全力打造滨水生态绿城。正是因为武汉做好了水文化这篇大文章,生态文明城市、生态旅游的名片越来越响亮。

7.2 水文化开发

7.2.1 把握新时代水文化建设与发展的新方位

党的十八大以来,党和国家面对国内外系列的政治、经济、环境等复杂形势,在中国特色社会主义发展战略构建的挖掘、探索等方面都做了许多工作,成效明显,成绩斐然。在党和国家的战略部署下,以水利部为主导,水利行业开展了一系列富有成效的规划举措,所有这些措施极大地推动了水文化的快速发展,时至今日仍然具有指导性。党的十九大报告中,习近平总书记明确指出,"经过长期努力,中国特色社会主义进入了新时期,这是我国发展新的历史方位。"这一重大的论断,成为开启新时代中国特色社会主义的伟大征程的"宣誓词"。那么,新时代的文化建设如何提升,对水文化发展又提出了哪些新的要求?这一系列时代问题成为新时代水文化研究与发展的重大课题。因此,要清醒地认识到水文化建设需要紧跟新时代的步伐,进行相应的发展与创新。在新时代,面对新形势、新要求,必须坚定文化自信,持续增强文化自觉,准确把握水文化发展的新方位。

7.2.1.1 对新时代水文化形势进行重新审视与研判

党的十八大以来,在中国共产党的领导下,所取得的成就是全方位的、开创性的,所开创的变革是深层次的、根本性的。在连续稳定解决了十几亿人的温饱问题后,在全面建成小康社会的实践奋斗中,我们取得了历史性的胜利。这一时期的中国,已然不是仅仅为吃饱穿暖而苦苦奔波。随着社会的不断发展,新时代的中国社会主要矛盾已经转化为人民日益增长的美好生活需要和不平衡、不充分发展之间的矛盾。人们不再是满足吃穿住行等物质生活,而是对精神文化生活提出了更高的要求。人们的生活品位、标准等已然发生了深刻的变化。需要对新时代水文化发展形势进行深入的研判,准确把握水文化发展的新方位,精准规划战略总方向,更加全面地推进新时代水文化的建设与发展。一方面,从机遇的角度而言,水文化建设迎来历史性机遇。中华人民共和国水利部发布的第一个《水文化建设规划纲要(2011—2020年)》中明确提出"在当代中国进入全面建成小康社会的关键时期和深化改革开放、加快转变经济发展方式的攻坚时期,在中共中央、国务院做出加快水利改革发展决定的开局之年,在我国全面推动社会主义文化大发展大繁荣的热潮中,水文化建设不仅迎来了难得的发展机遇,而且对推动水利又好又快发展会日益显示其越来越重要的支撑作用。"精准地分析了水文化建设与发展所面临的重大机遇。另一方面,从挑战的角度而言,在新时代背景下,水文化建设与发展必然面临着诸多严峻的问题与挑战。水利部出台的《水文化建设规划纲要(2011—2020年)》指出,水文化研究与解决中国现实水问题结合不够紧密;水文化的传播还不够广泛深入;水文化建设的成果尚不能满足人民群众多元化、多样化、多层次的需求,水文化人才队伍建设亟待进一步加强。总而言之,水文化建设集中体现在产业发展质量和效益、创新能力、文化保护与传承、区域深度文化合作等方面矛盾与问题交织叠加,情况复杂,形势多变。

7.2.1.2 对新时代水文化发展理念进行重新梳理与整合

面对当前经济发展新变化、新矛盾、新机遇、新挑战,谋划新时代水文化发展,要用新发展理念引领水文化建设发展之需。思想理念作为行动实践的先导,全面把握着水文化发展实践的总体方向、路径。新发展理念的科学确定,对水文化发展提供发展思路、发展着力点、发展举措等方面起到谋篇布局的指导性作用。水利部、各省市出台的规划纲要,以及水利部每年的水利精神文明与水文化建设工作要点,都将创新、协调、绿色、开放、共享的新发展理念提到指导思想的高度。新时代要把新发展理念贯穿于水文化发展全过程。一是坚持水文化创新发展。从水文化的内涵价值、体制机制、渠道开拓、载体打造等多个方面进行创新发展。二是坚持水文化协调发展。统筹推进水文化协调发展,突出水文化内外资源整合、区域协同合作等。三是坚持水文化绿色发展。狠抓水文化产业质量与效益,净化水文化发展环境,推动水文化绿色、健康、可持续发展。四是坚持水文化开放发展。推动各地水文化走出地域的藩篱,让水文化释放出特色文化内涵。五是坚持水文化共享发展。明确以人为中心的发展思想,坚持共建共享,让广大人民群众共享水利改革发展成果。新发展理念是对水文化建设发展经验的科学总结,反映出新时代水文化发展规律的科学认识。水文化在发展中坚持贯彻落实新发展理念,能够为水文化转型升级形成最广泛的改革实践的共识,凝聚最强大的智慧与力量,从而全面推动水文化蓬勃发展。

一方面，要把践行新发展理念作为新时代水文化建设的出发点，全面深入认识新时代文化建设发展要求，一切从实际出发，走出一条既符合新时代要求又符合本地域人民根本利益的水文化发展之路。另一方面，要把践行新发展理念作为新时代水文化发展事业的着力点。以新发展理念为根本指引，全方位做好总体布局、战略谋划、措施制定等工作，进一步提升水文化建设水平。

7.2.1.3 对新时代水文化发展战略进行重新定位与部署

发展是解决新时代中国一切问题的基础和关键，发展必须是科学发展。因此，把科学发展作为推进新时代水文化发展的根本之策。党的十八大以来，以习近平同志为核心的党中央在领导党和人民推进治国理政的伟大实践中，始终把文化建设摆在全局工作的重要位置，不断深化对文化建设的规律性认识，提出了一系列新思想、新观点、新论断，为新时代坚持和发展中国特色社会主义文化事业发展提供了行动指南和根本遵循。2023 年 6 月 2 日，习近平总书记在文化传承发展座谈会上的重要讲话中指出，“在新的起点上继续推动文化繁荣、建设文化强国、建设中华民族现代文明，是我们在新时代新的文化使命。”在新时代建设社会主义文化强国背景下，水文化建设与发展要以治水实践为核心，不断挖掘中华优秀治水文化的丰富内涵和时代价值，切实加强水利遗产的保护和利用，提升水利工程的文化品位，加大水文化宣传力度，增进全社会节水、护水、爱水的思想自觉和行动自觉，引导建立人水和谐的生产生活方式，不断满足广大人民群众日益增长的精神文化需求。

7.2.2 厘清新时代水文化的新特点

7.2.2.1 互联网+模式的持续升级

“互联网+”全面快速发展，对人们的学习、生活带来巨大的变革，毫无例外，“互联网+”正在极大地改变着人们的文化需求模式。文化需求不再以通读书、阅报、参观等行为方式发生，以互联网为代表的智能技术为人们的文化需求提供了强有力的支撑。“互联网+”文化的新模式，彻底颠覆了传统文化产业方式。依托现代互联网络技术，从内容、形式、手段等多个方面影响了文化产业的生成和发展。从本质上看，现代信息技术实际上是发展生产力，为文化的发展、新兴文化业态的产生及发展领域创造更多的机遇和生成条件。现代化传播技术影响了文化的传播方式，影像、视频的留存、传播技术，突破了传统地域文化产品传播的时空限制，让人们足不出户便可以对世界各地、各民族的文化深入了解。而网络、电视、报纸等各类媒体不断突破时空的局限，充分运用文字、音频、视频、图片等多种形式，借助各类载体，记录和传播文化的各种形态和状态，可以为文化的永久传承提供基础，为文化的广泛传播提供可能。新媒体深刻影响着现代人的文化认知、消费和审美。在时空范围有限的情况下，依靠现代科技的进步，尤其是全息投影、VR 等新兴技术的发展和成熟，让人们足不出户就有身临其境的感受，为各民族向外展示更多优秀文化提供可能。

7.2.2.2 文化消费方式趋向移动化、个性化

随着移动网络技术的日益发展，互联网走向移动化，与此同时，信息与知识传播全面进入了移动化智能时代。从阅读这一文化需求来看，从阅读文化需求来看，第二十次全国

国民阅读调查结果显示，2022 年我国成年国民综合阅读率为 81.8%，其中数字化阅读方式（网络在线阅读、手机阅读、电子阅读器阅读等）的接触率为 80.1%，较 2021 年的 79.8% 增长了 0.5 个百分点。数字化阅读方式接触率增幅略高于纸质图书阅读率，成年国民数字化阅读倾向进一步增强，手机移动阅读成为主要形式，有 77.8%的成年国民进行过手机阅读。"听书"和"视频讲书"正成为新的阅读选择，35.5%的成年国民有听书习惯。现如今，移动终端在手，无所谓在何时何地，即时连网，获取阅读材料，随时进入阅读状态。其表现为：一是主体极为自由。在此情况下，任何人都可以利用如上班途中、乘车等零碎时间来阅读。在这期间，阅读主体处于极为自由的状态，不必有固定的场所，不需要专门安排时间。是个性化的阅读？还是海量咨询浏览？在家，在地铁上？一切的时间、内容、方式可以随意选择。二是载体较为多元。移动化+阅读，关键是以移动设备为载体，如平板电脑、智能手机、IPAD、Kindle 等。三是平台的社交化。随着移动用户人群越来越多，以微博、朋友圈等为代表的社交化、分享式的阅读新模式受到了广大网民的热捧。其根本原因在于，移动终端为社会化阅读提供平台载体，加之该方式参与性、互动性极强，内容更加丰富多彩，容易为大众所接受。

7.2.2.3　文化需求日益凸显休闲化、娱乐化

现代社会的需求结构早已告别"温饱型"的时代，城乡居民对精神文化生活的需求越来越高，对精神生活品质的要求越来越高。与此同时，人们在获取文化需求时，日益注重文化的休闲娱乐功能，文化传统的育人功能在发展中呈现出弱化趋向。比起传统的文化产业，新兴文化产业的发展非常迅速，文化形态也日渐多样，以旅游、休闲、度假等参与性、体验性消费方式逐步进入城乡居民家庭。未来，当我国人民收入水平将达到中等偏上收入国家水平时，这种注重品质的生活方式将会走向大众化、普及化，将重构城乡居民的生活、文化消费方式。即便是以往以阅读获取精神文化素养也渐渐呈现出新的时代特点，随着移动终端的广泛应用，"浅阅读"取代"深阅读"趋势明显。据 2022 年发布的第二十次全国国民阅读调查结果显示，成年国民读书时间和网络阅读也同步保持增长，在传统纸质媒介中，2022 年我国成年国民人均每天读书时间最长，为 23.13 分钟；在数字化媒介中，手机阅读等轻阅读占用阅读时间越来越长，人均每天手机接触时长为 105.23 分钟，深度阅读有待加强。从另一个角度来看，多数的阅读主体在阅读过程中，以跳跃式、浏览式阅读为主。此外，近年来，观光、旅游等文化消费中，兴起了以"打卡""签到"等为目的的体验模式。比如，参观某一水生态园区、水利景观工程，部分人群只拍照、留念、发动态，至于对生态园区、水利工程中所承载的文化内涵、精髓等，不了解，不深究。

7.2.3　加快构建水文化教育体系

7.2.3.1　明确水文化教育理念本质：以水育人

水文化深度融入教育实践之中，其结果显而易见，即被教育者的身上镌刻着水一般的特质：润泽、灵动、奉献等。仔细分析，不难发现，水遇热为气，遇寒为冰，遇圆则圆，遇方则方，因势而变，因变而动，遵循着万物本然的规律，启迪心智，教化育人。就其育人理念本身蕴含着丰厚的文化内涵，以及崇高的精神内核。具体体现在以下几点：

第一，水有大用。无色无味，看似一无是处，却无处不需。水，可以说是无处不在。对

生物而言,无水则无法生存,往大了说,水是构成万物生存生长的基本条件;往小了说,有水则生,无水则亡。水的作用可见一斑。

第二,水有大智。拥有至上的地位,却又无比的谦逊。诚如老子所言:"上善若水,水善利万物而不争。"可以说,水,往往处于世间最不起眼的地方,或是山谷,或是洼地,或是地表深处,却无时无刻不在普润万物。譬如,河边的草地、山川的树林,以及飞禽走兽等。由此可见,水有成人之心,更有包容之智。

第三,水有大勇。水,自强不息,锲而不舍,坚韧不拔。水在汇流成溪、积聚成河的过程中,总会遭遇种种的阻隔,即便如此,也无法阻挡其前进的脚步,或是穿林越谷,或是翻山越岭,不退缩,不气馁,持之以恒,勇往直前。这种大勇的精神在水的运动中表现得淋漓尽致。

第四,水有大爱。水,从不怜惜自身,涤荡各种污垢,干净了世界,却脏了自己。这种心有大爱的精神,投射到社会之中,便是一种无私奉献的精神。

不难看出,水文化教育的理念本质,就在于以水的精神内核对人的言行举止形成一种潜移默化的影响,从而逐步将水的精神内核内化于教育者和受教育者身上。可以说,水文化教育的理念本质在于对人的信念、精神和理想的正确引导上,是一种科学的世界观与人生观的教育。换言之,就是以水的精神内核,促使人们对生活更加热爱,对生命更加珍视,对社会美好前景更加向往,是一种至高境界的生命本质的体现。在这一过程中,每个人努力学会做一个有大智、大勇、大爱、大用的人。

7.2.3.2 明确水文化教育目标指向:人水和谐

任何一种教育都是有其明确的目标指向的。譬如,某一专业的教育培养目标,是对某一级、某一类学校培养人的质量规格的设想或规定。可以说,这是对某一专业教育目标进行总体性的设计,具有高度的概括性,其对各种具体的教育、教学实践活动具有明确的要求与规范。那么,水文化教育并非专门的技能教育,而是一项全能的素质教育,且具有明确的教育目标。

首先,需要指明的是,对水文化教育的建设与发展,不同时代,不同的人群,都有不同的理解。早些年,因为人们更加注重专业、技能教育,绝大多数的学校忽略了水文化教育。而后,随着素质教育的大力提倡,水文化教育才逐步被人们认知,并日益成为众多学校,特别是水利院校学生的必修功课。那么,作为一门重要的教育课程,构建系统的教育目标便成为水文化教育的重要课题。就宏观层面而言,构建水文化教育目标,是为实现水文化教育教学目的而提出的一种概括性、前瞻性的要求。其本质作用在于,对水文化教学实践活动提供正向激励,以及正确的引导。就微观层面而言,水文化教育目标具体化为切实可行的教学计划,是对水文化教学实践过程进行细化、具体化。从水文化教育教学实践的维度分析其最本质的目标指向,就在于能够让人们科学地辩证地认识与处理好人与水之间的关系,进而达到人与水之间的关系平衡,促进人与水,甚至与整个自然的和谐共生。

当然,有人必然会有疑问,人与水之间关系不够平衡吗?不够和谐吗?现实中人们对水的使用与处理并未令人难以接受。事实上,人与水的关系也经历了一个漫长的发展过程,总体上分为敬畏阶段、开发与掠夺阶段和共生阶段。那么,在不同的阶段,人与水的关系也呈现出不同的状态。哪种阶段,或者说哪种状态下,人与水之间的关系才是和谐的

呢？其一，敬畏阶段。这一时期，处于生产力极其低下的原始社会，那时候的人们对水的认识尚浅，能够利用水，却无法控制水，特别是面对水旱涝灾情况。总体上，这时候的人与自然的关系是“水强人弱”，人是被动地适应水，没有很好地开发与利用。其二，开发与掠夺阶段。这一阶段分为两个时期，开发阶段与掠夺阶段。在水开发时期，随着生产力的不断发展，人们对水的开发利用能力进一步提高，水对人们的生产生活的影响进一步加深，与此同时，人们对水旱涝灾的抵御与控制力也相应地提高。在水掠夺时期，主要体现为工业革命之后的社会，人们为了满足自身发展的需要，无限度地向大自然索取水资源。在这一阶段，人与水之间的关系逐渐呈现出人强水弱，人与水关系处于高度紧张状态。其三，共生阶段。尽管在人强水弱的发展状态中，水似乎随意为人们所用，然而，随着水污染的不断加剧、生态的失衡、山洪暴发、土地荒漠化严重、水资源严重短缺等自然灾害频发，这无不在给人类敲响警钟。人们越来越认识到，人与水之间更应该和谐共生，这时候的人与水的关系才处于理想的状态，即“人水和谐”。当这样的理念不断深入人心的时候，人们在推进社会科技、经济发展的同时，必然会用心评估水、自然的承受力，做好平衡方案，确保水在造福人类的同时，又不破坏自然平衡。由此，水文化教育的目标指向就是实现人与水、自然的和谐发展。

7.2.3.3　拓宽水文化教育实践方式：以点带面

水利院校作为水文化教育实践的前沿阵地，必须肩负起水文化教育的历史使命，全力将水利院校打造成为水文化教育的“示范区”。在水文化教育实践过程中，要格外注重对水文化思想资源的深入挖掘，并将其渗透到水利院校建设与发展的方方面面，真正树立水文化的形象与品位。其中，尤为注重水文化教育方式的创新，要采取以点带面，做足示范，形成星火燎原之势。具体建设思路如下。

（1）科学规划，做好顶层设计。一是统一思想，形成共识。要进一步解放思想，转变观念。明确水文化教育的目标任务，统一各方力量的管理思想，为共建、共管、共享奠定坚实的思想基础。二是坚持“本色、特色、绿色”发展理念。依托水利院校水文化资源优势，深入挖掘优质资源，着力推进特色水文化发展，同时注重走绿色健康发展之路。三是立足水利院校自身发展实际，抓好顶层管理设计。水利院校的发展思路不清晰、发展战略不明确就无法实施科学有效的管理，更难以形成规范有序的发展模式。在推进水文化教育实践过程中，应以科学发展观为指导，以可持续发展为主线，注重水文化特色优势，研究制订科学化、规范化、标准化的发展规划方案，为“以点带面”的水文化教育实践模式构建提供核心保障。其关键在于要精心组织研究，深入挖掘优质资源，把握教育发展风向标，并在此基础上不断完善水文化教育发展规划，找准目标，做好定位。四是正视薄弱环节。分阶段、分层次调研分析，查找水文化教育实践中存在的各种问题，重视突出问题，正视薄弱环节，及时提出解决方案，同时进一步细化发展战略目标节点，保障发展规划的健康性。

（2）高效联动，做好分层对接。一是厘清工作界面。根据水文化教育总体战略发展规划，建立健全职能部门，配合水文化教育发展实际，促进各部门，特别是教学部门，应积极做好部门详细工作计划，明确各自的职责及功能定位。同时，完善岗位职能。全面把握水文化教育发展脉搏，做好各岗位职能的定位，主动适应水文化教育的新需求。二是发挥示范效应，分类指导。定期或不定期对水文化教育实践部门的情况开展进行摸底调研，树立或建设一批典型部门,“以点带面、以点穿线”,充分发挥典型示范效应,同时,根据战略规划实施实际分层次、分阶段进行有效指导。三是构建高效联动机制。建立健全部门高效联动机制,形成“统筹谋划、部门联动、责任明确、运行高效”的部门协作新机制,实现水文化教育实践的规范化、精细化和专业化,为水文化教育发展注入新的活力和生机。

(3)强化执行,做好逐层落实。一是逐层实施,协调推进。基于水文化教育战略规划实际,加大各层执行力度,全面推进逐层实施方式。坚持“一层一个印”,推动水文化教育发展在水利院校各个层面严格贯彻、执行。二是建立目标实施跟进管理制度。将主要从事水文化教育的教职工的工作任务与目标进一步细化,并对实施过程跟进监督确保各项工作有序推进。三是构建规范科学的工作体系。进一步完善各项工作制度和岗位职责,规范健全统筹发展的工作机制,真正形成一套职责明确、程序完善、执行有力、统筹运转的工作体系。四是完善人才保障体系。不断优化人才结构,为水文化教育实践提供智力支撑。一方面,制定人才引进优惠政策,吸引高素质、专业化人才加盟,确保“请进来、用得好、留得住”;另一方面,加强内部人才的培养,提升专业素养和技能,并制定激励措施,充分调动积极性。

7.3 水文化传承

党的十八大以来,党中央高度重视生态文明建设,把生态文明建设纳入中国特色社会主义事业“五位一体”总体布局,首次把“美丽中国”作为生态文明建设的宏伟目标。党的十九大报告明确提出,坚持人与自然和谐,并指出建设生态文明是中华民族永续发展的千年大计。党的二十大报告指出,大自然是人类赖以生存发展的基本条件,尊重自然、顺应自然、保护自然,是全面建设社会主义现代化国家的内在要求。必须牢固树立和践行绿水青山就是金山银山的理念,站在人与自然和谐共生的高度谋划发展。推进美丽中国建设,坚持山水林田湖草沙一体化保护和系统治理,统筹产业结构调整、污染治理、生态保护、应对气候变化,协同推进降碳、减污、扩绿、增长,推进生态优先、节约集约、绿色低碳发展。因此,不断加强水文化教育实践变得十分迫切。加大力度宣传国情水情,提高全民水患意识、节水意识、水资源保护意识,广泛动员全社会力量参与水利建设。水利院校作为水文化教育宣传的引领者,具有显著优势,下面以重庆水利电力职业技术学院为例进行介绍。

7.3.1 水利院校是水文化传播的引领者

重庆水利电力职业技术学院是巴渝地区唯一一所行业办学、主要培养水利专业人才的高职院校,水利大类专业 11 个,水利工程施工技术等 13 个专业在重庆市属于唯一设置。学院致力于打造以“水”为特色的校园文化。形式上,校园建筑、景观设计围绕“水”;内涵上,学院依托特色行业背景,致力于水文化研究与普及推广,于 2016 年发起成立了重庆市水文化研究会,并积极筹建重庆市水利科学研究院与水利数字科技馆。

7.3.1.1 以“上善若水、学竞江河”为校训

“上善若水”语出《老子·道德经》第八章,意为最高境界的善如同水的品性一样,泽被万物而不争名利。此以水之德为喻,表达对今日学子的殷殷期许,当以水之谦逊、海纳百川之胸怀、百折不回的毅力自勉,成才立业。水至柔,然水滴亦可石穿;水至韧,虽无定

势却能奔流万里。看似自处低下,却能蒸腾九霄,为云为雨,为虹为霞;看似柔顺无骨,却能滋润万物,利泽苍生。

水之另一特性是“谦”,水不嫌低洼与涓涓细流,最终方能汇成江河湖海。“人之性善也,犹水之就下也。人无有不善,水无有不下”(《孟子·告子上》),“满招损,谦受益”(《易经》),君子先天下而后自身,圣贤以此譬喻大道德之行。

“学竞江河”意为学无止境,如万里江河从源头奔涌而出,一路不断汇聚支流,前后相继,浩浩荡荡,亘古长流不息,喻示水电学院传承历史优势,厚积而薄发,不断开拓与探索具有自身特色的教学育人之路。

7.3.1.2　创建以水文化为底蕴的校徽

为突出行业文化特色,重庆水利电力职业技术学院采用的校徽(见图 7-1)也别具一格,其主题阐释如下:远古洪荒,水生万物,润泽大地。然而水亦为一种难以控制的力量,曾经给人类带来巨大的灾害,因此如何驯服江河巨龙,把水害变成水利,是人类孜孜以求的理想。因此,校徽的形首先取自三峡大坝喷涌而出的洪流,凸显出水利事业的特征,与学院所属行业相符。其次,校徽取古书“水”字,形美而灵动,中间一笔的中国传统书法飞白,强化了水的气势与力量,是一种突破,喻示重庆水利电力职业技术学院在新时代解放思想、锐意创新的精神。再次,校徽与万经之首的《易经》中的乾卦相合,寓意“天行健,君子以自强不息”,突出重庆水利电力职业技术学院与时俱进、奋勇开拓的精神风貌,强化了校徽的文化底蕴,表达出浓厚的历史文化意味。

图 7-1　重庆水利电力职业技术学院校徽

校徽的色彩采用蓝与橘黄两色,蓝色代表水、天空,深邃,包容,有内涵,橘黄色代表信念、能量、激情、活力,非常契合学院的特点,具有个性化的美感和想象力。

7.3.1.3　高度重视水文化研究

重庆水利电力职业技术学院将水文化纳入课程体系、社会实践、校园文化等组成的教育体系。首先,将水文化纳入课程教育体系,作为水利专业的必修课程,其他专业为公共选修课程。其次,依托社会实践平台,通过参观、调查、讨论、研究等方式培育学生的情感体验。最后,建设校园文化综合体系,开办“上善大讲堂”,举办“水工程文化与品位提升途径”等系列讲座活动,培育具有鲜明水文化特征的学校精神和良好的学风、教风、校风。

重庆水利电力职业技术学院充分发挥文化传承功能,重点突出水文化建设与传播。取得了“五个一”的标志性成果,即“搭建一个平台”:成立了重庆市水文化研究会,广泛开展了水文化研究和建设活动;“建成一展览室”:建设集水文科技展览和水文化宣传、教育、研究、培训等功能于一体的重庆市水文科普展览室,面向社会开展水文化宣传与教育,面向学生开展水文实习与教学;“创办一个刊物”:创办《巴渝水文化》期刊,充分展示巴渝水文化研究的成果,弘扬巴渝水文化,推动了以“水文化和水利精神”为核心的校园文化建设;“开展一系列活动”:在“世界水日”“中国水周”等宣传活动中增加了水文化内容,增进了全社会对水和水利工作的深入了解;“形成一批成果”:积极挖掘重庆市水文化特色资源,研究以三峡库区为主的水利变迁,立项“重庆三峡库区水物质文化遗产保护研究”等水文化研究市级项目十项。

7.3.2 中小学是水文化传承的主阵地

水文化教育体系的构建除高等院校的引领示范外，也离不开中小学教育的培基固本。实践证明，中小学生由于其人格尚处于发展阶段，水文化育人理念的实践更能起到立竿见影的效果。可喜的是，我国很多中小学已经在水文化教育实践上进行了相关的探索，有的已经取得了较好成效，如广东惠州市水口中心小学、江津区圣泉学校等。

7.3.2.1 广东惠州市水口中心小学水文化传承实践

惠州市水口中心小学利用水口得天独厚的水资源优势，做“水”文章，带领师生践行“上善若水”的精神，引领师生家长自觉养成“向上、向善”的优良品德。惠州市水口中心小学开展水文化实践活动见图7-2。

图7-2 惠州市水口中心小学开展水文化实践活动

1.善水文化进教材

惠州市水口中心小学高度重视文化建设、理念引领。2015年，该校结合落实立德树人的根本任务，以水为径，以善为本，提出“善水文化”构想，提炼了“以善载德，以水育人”的核心理念，以及“纳百川，善天下”的校训。学校通过理念解读、宣传展示、教育实践，让核心理念和校训等学校文化进头脑、进活动，广大师生有了共同的奋斗目标和价值追求。为塑造学校文化内涵，打造学校善水特色，传扬善水文化之精髓，根据学生的年龄特点和认知能力，分别以“水之宝”“水之美”“水之韵”“水之利”“水之德”“水之梦”为内容，开发“善水”文化校本课程，全书虚拟了可爱的卡通人物水宝宝，以水宝宝的学习生活为主线贴近儿童生活，课程体系完整，教材编写活泼有趣，内容区域特色鲜明。

2.多举措并举贯彻教育理念

1)丰富的社团活动

学校开设丰富的社团活动，有水韵书院、水墨画院、水聆艺院、水滴体院、水润民院等5大体系70多个社团，做到教师几乎人人带团、学生人人参团。

2)打造特色“善水父母学堂”

为形成全员育人的良好氛围，结合生源的实际情况，学校特别重视家长教育，定期开展“善水父母学堂”活动，分年级段，邀请家长、优秀孩子、班主任、家教专家等在校园里分享经验和做法,如今已成功举办了 40 多期。

3) 多渠道推行"善行"教育

善水文化的价值追求就是"善"。为此,水口中心小学提出"六善"要求,即孝顺、勤劳、节俭、诚信、谦和、奉献,并通过多渠道全力推行"善行"教育。倡议师生"好事天天做,善事日日行",提醒师生"勿以恶小而为之,勿以善小而不为"。

7.3.2.2　江津区圣泉学校

圣泉学校的前身为圣泉寺小学。圣泉寺为著名的江津八景之一("文化大革命"时期被毁),因寺内有一景为"龙吐水"而得名。学校致力于善水文化研究与实践,通过发掘水的善良、齐心、坚韧、博大、灵活、透明、平等七大品质,将其应用于教育教学实践,以善水文化为核心打造个体与周边环境、师生之间和谐发展的育人环境。通过"上善若水,海纳百川,润物无声,水滴石穿"的一训三风,举办"水利风采"书法绘画比赛、水文化经典朗诵、八段锦体操推广等活动营造善水校园文化。另外,学校致力于水文化校本课程建设,组织教师编写了水文化校本教材,将水情教育、传统文化、地域文化熔于一炉,深受学校学生欢迎。善水文化教育理念的应用使全校师生每天都沐浴在"水文化"的环境中,滋润着水的品性,践行着水的美德,促进了素质教育和学生优秀品质的形成,提高了教育教学质量。该校的特色育人理念与实践取得了良好的社会反响,被江津区水务局授予"水文化特色学校"。圣泉学校水文化墙见图 7-3。

图 7-3　圣泉学校水文化墙

7.3.3　水文化教育理念融入育人全过程

水文化教育理念给予学校水文化教育实践重大启示,学校水文化教育实践作为一项涉及学校、老师、学生等方方面面的系统工程,需要善于整合利用多方资源,全面把握,深度合作,深入开展,才能切实有效地把握其本质。真正做到应社会所需,与社会接轨,与市场对接,实践与理论相结合,实现社会、学校、老师、学生等"互动多赢"的既定目标。

7.3.3.1　深化引导,构建联动协作机制,树立"水文化"育人理念

从学校水文化教育实践维度,要全面提升水文化教育实践实效,应立足于社会、高校、学生的本质发展需求,构建"水文化教育实践规划"顶层设计。按照国家各级各类教育战略发展规划,各不同层级院校应按照自身发展定位,着力构建符合自身发展的特色设计体

系。在这一过程中,学校应充分利用资源优势进行整合优化,不断为水文化教育实践创造良好的发展环境,真正树立"水文化"育人理念。其一,构建"一站式"水文化教育实践服务体系。充分发挥学校主导作用,不仅要出台有针对性的规划、制度等,而且学校应组建"一站式"水文化教育实践服务机构,协调解决水文化教育实践中各类实际问题,激发学校、老师、学生在水文化教育实践中的主动性和积极性。其二,全力推进水文化教育实践信息化建设,建立水文化教育实践专业信息网站。积极融入互联网络,实现优质资源共享,促进共同发展。在这一过程,应组织专业团队对服务信息网站进行设计、管理等,主要包括政策法规、信息共享、经验交流、专家论坛等。其三,建立水文化教育实践全过程监督、指导机制。水文化教育实践服务机构对高职院校水文化教育实践进行全过程的跟踪、监督、指导,全面、系统、深入掌握水文化教育实践的发展现状、存在问题,以及未来趋势,并在此基础上,能够对跟踪监测的数据结果进行深入研究分析,从而发现制约发展的问题,进而制订有效的解决措施,引导高职院校水文化教育实践走向科学规范。

7.3.3.2 强化分层,细化教育实践目标,打造"水文化"培养体系

在水文化教育实践中,学校应充分利用政策、社会、学生等资源,结合学校人才培养实际,深入推进。尤其是对政府政策、战略规划不可盲目贯彻,应加以消化,结合实际,避免闭门造车。要在培养思想上破除传统"游击式"教育观念,更加突出实效培养。要挖掘影响水文化教育实践的核心要素,能够更好地激发老师的教学意向,激发学生学习与实践的积极性。学校应格外注重对老师、学生进行分层分类,有计划、有步骤、有针对性地推进水文化教育实践,着力打造"水文化"培养体系。在推进水文化教育实践过程中,要分清学校、老师、学生之间的关系,立足于学校、老师、学生"三方共赢"的发展目标,最大限度地释放活力。老师应对学生进行分类评价,有针对性地对学生水文化学习与实践效果进行考核,考核结果同时作为学校培养人才目标的重要指标之一。在学校人才培养目标上,要从"以就业为导向"转向"以能力为导向"。建立以能力培养为导向的人才培养目标方案,根据学生发展、市场需求变化等要求,进一步细化人才培养计划。紧紧围绕提升学生专业能力、实践能力、通识能力,设置"模块化"水文化课程体系和"平台化"水文化实践体系。

7.3.3.3 立足发展,注重学生全面提升,创新"水文化"教学模式

总体而言,水文化教育的根本目的在于提升技能人才的综合素质。从学生的角度,同样需要借助水文化教育实践,广泛吸纳与消化水文化优质资源,实现自身的可持续发展。其一,学生应破除传统学习观念。在水文化教育实践中,学生必须摒弃两种传统观念,一是功利性学习,即只注重专业技能,忽视综合提升;二是被动式学习,即在学校或老师严格要求下进行学习。这种观念直接导致学生在水文化教育实践中始终处于被动方,或是消极方。学生应立足于长远发展,充分认识到水文化教育实践所带来的巨大红利。其二,立足全面发展,做好远景发展规划。学生可借助水文化教育实践模式,结合自身发展实际,以全面发展为导向,制定个人职业远景发展规划,明确自身发展的方向、目标、任务。其中,通识能力作为学生发展的动力要素之一,在个人职业远景发展规划中有着极为重要的地位与作用。由此,学生应积极主动对接水文化教育目标,全面参与学习实践,切实把握好决定个人生存发展的重要因素——通识能力。其三,创新"水文化"教学模式,全面深入推进水文化教育。全面推进学校、老师、学生的深度融合联动,注重从学生全面发展的

方向着手，积极鼓励老师运用启发式、互动式、研讨式等实践教学方法，有针对性地提升学生的专业实践操作能力。同时，采取多种教育模式，提升水文化教育实践的实效性，如“校—师—生”互动模式、“文化沙龙”模式等。或者不拘泥于某种特定方式，创新教育实践方式，从根本上拓展水文化教育空间，实现学生的自由、全面发展。

7.3.3.4　创新方式，丰富教学活动，夯实水文化知识结构

教学活动是学校教学工作开展的基本形式，通常由一个个相互联系、前后衔接的环节构成，不同阶段的教学活动所具有的功能也是不尽相同的。在水文化教育实践活动中，将具有理论性和系统性的水文化知识传授给学生，形成夯实的水文化知识结构，离不开丰富的教学活动。第一，课堂教学内容不应只局限于水文化本身，而应广泛汲取经济、文化、政治、历史、哲学等知识，这些知识能帮助学生很好地与水利相融合。第二，开设水文化概论、水与水工程文化、中国水利史等与水文化相关的核心课程，帮助学生形成水文化知识的基本知识框架，形成“节水、爱水、护水”理念，为今后继续学习水文化知识打下良好的基础。第三，定期开展水文化专家、名人专题报告及学术沙龙、大讲堂等形式多样化的活动，活动内容可涉及“水文化发展史”“水与人类文明的关系、形成与发展历程”“水文化与艺术的关系”“水文化与地域文化之联系”“水文化与文学”“生产方式对水文化的影响”“水与水工程文化”等，其最主要的目的是帮助学生了解中国水文化传统精神和发展历史，了解当前水资源面临的严峻形势，树立正确的“护水、爱水、节水”意识，激发对水资源的热爱，形成正确的水文化观念。第四，充分利用现有网络资源、手段，传播水文化。随着人们物质生活水平的提高，生活方式发生了较大改变，出现了种种浪费水、污染水的现象，可以通过网络、电视媒体宣传水文化，让大众认识到水的重要性，将“节约用水”从口号变为现实。

7.3.3.5　开拓思路，重视社会实践，培养学生水文化观念

“实践是检验真理的唯一标准”，通过社会实践引导学生走出校门，向社会学习，向大自然学习，将实践经验和理论知识充分结合，更加深入了解水文化的奥妙所在。通常可以采取以下三个方面帮助学生参加社会实践：一是充分利用水利类院校建设的水文化教育实践教学基地开展水文化实践教学，通过参观了解水利工程设施设备、水利水电建筑与施工过程模型、水利景观、水土保持基地，帮助学生加深对水工程建设难度、复杂性的理解。二是走访基层水利单位、水利水电建设与施工企业，通过参加调研、考察等多种形式使学生了解当前我国水资源现状、水资源治理取得的成果和仍然存在的种种困难，能够让学生深刻领悟到水利事业的重大责任，每个公民都应该有保护水资源的责任和义务。三是深入农村，走访水利名人和水利名师，走访乡村水利工程，深入了解当前我国农村水利现状和存在的突出问题，思考解决水资源治理的路径方法，使兴水利、治水患的文化意识和人文情怀自觉转化为个人行动。

第8章 水经济发展

8.1 水经济概述

8.1.1 水经济的概念

8.1.1.1 水与经济发展关系

水是人类赖以生存和经济发展的基础条件,是贯穿于社会产生、发展、演化中的重要自然力,同时也影响着城市的社会、经济、文化等各方面的发展,河流使水运交通十分发达,从而有力地促进了社会经济的发展。

在衣食住行等物质生活得到充分满足的当下,人们开始改善目前的周边环境,因地制宜地修建风景园林,扩大了现存的水面面积,在改善人居环境的同时,增加了蓄洪、防火等功能,有效减少了自然灾害的发生,提升了居住环境的安全性。

由此可以看出,水与经济发展之间是相辅相成、相互促进的关系,完备的水资源体系能够保障经济发展,同时经济发展能够提升水资源体系建设。

从实质上来讲,经济增长是经济产出增长的过程,而经济产出是多种生产要素的组合。水资源作为经济产出的重要组成部分,为经济生产提供物质基础。水资源能够给经济提供的生产基础是有限的,即区域水资源承载能力具有上限,在某种程度上阻碍了经济的发展,只有在适宜经济结构和经济秩序下,才能实现水资源对经济的可持续性支撑作用。

8.1.1.2 水的资源属性

水资源是水经济的基础,水资源按用途划分属性可以分为自然资源属性、资产属性、环境资源属性和生态资源属性。

1.自然资源属性

自然资源属性是水自身具备的、未受到人类活动干预的特征,主要包括水资源时空分布的不均匀性、随机性和流动性。我国处在季风地区,夏秋时节降水多,冬春时节降水少,水资源季节分布不均;我国东部靠近沿海,西部深居内陆,且南方雨季长、北方雨季短,因而呈现东多西少、南多北少的格局;水资源的变化具有随机性,年、月之间的水量均存在随机变化,因此有丰水年、枯水年、平水年之分;流动性指水作为流体的本质属性。

2.资产属性

资产属性是通过运用水的所有权为所有者带来经济效益的特性。水资源在受控前,仅仅具有自然属性,而不具备资产属性。但在被控制起来具有资产属性之后,还可能因某些原因而丧失资产属性,重新转化为自然水。水的资产属性有别于自然资源属性,主要体现在生产过程中水不是直接被消耗转移到产品中,而是通过被占用的方式将其价值逐步转移至产品当中。

3.环境资源属性

人类生产生活所产生的废弃物可通过自然环境进行降解、还原和转化，从而改善人类的生存环境。这一特性是环境系统所具有的，超出了自然资源范畴，专家学者们将其称为环境资源特性，它包括可观赏性与舒适性、环境容量与自身的调节能力等。水在为人类生产和生活提供服务的过程中展现出了环境资源定义的所有属性。

4.生态资源属性

生态资源属性是与人类生产生活间接相关的生态功能，主要表现在：水既是构成生命的主要要素，也是维持整个生态系统的必备要素。在面临沙尘暴肆虐、土地沙漠化等缺水表现明显的今天，水的生态资源特性显得尤为重要。

8.1.1.3　水的经济特性

水资源的经济特性，主要体现在水资源的系统性、竞争性和相关水产业方面。

1.系统性

水资源用途特性不仅涉及经济学的供给与需求、市场与政府的关系等问题，还涉及资源环境经济学、可持续发展经济学等一系列前沿学科。水资源的系统性是水经济理论与实践复杂性的决定性因素。

2.竞争性

竞争性既表现在同类产品用途对水资源的竞争性使用，也表现在不同水资源用途之间的相互竞争。水资源的竞争性决定了对其进行产权理论与实践研究的必要性。

3.相关水产业

水产业是水经济的主体。根据水资源的属性，可分为：①根据水的自然资源属性，衍生出水利工程、自来水、节水产品和技术以及其他水产品等水产业。②根据水的资产属性，衍生出水电工程、水产养殖、水运交通、水上休闲、水权交易等水产业。③根据水的环境资源属性，衍生出水生态旅游、水景房、水环境监测、污水处理、水生态修复等水产业。④根据水的生态资源属性，衍生出堤岸绿化、河道护坡植被恢复、湿地公园打造、地下水保护等水产业。

8.1.1.4　水经济的概念

从狭义上讲，水经济是指贯彻落实新发展理念，在节约优先、保护优先的前提下，把水资源作为重要生产要素，创造、转化与实现水资源的量、质、温、能的潜在价值。从水与产业的关联程度，水产业主要包括对水依赖程度高的第一产业、第二产业中用水量大或对水特性有特殊要求的酒类和软饮料、医用针剂、水电、新兴战略产业等，第三产业中的对水生态环境要求高的旅游业。

8.1.2　水资源经济的特点

8.1.2.1　特殊性

水资源经济的主要研究对象和其他自然资源相比具有特殊性。主要是在过去人们往往有一种误区，认为地球上淡水资源通过自然循环可以源源不断地供给，几乎在地面上除极特殊的少数地区外，都比较容易获取水，可以取之不尽，用之不竭，因而对水的认识大大不同于各种矿产资源。因为后者在地球形成过程中一旦开采就很难再生，而水则通过降水不断补充更新,可继续使用。尽管人们在实际生活中也意识到水的重要性,却对水的经济观念十分淡薄,水作为维持生命不可分割的生活要素,在当地水资源能满足人们生活需要时,并不感到水的珍贵,而当水的缺少危及人的生命安全时,水就成为无价之宝。

8.1.2.2 商品性

在商品社会中,由于许多商品的生产过程需要用水,水也就具有了一定的经济价值。为了用水,从开辟水源地到把水以各种方式送到用户手中,都需要投入一定的人力、物力和财力。这种送到使用者手中的水也增加了经济价值。因此,水是一种商品,而且是一种具有特殊性质的商品,是人类生存条件最基本的要素,所以有时又不能完全以商品来对待。因而在水的分配上,有时不能完全按经济法则办事。当洪水泛滥时,水变成一种有害物,又完全脱离了商品属性。

8.1.2.3 价值性

水虽然在地球表面上几乎无处不在,但无论是出于什么目的来利用水,几乎不付出任何一点代价,都是不能直接把水送到需要点的,因而用水要通过人的加工,简单的如到河湖边舀水、提水,复杂点的要通过泵、管道或渠道把水送到用户手中,再有就是需要建设蓄、引、提、调工程等,以及天然水先经过滤、净化和杀菌后,再通过管网给水设施送到用户手中,如市政用水,经过这些加工,自然也就增加了水的经济价值,水的价格也就因所采取的工程措施的代价不同而各异。

8.1.2.4 分布的不均衡性

地球上的水可以通过全球水文循环不断得到更新和补充,但因地球上各地的气候和地理条件不同,可更新的水资源数量在地球上各地的年分布有很大的不均匀性,在年际之间的变化和在一年内各季间的变化也很显著,从而使各地从自然界获得的水资源数量并不能每时每刻保持为一个固定数值,而呈现空间和时间上的随机性变化。

8.1.3 传统水经济与现代水经济

传统水经济,即以水的自然资源属性和资产属性为中心建立的经济系统,集中表现在伴水而居、依水发展运输需求大的重工业产业。其特点主要包括:①强调水的经济价值,忽视其生态环境价值;②强调水的直接效益和费用,忽视其间接效益和费用;③强调如何利用水,忽视如何有效开发和节约水;④强调占用水资源,忽视其保值增值的能力;⑤强调水的自然资源产权,忽视其环境资源产权;⑥强调水产品价值,忽视水资源价值;⑦强调政府在水资源配置中的作用,忽视市场自我调节的作用。

现代水经济,即围绕水的属性体系建立的可持续发展的经济系统。它主要强调发展旅游产业,水文化、水环保等亲水产业。其特点主要包括:①经济、环境、生态价值并重,保证可持续发展;②直接与间接兼顾,效益与费用并重,保证全面协调;③开发、节约与利用并重,科学使用水资源;④自然资源和环境资源产权并重,充分发挥水的系统属性作用;⑤在水资源配置中政府和市场的作用并重,做到平衡统一;⑥形成生产生活中使用自然资源、环境资源以及生态资源的优化配置机制;⑦形成水资源价值评价体系;⑧充分发挥水资产的保值增值能力,形成良性循环机制;⑨建立水资源价值核算体系。

8.2　我国水生态环境保护与经济发展存在的问题及对策

8.2.1　水生态环境与经济发展的关系

8.2.1.1　水生态环境保护对经济发展的促进作用

从实质上来讲,经济增长是经济产出增长的过程,而经济产出是多种生产要素的组合。水生态环境是经济产出的重要组成部分,在经济发展过程中为经济生产提供水资源,吸收经济生产和消费过程中的废水并为经济发展提供水资源环境服务。由此可见,水生态环境直接影响着经济的社会福利。另外,水生态环境虽然对经济发展具有一定的限制作用,但是可以通过寻找其他替代品减轻水生态环境对经济发展的限制。完善的水生态环境保护能够促进水资源的循环利用,加快经济发展。

8.2.1.2　经济发展对水生态环境的保护作用

经济发展对水生态环境具有一定的保护作用,经济结构的调整和经济发展方式的转变能够增强人们的环保意识,提高人们对水生态资源的重视程度,加强人们对水生态资源的保护。并且,经济发展方式的转变能够减少对水生态环境的污染与破坏,加强水生态环境保护。

8.2.2　我国水生态环境保护与经济发展存在的问题

8.2.2.1　人口基数大

我国人口数量较多,严重影响水生态环境的可持续发展。具体来讲,我国人口基数较大,人口增长速度高居不下,人均占地面积较少,人地矛盾十分突出。并且,在城镇化建设过程中,城镇化的发展占用了大量的土地,农民所拥有的土地面积大大减少。农民难以依靠土地收入而生活,人地矛盾突出。在这种情况下,农民为了生存只能到城镇打工,加快了工业化的发展。而工业化发展会污染水生态环境,不利于水生态环境的可持续发展。

8.2.2.2　水污染源防治难度大

现阶段,我国水生态环境污染比较严重,水污染源防治难度较大。具体来讲,工业生产会造成较大的水污染,有些工厂在生产过程中没有安装排污设备,工业污水直接排放到地下水系统中,严重污染地下水,导致地下水不能饮用。并且,居民生活污水和生活废弃物也会影响水生态环境。人们在生活中会产生一定的垃圾污染和污水,有些人会直接将这些垃圾和污水投入到河流和湖泊中,严重破坏水生态环境。另外,居民生活污水和工业生产污水的收集难度较大,污染源防治效果不明显,不利于水生态环境的保护。

8.2.2.3　经济发展水平难以支撑水生态环境保护

现阶段,我国有些地区的经济发展水平较低,难以支撑水生态环境保护工作。具体来讲,我国部分地区的经济增长速度较慢,经济收益较低,缺乏水生态环境保护的资金支持。例如,有些企业的收益较低,没有能力购置污水处理设备,导致企业、工业生产污水没有经过处理就排放到地下水系统中,进而造成水生态环境污染。另外,还有部分地区的经济能力有限,水生态环境保护资金十分有限,难以全面开展水生态环境保护工作,水生态环境保护效果达不到国家的预期标准。

8.2.2.4 经济不合理发展加剧水生态环境污染

有些地区的经济发展不够合理，仍采取粗放型经济发展模式，第二产业在经济中的比重过高，第三产业和高新技术产业发展不足，导致经济发展的水资源需求量过大，污水排放量过多，加剧了水生态环境污染。另外，我国很多地区的农业生产仍采用漫灌的方式，严重浪费了水资源，不利于水生态环境的保护。

8.2.3 我国水生态环境保护与经济发展的策略

8.2.3.1 充分认识发展水经济的重要性

一是把发展水经济作为践行“两山论”的重要举措。践行“两山论”不仅要守住绿水青山，更要加快打通“两山”转化通道，实现地区生产总值和生态系统生产总值规模总量协同较快增长，努力把绿水青山蕴含的生态产品价值转化为金山银山。二是把发展水经济作为更好地满足人民群众日益增加的水需求的重要途径。在满足防洪安全、供水安全的同时，还要满足其对优质水资源、健康水生态、宜居水环境的需求，也要满足其将一江好水变成好产品、激发好价值的新期盼。三是把发展水经济作为经济高质量发展的重要抓手。完善水产业链结构，提升水产业发展水平，做大做强水产业。

8.2.3.2 消除水经济认识上的误区

一是把水经济泛化的误区，认为经济活动中都用到水，把水经济与经济等同。这种观念割裂了整体与部分的辩证关系，整体由部分构成，部分的功能及变化会影响整体的功能，关键部分的功能及变化甚至对整体的功能起决定性作用。发展水经济就是要通过推动水产业发展，从而实现区域水效益的提升。二是认为水经济的提法用处不大的误区，认为没有水经济这个概念，酒类和软饮料、农业、旅游业也要发展。这种观念割裂了水系统和经济系统的联系，如果没有统筹好水资源在各个行业之间和行业内的分配，就无法实现水经济系统整体效益的最大化。三是没有水资源优势的地区不必发展水经济的误区。这种观点忽视了水生态价值和经济价值之间的转化关系，水资源禀赋差的地区更是要通过水经济的高质量发展，实现水资源的节约高效利用和水生态价值的保值增值。

8.2.3.3 发挥政府和社会协同推进作用

一方面，发挥政府的引导作用。对经济进行宏观调控和水资源优化配置是政府的重要职能，政府应立足本地的水资源禀赋和水产业发展现状，明确未来一个时期水产业的发展方向和目标，综合采取财政、税收、土地、技术、人才等方面的水产业扶持政策，完善水资源配置、水资源保护和河湖健康保障体系，为水经济发展创造良好的外部环境。另一方面，鼓励和引导全社会力量参与水经济发展。企业是市场的主体，要发挥市场在资源配置中的决定性作用，必须瞄准未来水产业的发展方向，“引进来”和“走出去”并重，鼓励支持大众创业，加快培育小微企业，做大做强骨干企业，壮大战略性新兴产业，因地制宜地打造一批农业品牌、制造加工业品牌、旅游文化品牌，激活各类市场主体活力。

1.减轻经济发展的任务

我国应积极重视当前水生态环境保护任务，减轻经济发展任务，加强对水生态环境的保护力度。我国应重视现阶段产业发展过程中的空虚化现象，提高经济对就业的吸纳能力，加快发展劳务经济，转移劳动力。同时，还应积极缓解人地矛盾，增强人与自然发展的协调性。为此，应积极完善劳动力培训网络，提高劳动力文化水平和技术水平，增强就业竞争力，加强对输出劳动力的技能培训和职业培训；另外，还应积极健全就业平台，拓宽就业渠道，加强对劳动力转移的引导，了解沿海城市的劳动力需求，积极转移农村劳动力；最后，应充分发挥政府在经济发展中的后勤服务作用，针对外出务工人员建立法律咨询服务部门，保护务工人员合法权益，在转移劳动力的基础上减轻水生态环境保护的压力。

2.调整经济结构

经济结构的调整能够减少污染物的排放，进而促进水生态环境的保护。因此，应积极调整经济结构，减少经济的排污量。为此，应重点调整产业结构，大力发展以餐饮业和运输业为主的第三产业，降低重工业的比重，减轻重工业对水生态环境的污染；并且，应积极支持企业的技术改进和技术创新，大力发展节能减排技术，减少企业生产过程中的污染物排放；同时，应积极淘汰高污染企业，大力支持新型环保工业，加强对水生态环境污染源的控制，减少水生态环境污染；另外，应加强第一、二、三产业之间的联系，取缔高毒农药，积极推行科学的农作物种植方法，减少农业发展对水生态环境的污染；此外，应根据不同污染类型采用针对性的治理方法，对农业污水进行集中治理，采用人工湿地、自然湿地等方式建立污水缓冲区，减少农业污水对水生态环境的破坏。

3.转变经济发展方式

我国应积极转变经济发展方式，减少经济污染排放。为此，应大力发展园区经济，加强对工业污染的集中治理，关停污染严重、工艺落后的企业，将工业污染排放管理作为经济管理的重点。具体来讲，应做好工业园区的规划设计，避免工业园区的重复建设，增强工业园区发展的规范性；同时，应积极改造原有的工业园区，彻底排查低产能、高污染、高消耗的企业，重点培养低污染、低排放的支柱企业；并且，应建立废弃物循环利用系统，加强对园区内部企业废弃物的处理和循环利用，减少工业园区的污染和排放；另外，应加强对工业园区的生态管理，建立完善的环境管理体系，严格要求园区企业坚持低污染、低消耗和低排放生产，鼓励园区企业进行清洁生产，保证园区企业的一体化废弃物回收，加强对园区企业废弃物的循环利用；最后，应积极发展生态经济，大力推广特色生态农业，将生态旅游与生态农业相结合，走生态发展道路，减少经济对水生态环境的污染。

4.增加经济积累

我国应积极增加经济积累，加大对水生态环境保护的投入。为此，我国应加强对流域地区经济发展的支持，不断完善流域地区的经济结构，建立生态补偿机制，制定水生态环境保护的财政政策；并且，应加强流域地区的基础设施建设，完善流域地区的资金投入，拓宽流域地区企业的筹资渠道，壮大流域地区的经济基础，保证水生态环境保护资金的来源。

5.完善水生态环境保护制度

我国应积极完善水生态环境保护制度，在实现跨越经济发展的基础上保护水生态环境。为此，我国应做好水生态环境保护的整体规划，明确水生态环境保护的责任，坚持可持续发展原则、水资源保护原则对水资源进行合理开发。同时，应合理设定各行业和各领域的水资源分配比例，协调不同行业和领域的用水需求，减少水资源浪费。

8.2.3.4 深化水经济学科研究

一是加强水经济学的基本理论研究,包括水系统与经济系统的复合系统结构、功能及物流、能流、信息流、价值流的转换规律,水产业组织、结构和布局演变的一般规律。二是加强水经济的区划、规划与优化模型研究,即用水与经济系统协同发展的观点指导经济社会建设,以便根据不同区域的水资源禀赋发挥水经济的整体功能,达到水经济效益的最大化。三是加强水经济管理研究,包括水经济发展的指标与评价标准、水与经济协调发展的管理体制与政策体系等。

8.3 水价、水权与水市场

8.3.1 水权

8.3.1.1 水权的界定

从物理学的角度看,水是无色、无臭、透明的液体,是氢和氧的化合物。而法律概念上的水与物理概念上的水既有联系,也有区别。同时,水与水资源也有着不同的含义。

从法律的角度而言,水权的客体是指未丧失水功能的水,即遭受严重污染已经丧失水功能的污水不再成为水权的客体。同时,从法律的角度来看,水资源是指能得到天然降水补给,且未进入水库、人工河渠、管道、水塔等人工设施的地面和地下淡水源。《中华人民共和国水法》规定"水资源属于国家所有"。

8.3.1.2 水权的含义

建立水权交易法律制度的前提条件是对水权进行清晰的界定,对水权的界定必将直接影响到水权交易法律制度的设计。

关于水权,我国学者并未提出一个统一的定义,而是有数种观点各不相让。其中有代表性的一个观点认为"所谓水权,即指水资源的所有权和使用权",另一个观点则认为"水权,是权利人依法对地表水与地下水使用、受益的权利"。这两个观点的根本分歧在于:水权是包括了水资源的所有权还是从水资源所有权派生而来,也就是说,水权是水资源所有权的上位概念还是下位概念。

建立水权制度的目的主要有两个,第一个是明确产权,定纷止争,第二个是实现对水的高效率使用并进而实现水价值的最大化。就明确产权而言,首要是确定水的所有权。根据《中华人民共和国水法》,水资源的所有权只能归于国家。

因此,水权是指水资源的所有权、使用权、经营管理权、转让权的总称,也可称为水资源产权。在经济学中产权表现为人与物之间的、某些归属关系是以所有权为基础的多种权利组合。产权包括所有权、占有权、使用权和支配权。产权具有独占性和排他性,因此不可能两个人同时拥有同一事物的权利。

8.3.2 水价

8.3.2.1 水价的构成及计价方式

水价的确定对于水权交易来说,无疑是至关重要的。水价的确定主要有两个内容,一是明确水价的组成,二是明确水价的计价方式。

1.水价的组成

一般认为,水价由以下三个部分构成:资源水价、工程水价和环境水价。资源水价是水资源稀缺性的反映,工程水价是供水设施的运行成本、费用和产权收益,而环境水价体现的是水的环境价值。水价由成本和利润组成,其中成本由以下几个部分组成:①资源费(或税);②取水、储水、处理水的设备、设施、人工等费用;③交易成本;④外部性成本(影响生态环境的成本)等。其中①和④可以合称为自然成本,②和③可以合称为人为成本。

水权交易制度的设计应当是使自然成本在水价中的比例有所上升,而人为成本在水价中的比例有所下降,同时将利润控制在合理的水平。

1)自然成本

自然成本体现了水资源的稀缺性和取用水将对生态环境产生影响。随着水资源短缺日益加剧,取用水对生态环境的影响不断得到重视,自然成本有逐渐增长的趋势。自然成本的适度增长有利于促使人们保护和节约水。在我国,水价中的自然成本(尤其是外部性成本)还很低,在水价格确定的时候,这一部分成本应当得到科学反映。

2)人为成本

人为成本产生于取水、储水、处理水以及水权交易等过程。由于水权交易尚未大规模开展,现在的人为成本主要是取水、储水、处理水的设备、设施、人工等费用。随着水权交易的规模增大、频率增加,水权交易成本也会越来越明显。

3)利润

利润是水权出让人的收入,有合理利润与超额利润之分。合理利润只可能产生于竞争充分的市场,超额利润往往产生于垄断。在我国,目前水权出让人主要是水务公司,基本上是一个垄断市场。

因此,水价中往往包括了超额利润。如何在保证水安全的前提下建立水权交易的竞争性市场,使超额利润向合理利润转化,是水权交易制度设计中要重点考虑的因素之一。

2.计价方式

水价的计价方式主要有流量计价和累进计价两种。

1)流量计价

流量计价实际上是按照容积计价,这种计价方式简单,容易实现自动化操作,应用十分广泛。

2)累进计价

累进计价事实上并不是一种独立的计价方式,而是在流量计价基础上进行的修改。累进计价的特点是用水量达到一定数额之后,水价在基准水价的基础上上浮一定的幅度,即用水越多,水价越高,旨在倡导节约用水。

国家对城市居民生活所用的电、气、自来水等资源性产品,根据实际需要和可能实行累进计价收费制度,国家实行有利于资源节约和合理利用的价格政策,引导单位和个人节约和合理使用水、电、气等资源性产品。

8.3.2.2 水价模型

早在 1993 年,联合国粮农组织的经济与社会部就对主要水价模型做了初步的比较。所比较的水价模型有以下几种。

1.统一收费模型

农业用水依据灌溉面积收取水费,居民用水则根据居民数量、房间数量、用水装置的类型或财产价值的数额收取水费。这一模型的优点是管理简便,可确保供方有足够收入,缺点是没有包括按照付款意愿配水的鼓励措施。

2.边际成本定价模型

以边际成本确定水价时,配额消费者只有在付款意愿(需求)超过递增成本时才要求额外供水。在理论上,边际成本定价产生的配水经济效率最高。在实行边际成本定价过程中碰到了若干障碍。一个问题是适当的边际成本概念的定义多种多样,特别是采用短期(可变成本)概念,还是采用长期全部成本方法。20 世纪 30 年代,福利经济学家进行的工作提出了"短期边际成本"定价建议之后带来了长期辩论。例如,科塞强烈反对按短期边际成本确定公用事业价格,特别是在边际成本低于平均成本的地方(从而产生赤字,需要政府补贴)。

3.多重定价模型

第一部分确定相当于边际成本的边际价格,第二部分用征税来回收超过边际成本的那部分费用。即便如此,多重定价通常也不能正确反映机会成本的经济概念,有关的机会成本包括获得递增水供应的成本和水用于其他用途的价值。

4.平均成本定价模型

要求按照向所有单位供水的平均成本向每个单位收费来回收全部成本。这一定价方法简单易懂,而且公平合理,不过该方法经常以历史成本而不是机会成本作为计算平均成本的依据,其精确程度不如多重定价。

5.支付能力定价模型

主要根据公平的标准,水费主要是依据收入或财富而不是依据预计的成本而定。这一定价方法是全世界确定灌溉水费的最常见依据,也经常适用于发展中国家的村庄供水。把水当作一种商品的经济学家往往批评支付能力定价方式。

由于每种定价模型都有其优点和不足,因此多重定价方式受到重视。不仅如此,建立可交易的用水权的机制反映水的机会成本,并在此基础上通过多重定价方式确定水价应该是比较理想的水价确定方式。

8.3.3 水市场

水市场就是通过买卖水、用经济杠杆推动和促进水资源优化配置的交易场所。

8.3.3.1 水权交易市场

水权交易市场有以下几个关键要素:交易主体,包括买方、卖方和中介方;交易对象,即水权;交易价格,即水权价格。水权交易市场可以参照土地市场的结构框架分为一级市场和二级市场。

1.一级市场

一级市场事实上就是水权的初始分配市场,即由买方,主要是(但不限于)用水单位和个人向水资源所有者的代表(水行政部门)提出申请,水行政部门根据水权初始分配的原则和要求,同时考虑水资源的承载力和环境保护等因素,确定宏观总量控制指标和微观定额控制指标,再根据流域内供水量和需水量预测进行供需平衡分析,最后通过多方协商确定水权的初始分配方案,买方支付水价后,水行政部门以许可证、协议或合同等形式进行水权登记确认。在一级市场买方支付的价格主要由自然成本构成。

2.二级市场

二级市场也被人称为水权转让市场,即水权权利人可以把水权通过二级市场快捷方便地转让出去,水资源的使用权和收益权在各个用水户之间合理流动,从而促进水资源的优化配置和高效利用。

二级市场是水权交易最主要的市场,也是水权交易市场建设的重点。水权交易制度设计应当围绕二级市场的特点和需要来进行。在我国,可以借鉴美国水银行制度和澳大利亚水量账户系统制度的先进经验,并吸收期货市场的特点,建立符合效率与公平原则的水权交易制度。即在建立水量账户系统的基础上,在现货水权交易市场之外,建立水银行这一新型交易制度,同时在水权转让形式上引入期权这一新的交易品种以解决现货水权交易灵活性差的弊端。

8.3.3.2 水权交易规则

水权交易规则对水权交易市场的运转有着极为重要的影响。在我国,建立水权交易规则要考虑的因素是:防止过度垄断;防止水价过低,资源贱卖;防止囤货,市场被操控;防止由于价格杠杆作用使工业和娱乐用水挤占农业用水等。因此,水权交易规则要点如下:平等保护市场主体,实行不歧视原则;水价确定充分考虑自然成本,尽量降低人工成本的比例,使利润维持在合理水平;交易信息充分披露,内幕信息严格控制,打击囤货行为;确定取用水权优先序位,生活用水取用水权优先于其他取用水权,农业取用水权和生态取用水权要予以充分保障,娱乐业取用水权不具有优先性。

8.4 水经济发展规划

下面以浙江省丽水市水经济发展规划为案例,说明水经济规划的基本过程。

8.4.1 水经济规划的基本内涵

根据前述定义,水经济是指水资源作为重要生产要素,具有创造、转化与实现水资源的量、质、温、能的潜在价值。水产业主要包括第一产业中的农业用水,第二产业中用水量大或对水特性有特殊要求的酒类和软饮料、医用针剂、新兴战略等,第三产业中对水生态环境要求高的生态旅游业。

水经济规划,说的是一定区域内的水经济规划,是在一定区域内以水资源作为重要生产要素、实现水资源潜在价值为目标的经济发展所作的总体性战略部署。水经济规划的科学执行可以合理开发利用区域水资源,合理配置生产力,提高区域的经济布局效益,推动区域经济的增长与发展。因此,水经济规划,必须从国民经济实际情况和水资源特点出发,有计划地安排国民经济各部门之间的发展比例关系,合理地开发利用水资源,促进国民经济协调发展,以满足国家建设和人民日益增长的物质和文化生活的需要。

8.4.2 水经济规划的理论基础

8.4.2.1 "两山论"

党的十八大以来,习近平总书记多次论述生态保护与经济发展的关系,提出"既要金山银山,又要绿水青山""绿水青山就是金山银山"等科学论断,人们习惯称为"两山论"。2019年,浙江丽水市"两山"发展大会对"两山论"做了进一步深化,把绿色比喻为绿水青山,把发展比喻为金山银山,揭示了高质量、绿色、发展三者的关系,发展是落脚点,绿色是前提,高质量是总体要求,三者缺一不可;绿水青山与金山银山之间的关系并不是单向的,而是可逆的;高质量绿色发展既是"两山"转化的路径和通道,也是检验"两山"转化成果的标准和答案。当前,水资源已成为我国严重短缺的产品,成了制约环境质量的主要因素,成了经济社会发展面临的严重安全问题。在此大背景下,"两山论"为水经济发展指明了方向,就是要协调好水资源开发利用与经济发展的关系,实现水经济系统整体效益的最大化。

8.4.2.2 产业经济学

根据比较优势理论,不同地区生产同一种商品的机会成本存在差异,假如一个地区生产某一种商品的机会成本低于其他地区,那么这个地区在生产该商品上就拥有了比较优势,最终随着时间的推移,生产同一产品的劳动生产率差异越来越大。我国水资源短缺、时空分配不均,这在客观上为水资源条件优越的地区发挥水资源的比较优势,推动水经济发展创造了条件。根据产业集群理论,随着经济全球化和区域经济一体化的加深,产业集群已经成为区域经济发展的主要模式、空间形态和产业发展的重要组织形式。近年来,人们逐渐发现,真正具有竞争力的产业,往往都具有很明显的区域和空间特性,高竞争力的产业和企业往往都聚集在同一优势区域内。浙江淳安依托千岛湖优质水资源,发挥"中国水业基地"的品牌优势,已经成为全国高知名度的水饮料制造基地之一。赤水河流域依托独特的自然环境,诞生了全国60%的名酒。因此,水资源禀赋优势的地区,通过水产业的合理布局,推进水产业集聚发展,具有把水产业做大做强的潜力。

8.4.2.3 生态经济学

生态经济学产生于20世纪六七十年代,是从经济学角度研究生态系统和经济系统所构成的复合系统的结构、功能、行为及其规律性的学科。生态经济学认为,生态与经济协调是经济社会发展的必然趋势,发展经济的目的是实现生态经济效益,生态经济研究的目标就是使生态经济系统整体效益优化。在水科学领域,王浩院士创建了二元水循环理论,把自然水循环和社会水循环看作为彼此之间相互依存、相互联系、相互影响的闭合式链条,共同构成水循环的整体。虽然二元水循环理论的主要研究对象是水系统,不侧重于经济系统,但是它却揭示了水资源系统与经济系统相互作用的物理机制,水通过社会循环参与了人类经济活动,产生了经济价值。水经济系统就是水资源系统与经济系统相互交织、相互作用、相互结合形成的,具有一定结构和功能的复合系统。

8.4.3　水经济规划的基本原则

8.4.3.1　规划基础是以水“四定”

《水污染防治行动计划》中明确说明，要优化空间布局。合理确定发展布局、结构和规模。充分考虑水资源、水环境承载能力，以水定城、以水定地、以水定人、以水定产（即以水“四定”）。

重大项目原则上布局在优化开发区和重点开发区，并符合城乡规划和土地利用总体规划。鼓励发展节水高效现代农业、低耗水高新技术产业以及生态保护型旅游业，严格控制缺水地区、水污染严重地区和敏感区域高耗水、高污染行业发展，新建、改建、扩建重点行业建设项目实行主要污染物排放减量置换。七大重点流域干流沿岸，要严格控制石油加工、化学原料和化学制品制造、医药制造、化学纤维制造、有色金属冶炼、纺织印染等项目环境风险，合理布局生产装置及危险化学品仓储等设施。推动污染企业退出，城市建成区内现有钢铁、有色金属、造纸、印染、原料药制造、化工等污染较重的企业应有序搬迁改造或依法关闭。积极保护生态空间，严格城市规划蓝线管理，城市规划区范围内应保留一定比例的水域面积。新建项目一律不得违规占用水域，严格水域岸线用途管制，土地开发利用应按照有关法律法规和技术标准要求，留足河道、湖泊和滨海地带的管理和保护范围，非法挤占的应限期退出。

8.4.3.2　出发点是以人民为中心的发展思想

水经济发展是为了更好地满足人民群众对水资源、水环境、水生态的需求，因此水经济规划既要发挥水资源的生态价值，又要打通生态价值与经济价值转化的通道，实现既要绿水青山，也要金山银山的目标。

8.4.3.3　前提是水资源的可持续利用

水经济把水作为重要生产要素，倡导对水资源的合理开发利用，但应按照水资源可持续利用的理念，既能满足当代经济社会发展需求，又能保证子孙后代发展经济社会需求的水资源利用；同时要遵循可持续利用、区域公平、代际公平、节水优先、以水定需、量水而行等原则。

8.4.3.4　目标是实现经济效益的最大化

不论是在环保上还是在经济指标上，水经济的发展水平比以往传统的经济发展模式都有很大的提升，水经济规划要在维护良好的水生态环境的同时，以尽可能少的水资源消耗获得尽可能大的经济效益，实现水资源保护与经济发展的双赢。

8.4.3.5　实现路径是绿色高质量发展

水经济规划强调经济的绿色化，要求推广应用绿色技术，加快发展绿色产业；水经济规划强调高质量发展，要求坚持质量第一、效益优先，加快发展高技术产业和战略性新兴产业，推动产业发展质量水平整体跃升，不断增强经济创新力和竞争力。

8.4.4　水经济规划典型案例分析

下面以《丽水市水经济发展规划》为例，介绍水经济规划的基本思路。

2021 年 8 月，按照浙江省丽水市委、市政府的指示，丽水市水利局会同水利部发展研究中心组织编制了《丽水市水经济发展规划(2021—2035)》(简称《规划》)。《规划》以“绿水青山就是金山银山”为指引,结合丽水实际,研究提出了丽水当前及今后一个时期水经济发展的总体思路、目标布局、主要任务和保障措施,作为丽水市推动水经济发展的重要依据。下面就《规划》的主要思路作一介绍。

8.4.4.1 把握水资源及水经济发展现状:一江春水向东流

丽水市河流水系发达,水网密集,境内河流主要有瓯江、钱塘江、椒江、飞云江、闽江和赛江,被称为“六江之源”。发达的水系,同时孕育了丽水多姿多彩的生物多样性宝库。瓯江是丽水境内第一大江,贯穿丽水全市,干流长 309 km,流域占全市总集水面积的 76%左右。其次为钱塘江水系,占丽水总集水面积的 14%左右,主要位于遂昌县与衢州交界处。

丽水市的水资源丰富,水资源总量约 185 亿 m^3,居全省第一;水质优良,城市地表水环境质量综合指数为 2.835 5,稳居全省第一。丽水市多年平均水资源总量为 184.67 亿 m^3,占全省水资源量的近 1/5。按 2020 年末常住人口计算,多年平均人均水资源量为 7 365 m^3,是全国人均水平的 3.5 倍。

然而,2020 年全市总用水量为 6.63 亿 m^3(不包括水电站发电等河道内用水),利用率不到多年平均水资源量的 4%。丽水可谓是“天生丽质难自弃”,水资源中蕴含的巨大价值无法转化为经济价值,因此写好“水经注”,发展水经济,成为了一项重要且紧迫的“硬核”任务。

《丽水市优质水资源调查报告》显示,丽水对自然出露或人工开发的饮用天然地表水、山泉水等 65 个水样点进行的初步调查结果是,丽水市地表水资源水质外源污染水平低,无机物和重金属含量小,总硬度小于 60 mg/L,总矿化度小于 50.5 mg/L,为极软水且水质纯净。

此外,丽水的低温水资源也亟待开发利用,可用于发展冷水鱼特色水产业、发挥其在降温和节能方面的作用等,利用范围可不断扩大。其中,以云计算和大数据服务为代表的新一代信息技术产业,因普遍采用冷却水(液)对设备进行冷却散热,其对水资源的依赖性较强。未来,丽水市将着力打造国家级大数据中心、电子政务示范基地、信息产业集聚区、大数据研发中心、大数据培训中心,充分利用好低温水的生态价值。

与此同时,人民群众对水的需求从过去主要集中在防洪、供水、灌溉等方面,已然逐渐转变为对优质水资源、健康水生态、宜居水环境的需求,对开发利用好水价值服务于康养医疗、休闲旅游等有了新的期盼。丽水具有极佳的生态环境、区域高纯度的水质与空气,同样是长三角都市人群“生态移民”的最佳选择。

不再让“一江春水向东流”,而让一江好水更大程度地变成好产品、激发好价值,推动 GDP 和 GEP 规模总量以及相互之间转化效率均实现较快增长,成为眼下丽水不断拓宽政府主导、企业和社会各界参与、市场化运作、可持续生态产品价值实现路径,全面开辟高质量绿色发展新路、加快跨越式高质量发展,建设共同富裕美好社会的当务之急。

8.4.4.2 确定总体思路与目标布局:绿水青山就是金山银山

1.总体思路

依托丽水独一无二的水生态优势,跳出“以水治水”的传统思维,丽水未来将以“绿水

青山就是金山银山”理念为引领，以高质量发展为主题，以创新发展为驱动，坚持生态优先、绿色发展，坚持“亩均论英雄”。

加快培育水能源、水养殖、水制品、水文旅等水经济产业，完善产业发展基础设施，健全水经济发展体制机制，以水为媒、以水为脉，着力推动丽水蕴含的生态价值向经济价值转变，资源配置由粗放分散向高效集约转变，水产业形态由“低、小、散、弱”向“高、大、聚、强”转变。

发展水经济基本原则为“跨山统筹、集聚发展，创新引领、抢占先机，问海借力、山海协作，以山带水、以水为媒，政府引导、市场决定”。

2.发展目标

水经济发展目标为到 2025 年，“丽水山泉”品牌初步建立，涉水主导产业集聚发展，产业集聚效应逐渐显现；水经济产业结构链群逐步优化完善，涉水产业创新研发能力进一步提高，水产品附加值、品牌认知度得到明显提升；水经济发展基础设施进一步完善，区域水资源保障能力明显提高，有利于水产业发展的投融资机制、税收优惠、土地支持、水权交易等政策基本健全；水经济发展体系框架基本建成，各类特色水产业发展初见成效。

到 2035 年，以生物医药、饮用食品、节能环保类等为代表的水经济“一园三区”特色产业园区基本形成，辐射带动作用进一步显现；水电综合实力和规模化效应显著提高，绿色水电发展模式基本成熟，成为全国典范；浙西南水库群工程体系初步建成，洪水拦蓄和资源化利用能力显著提升；以现代化水产养殖区、特色水产品加工区为发展重点的生态精品养殖产业体系基本形成，生态水产养殖基地区域知名；涉水旅游景区、休闲养生基地更加成熟完善，一批特色鲜明、知名度高的精品“水旅”品牌逐步形成。

3.基本布局

根据以上目标，涉水工业将规划形成“一园三片”的水产业工业空间布局，水电产业按现有布局优化提升。“一园”，指丽水莲青缙生态产业集聚园区；“三片”，指云和—景宁、遂昌—松阳、庆元—龙泉三个片区。

涉水生态农业的生态养殖基地主要布局在各县（市、区）生态环境优良的种养区块，水产品加工园区布局在各县（市、区）农产品便捷集散、基础设施较好的区块。

涉水旅游业构筑“一心、一轴、四区、多点”的涉水旅游空间发展格局。“一心”即丽水主城区城市旅游综合服务中心，“一轴”即瓯江生态旅游轴，“四区”即缙云—青田品质休闲旅游区、遂昌—松阳田园牧歌旅游区、龙泉—庆元文化养生度假旅游区和云和—景宁水乡民俗旅游区。

8.4.4.3　明确未来水产业任务：近水楼台先得月

细化到具体水产业之上，《规划》做了详细安排，让丽水水经济能够“近水楼台先得月”，尽快实现跨越式高质量发展。

（1）绿色水电产业。加快水电站建设和改造，加快创建国际绿色小水电示范区，探索创建国际小水电中心绿色水电丽水示范区，探索水电集约化发展道路。

（2）饮用水和酒产业。发展高品质饮用水产业，统筹谋划新老酒产业发展，重点开发“养生酒”。

（3）低温水产业。培育发展冷水鱼产业园，利用丽水作为“中国休息垂钓之都”的品牌优势,发展休闲垂钓产业,打造清凉小镇。

(4)健康产业。发展现代中药产业,推进中药材深度开发,发展生物技术药物产业,努力开发创新药物、新型疫苗和新型制剂等生物医药产品,发展健康日化产业。

(5)生态精品农业。发展现代化农业种养区和特色农产品加工区,把丽水打造成为长三角地区重要的生态农产品生产、加工和贸易基地;发展农业休闲旅游区、农业生态功能保障区。

(6)水旅产业。以国家全域旅游示范区创建为契机,加快形成"一心、一轴、四区、多点"的旅游空间发展格局。其中,"四级"旅游系统是指打造中小型山水旅游城市、高等级旅游景区、乡村景区和风景廊道。

(7)水权交易。寻求可能的区域水权交易,让无偿取得的工业企业取水权中通过节水措施节约的水资源可以参与交易,推进农村集体经济组织的山塘、水库的水权交易。

(8)打造企业知名水经济品牌。如"水经济+丽水山泉""水经济+丽水香鱼""水经济+丽水茶园""水经济+灵动丽水""水经济+好川丽水""丽水生态+制造"新兴涉水产业品牌,以及现代水文化品牌等。

第9章　新时代治水

9.1　节水型社会建设

9.1.1　节水型社会内涵

节水型社会和通常讲的节水,既互相联系又有很大区别。无论是传统的节水,还是节水型社会建设,都是为了提高水资源的利用效率和效益,这是它们的共同点。但要看到,传统的节水,更偏重节水的工程、设施、器具和技术等措施,偏重发展节水生产力,主要通过行政手段来推动。而节水型社会的节水,主要通过制度建设,注重对生产关系的变革,形成以经济手段为主的节水机制。通过生产关系的变革进一步推动经济增长方式的转变,推动整个社会走上资源节约和环境友好的道路。

节水型社会在内涵上应包括相互联系的四个方面:一是在水资源的开发利用方式上,节水型社会是把水资源的粗放式开发利用转变为集约型、效益型开发利用,是一种资源消耗低、利用效率高的社会运行状态;二是在管理体制和运行机制上,涵盖明晰水权、统一管理,建立政府宏观调控、流域民主协商、准市场运作和用水户参与管理的运行模式;三是从社会产业结构转型上看,节水型社会涉及节水型农业、节水型工业、节水型城市、节水型服务业等具体内容,是由一系列相关产业组成的社会产业体系;四是从社会组织单位看,节水型社会涵盖节水型家庭、节水型社区、节水型企业、节水型灌区、节水型城市等组织单位,是由社会基本单位组成的社会网络体系。

节水型社会是资源节约型和环境友好型社会的重要内容,是一个不断发展的社会,其内涵也在不断发展。节水型社会建设是一个渐进的过程,按其建设程度可分为初级阶段、成长提高阶段、成熟阶段。初级阶段是建设启动和实施阶段,为节水型社会的雏形,有初步的制度体系和运行管理体系;成长提高阶段有完善的建设启动和运行机制,有稳定的节水型社会整体框架;成熟阶段的特征是技术先进、制度完备、配置优化、水权明晰、市场发达、管理高效、节水型社会健康有序发展。目前阶段其内涵是:有水资源统一管理和协调顺畅的节水管理体制,政府主导、市场调节、公众全面参与的机制和健全的节水法规和监管体系;是"节水体系完整、制度完善、设施完备、节水自律、监管有效、水资源高效利用,产业结构与水资源条件基本适应,经济社会发展与水资源协调的社会"。所以,目前我国还处于初级阶段和成长提高阶段。

9.1.2　节水型社会建设内容

水利部自2002年开始,在全国组织实施国家节约用水型社会创建试点工作,已累计建立了省、地、县三级行政区多个国家节约用水型社会示范区,并推动各地建立了多个国家级节约用水型社会创建试点。节水型社会建设的具体工作主要体现在制度建设和工程建设两方面。

9.1.2.1 节水型社会制度建设

1.节水管理组织体系建设

充分发挥各级节约用水工作领导小组作用,建立政府主导、水利部门牵头、各行业主管部门相互配合的管理体系。建立节水工作联席会议制度,形成纵横联动、协同配合的运转机制。强化最严格水资源管理制度考核对节水工作的推动作用,按照"管行业必须管节水"的要求,形成各行业主管部门职责明确、分工协作、共同推进节水工作的局面。

2.节水管理制度体系建设

严格执行用水定额制度。从强化管理入手,夯实节水基础管理工作,按照水利部《关于加强水资源用途管制的指导意见》,严格执行行业用水定额标准,把用水定额作为水资源论证、取水许可审批、计划用水下达、节水型企业创建、城市节水工作的重要依据。建设项目水资源论证要根据项目生产规模、生产工艺、产品种类等选择先进的用水定额。督促重点取用水单位、高耗水及重点企业定期开展水平衡测试,强化重点用水部位节水管理,杜绝跑、冒、滴、漏现象。

严格落实计划用水管理制度。严格执行计划用水管理制度,用水计划由取用单位每年申报,各级机构严格按照用水定额标准下达用水计划。逐步建立用水报告制度。建立倒逼机制,将用水户违规记录纳入全国统一的信用信息共享平台,并逐步扩大重点监控用水单位名录纳入范围。

严格取用水计量和用水统计制度。认真贯彻《取水许可和水资源费征收管理条例》,规范取用水管理,加强取用水计量管理,普及取用水计量设施。对建设项目进行水资源论证,在超用水总量区域严禁取水许可审批。完善水资源计量体系,实现城镇供水"一户一表"改造全覆盖,结合高标准农田项目大力推进农业灌溉用水计量,加强取水、用水计量器具配备和管理,逐步推动对自备水取水户用水实时监控设施全覆盖,大幅提高工业用水效率及城市用水计量率。做好各行业用水量、用水效率和效益的统计工作,健全取用水台账。

严格落实节水"三同时"制度。在项目建设过程中,要严格执行节水设施"三同时"制度,配套建设节水设施,保证节水设施与主体工程同时设计、同时施工、同时投用。项目设计未包括节水设施内容、节水设施未建设或没有达到相关节水技术标准要求的,不得擅自投入使用。有条件的区域要建立雨水回收利用系统、中水系统。对于已建项目,要做到用水计划到位、节水目标到位、节水措施到位、管理制度到位。

严格落实建设项目节水评价制度。突出节水在规划和建设项目中的优先地位,强化规划制定、建设项目立项、取水许可中节水有关内容和要求,从严叫停节水评价不通过的规划和建设项目。保证规划和建设项目科学合理取用水,促进形成与水资源条件相适应的空间布局和产业结构。

推动合同节水管理。重点在公共机构、公共建筑、高耗水工业和服务业、公共水域水环境治理、经济作物高效节水灌溉等领域,分类建成一批合同节水管理试点示范工程。切实发挥政府机关、学校、医院等公共机构在节水领域的表率作用,推行合同节水管理模式,提高节水积极性,促进节水服务产业发展。对节水减污潜力大的重点行业和工业园区、企业,开展合同节水管理,推动工业清洁高效用水,大幅提高工业用水循环利用率,推动绿色发展。

3.节约用水激励机制建设

可建立政府节水财政投入制度,扩大节水投资规模,落实工程资金来源,逐步提高政府预算内节水投资比重,增加政府对节水示范工程的投资规模和补助强度,使节水型社会建设投入与财政收入同步增长趋势。

制定优惠政策,鼓励企业开展节水改造。鼓励企业自筹部分资金投资节水项目,通过节水技术改造降低能源消耗,降低生产成本。制定有利于节水产业发展的激励制度,争取优惠政策,如节水改造投资可抵减当年新增所得税、以循环水利用生产的产品减免所得税等。

拓展投资渠道,建立投资激励机制。为保证节水工程投资筹集的顺利进行,可通过社会资本的投资、融资,建立节水长效投资机制,对节水先进单位进行长期扶持及表彰奖励。加大对节水项目的融资服务,积极支持工业节水项目的实施,鼓励担保机构对工业节水项目进行投资担保,推动社会资本参与城市节水。

4.节水宣传教育培训体系建设

一是利用世界水日、中国水周、城市节能宣传周等重要节点开展形式多样的主题宣传活动进行集中宣传,提高全民节水意识。二是各行业主管部门应紧紧围绕节水型社会建设目标任务,鼓励各相关领域参与节水型社会创建活动,全方位开展节水型社会建设宣传工作。三是在用水单位中开展节水培训工作,通过培训提高各单位管理人员节水意识,掌握节水技术。四是要采取有力措施,充分利用广播、电视、报刊、网络等新闻媒介与媒体,通过学校教育、专业培训、专题讲座、节水专栏、科普读物等多种形式,开展广泛的宣传教育活动,培育公众的节水意识,为节水型社会建设创造良好的社会氛围。

9.1.2.2 节水型社会工程建设

1.农业节水

加强农业高效节水,促进农业现代化优化配置农业用水。按照"先节水、后用水,先挖潜、后扩大,先改建、后新建"的原则,进一步优化供用水结构,完善灌溉供水工程体系,提高灌溉供水保障能力。充分利用天然降水,合理配置地表水和地下水,重视利用非常规水源。在渠灌区因地制宜实行蓄水、引水、提水相结合。在井渠结合灌区实行地表水和地下水联合调度。在井灌区严格控制地下水开采。在不具备常规灌溉条件的地区,利用当地水窖、水池、塘坝等多种手段集蓄雨水,发展非常规旱作节水灌溉。

加快节水灌溉工程建设和技术推广。除有回灌补源和防护林生态保护要求的渠段外,要对渠道进行防渗处理。在渠灌区,平整土地,合理调整沟畦规格,推广抗旱坐水种和移动式软管灌溉等地面灌水技术,提高田间灌溉水利用率。在井灌区和有条件的渠灌区,大力推广高效节水灌溉。在水资源短缺、经济作物种植和农业规模化经营等地区,积极推广喷灌、微灌等高效节水灌溉。在南方水资源丰富尤其是水网地区,大力推广水稻控制灌溉技术,在节水的同时,减轻农业面源污染。

积极推广农业和生物技术节水措施。合理安排耕作和栽培制度,选育和推广优质耐旱高产品种,提高天然降水利用率。大力推广深松整地、中耕除草、镇压耙耱、覆盖保墒、增施有机肥以及合理施用生物抗旱剂、土壤保水剂等技术，提高土壤吸纳和保持水分的能力。在经济作物、蔬菜、果木种植方面，配套和完善节水补灌设备，推广水肥一体化技术，促进现代节水型农业体系的建立。在干旱和易发生水土流失地区，加快推广保护性耕作技术。

实施养殖业节水。推进养殖污水无害化处理和适度再生利用，提高畜禽饮水、畜禽养殖场舍冲洗、粪便污水资源化等用水效率，发展节水渔业，推进工厂化循环水养殖和池塘生态循环水养殖。

积极推进农村节水工作。结合新型城镇化和乡村振兴战略，实施农村集中供水管网节水改造，配备安装计量设施，推广使用节水器具。

推进农村厕所革命。因地制宜推进农村污水资源化利用，推广“生物+生态”等易维护、低成本、低能耗污水处理技术，鼓励农村污水就地就近处理回用。

2.工业节水

建设节水型工业产业体系。加强产业引领，限制高污染、高耗水工业项目落户。严格执行工业投资准入清单和市场准入负面清单管理制度，全面加强产业政策落地和源头把关，充分发挥产业引领作用，科学引导和促进工业结构合理调整。

大力推进工业节水改造。完善供用水计量体系和在线监测系统，强化生产用水管理。大力推广高效冷却、洗涤、循环用水、废污水再生利用、高耗水生产工艺替代等节水技术。支持企业开展节水技术改造及再生水回用改造，重点企业要定期开展水平衡测试、用水审计及水效对标。对超过用水定额标准的企业分类分步限期实施节水改造。

积极开展水资源综合利用。加强工业园区内工业废水综合处理，加快节水及水循环利用设施建设，促进企业间串联用水、分质用水、一水多用和循环利用。推进非常规水资源利用，推动工业用水多元化。

推进节水型企业创建。加强政策引导，推进重点用水行业节水型企业建设。在全区节水专项资金中统筹安排工业节水专项资金，给予创建节水型企业和开展节水技术改造资金补助。发挥节水先进企业的典型示范作用，树立一批行业内有代表性、用水管理基础较好、装备技术先进、节水工作有特色、用水指标达到行业领先水平的典型。

强化企业计划用水管理。健全计划用水管理制度，提高用水精细化管理水平。规范用水计划申报、调整、核查等环节。合理编制并及时下达用水计划，做好重点取用水户计划用水过程监督指导。扩大计划用水覆盖范围，将纳入取水许可管理的取水户、公共供水管网的用水大户、特种用水行业用水户等全部纳入计划管理，定期对用水单位进行计划用水考核。

3.生活节水

加强城镇节水，提高城镇生活用水效率，推进城镇供水管网改造。加快对使用年限超过50年、材质落后和受损失修的供水管网进行更新改造，减少供水管网“跑、冒、滴、漏”和“爆管”等情况的发生。完善供水管网检漏制度，可通过供水管网独立分区计量（DMA）和水平衡测试等方式，加强漏损控制管理，在漏损严重或缺水城市实施供水管网DMA管理示范工程。

推广节水器具使用。加大力度研发和推广应用节水型设备和器具，禁止生产、销售

不符合节水标准的产品、设备。推进节水产品企业质量分类监管，以生活节水器具和农业节水设备为监管重点，逐步扩大监督范围，推进节水产品推广普及。公共建筑和新建民用建筑必须采用节水器具，限期淘汰公共建筑中不符合节水标准的水嘴、便器水箱等生活用水器具。鼓励居民家庭选用节水器具，引导居民淘汰现有不符合节水标准的生活用水器具。

加强服务业节水。合理限制高耗水服务业用水，对洗浴、洗车、高尔夫球场等行业实行特种用水价格。强制要求使用节水产品，加快节水技术改造，对非人体接触用水强制实行循环利用。缺水地区严禁盲目扩大用水景观、娱乐的水域面积。

推广建筑中水应用。开展绿色建筑行动，面积超过一定规模的新建住房和新建公共建筑应当安装中水设施，老旧住房也应当逐步实施中水利用改造。鼓励引导居民小区中水利用，城市居住小区建筑中水主要用于冲厕、小区绿化等生活杂用；公共建筑中水主要用于冲厕。缺水地区的城镇应积极采用建筑中水回用技术。

4.非常规水利用

1)再生水利用

再生水利用工程，是将污水资源化，作为水资源利用的重要补充。实现优水优用、分质供水，一方面解决了部分污水污染问题；另一方面节约了水资源，实现了水资源的优化配置，由此可以产生较大的经济效益、社会效益和环境效益。

以缺水及水污染严重地区城市为重点，加大污水处理力度，完善再生水利用设施，逐步提高再生水利用率。工业生产、农业灌溉、城市绿化、道路清扫、车辆冲洗、建筑施工及生态景观等领域优先使用再生水。具备使用再生水条件但未充分利用的钢铁、火电、化工、造纸、印染等高耗水项目，不得批准其新增取水许可。

2)雨水资源化利用

城市雨水资源利用主要包括屋面集水式雨水收集利用系统及地面集水式雨水收集利用系统。屋面集水式雨水收集系统由屋顶集水场、集水槽、落水管、输水管、简易净化装置、粗滤池、储水池和取水设备组成。地面雨水主要指城市广场、路面等收集的雨水径流利用，其利用主要包括净化处理利用及雨水渗透补给地下水两种方式。雨水回用途径主要是绿地户场浇洒、补充地下水、补充河道生态基流等。

5.节水载体建设

2012 年工业和信息化部、水利部、全国节约用水办公室制定并下发了《关于深入推进节水型企业建设工作的通知》（工信部联节〔2012〕431 号），全面布局发展环保节水企业建设。2013 年，水利部、国家机关事务管理局、全国节约用水办公室制定并下发了《关于开展公共机构节水型单位建设工作的通知》（水资源〔2013〕389 号），实施节约用水型公共服务单元建设项目。2017 年，全国节约用水办公室印发了《关于开展节水型居民小区建设工作的通知》（全节办〔2017〕1 号），全面部署实施环保节水居民型小区建设。从 2014 年开始，水利部等十部门根据全国实施的最严水资源管理体系标准，将全国各省市地区、地级市的节水型中小企业、公共服务机构及节水型单位的建设状况列入综合考评。

以政府机关、公司、家庭、院校等为基本单位，大力开展节水载体建设，对贯彻落实国家节约用水优先原则、推动发展绿色经济有着重大意义,更是实施国家节水行动的重要内容。充分发挥社区在家庭、单位以及整个社会网络中的重要纽带功能,推进节约用水理念、节水方式、节约用水窍门进社区,广泛发动群众、组织民众参与,充分调动民众的积极力量、主动性、创造性,共同破解民众身边的节水突出问题,建立绿色生态发展方式和生存方式。

同时,通过实施工业企业和公益组织节水载体建设,开展节约用水宣传活动的示范典型,是实施节约用水管理工作的重点内容,而节水载体建立管理工作也是打造节约用水产业标杆的关键抓手。节水载体建设项目在中国节水型社会绩效评估系统中占比最高,规范、有序、高效地开展节水载体创建工作,值得每一个建设"节水型社会"的城市(县)进一步思考与实践。

9.2 河(湖)长制

9.2.1 河(湖)长制的背景及内涵

9.2.1.1 河(湖)长制由来

随着经济社会快速发展,我国河湖管理保护出现了一些新问题,主要是由于部分地方存在有法不依、执法不严的现象,非法排污、设障、捕捞、养殖、采砂、采矿、围垦、侵占水域岸线等没有得到有效治理,产生了严重的生态问题,如河道干涸湖泊萎缩、水环境状况恶化、河湖功能退化等,对保障水安全带来严峻挑战。解决这些问题,各地需要完善河湖日常监管巡查制度,对重点河湖、水域岸线进行动态监控,对涉河湖违法违规行为做到早发现、早制止、早处理,推进河湖系统保护和水生态环境整体改善,保障河湖功能永续利用,维护河湖健康生命。

1.长兴创新

地处太湖流域的浙江湖州长兴县,境内河网密布,水系发达,有547条河流、35座水库、386座山塘。得天独厚的水资源禀赋,造就了长兴因水而生、因水而美、因水而兴的文化特质。但在20世纪末,这个山水城市在经济快速发展的同时,也给生态环境带来了"不可承受之重",污水横流、黑河遍布成为长兴人的"心病"。

2003年,浙江长兴县为创建国家卫生城市,在卫生责任片区、道路、街道推出了片长、路长、里弄长,责任包干制的管理,让城区面貌焕然一新;2003年10月,浙江长兴县委办下发文件,在全国率先对城区河流试行河长制,由时任水利局、环卫处负责人担任河长,对水系开展清淤、保洁等整治行动,水污染治理效果非常明显;2004年,时任水口乡乡长被任命为包漾河的河长,负责河道整治、河岸绿化、水面保洁和清淤疏浚等任务。河长制经验向农村延伸后,逐步扩展到包漾河周边的渚山港、夹山港、七百亩斗港等支流,由行政村干部担任河长。2008年,长兴县委下发文件,由4位副县长分别担任4条入太湖河道的河长,所有乡镇班子成员担任辖区内的河道河长,由此县、镇、村三级河长制管理体系初步形成。

2008年起,浙江其他地区衢州、嘉兴、温州等地陆续试点推行河长制。2013年,浙江

出台了《关于全面实施“河长制”进一步加强水环境治理工作的意见》,明确了各级河长是包干河道的第一责任人,承担河道的“管、治、保”职责。从此,肇始于长兴的河长制,走出湖州,走向浙江全境,逐渐形成了省、市、县、乡、村五级河长架构。

2.无锡试水

2007 年夏季,太湖水质恶化,加上不利的气象条件,导致太湖大面积蓝藻爆发,引发了江苏省无锡市的水危机。痛定思痛,当地政府认识到,水质恶化导致的蓝藻爆发,问题表现在“水里”,根子是在岸上。解决这些问题,不仅要在水上下功夫,还要在岸上下功夫;不仅要本地区治污,还要统筹河流上下游、左右岸联防联治;不仅要靠水利、环保、城建等部门切实履行职责,还需要党政主导、部门联动、社会参与。

2007 年 8 月,无锡市实行河长制,无锡市印发《无锡市河(湖、库、荡、氿)断面水质控制目标及考核办法(试行)》,将河流断面水质检测结果纳入各市县区党政主要负责人政绩考核内容,各市县区不按期报告或拒报、谎报水质检测结果的,按有关规定追究责任,由各级党政负责人分别担任 64 条河道的河长,加强污染物源头治理,负责督办河道水质改善工作。2008 年 6 月,包括时任省长罗志军在内的 15 位省级、厅级官员一起领到了一个新“官衔”——太湖入湖河流“河长”,他们与河流所在地的政府官员形成“双河长制”,共同负责 15 条河流的水污染防治。2008 年至 2016 年 12 月下旬,江苏省各级党政主要负责人担任的“河长”,已遍布全省 727 条骨干河道 1 212 个河段。“河长制”分为四级,无锡市委、市政府主要领导分别担任主要河流的一级“河长”,有关部门的主要领导分别担任二级“河长”,相关镇的主要领导为三级“河长”,所在建制村的村干部为四级“河长”。

河长制实施后效果明显。2011—2016 年 79 个“河长制”管理断面水质综合判定达标率基本维持在 70%以上,水质较为稳定。其中,2011 年无锡 12 个国家考核断面水质达标率为 100%,主要饮用水源地水质达标率为 100%;2012 年主要饮用水源地水质达标率为 100%。

江苏省对 15 条重要入太湖河道实行双河长制,每条河流分别由省政府领导和省有关厅局负责人担任省级层面的河长,地方层面的河长由河流流经的各市、县(区)政府负责人担任。

3.制度出台

2016 年 10 月 11 日,中央全面深化改革领导小组第 28 次会议审议通过了《关于全面推行河长制的意见》。2016 年 12 月,中共中央办公厅、国务院办公厅印发了《关于全面推行河长制的意见》并发出通知,要求各地区、各部门结合实际认真贯彻落实。2017 年 12 月,中共中央办公厅、国务院办公厅印发了《关于在湖泊实施湖长制的指导意见》并发出通知,要求各地区各部门结合实际认真贯彻落实。

9.2.1.2　河(湖)长制的内涵

“河(湖)长制”即河长制、湖长制的统称,是由各级党政负责同志担任河湖长,负责组织领导相应河湖治理和保护的一项生态文明建设制度创新。其创新点在于,将各级党政负责同志确定为河湖治理保护第一责任人,由传统的“九龙治水”转变为“河湖长管水”,以流域为单元,统筹解决上游与下游、左岸与右岸、干流与支流、水域与陆上、部门与部门、官方与民间治理保护不统一、未配套、难协调的问题,形成"党政负责、河湖长领责、部门联动、公众参与、社会共治"的河湖管理新格局。

各级河长负责组织领导相应河湖的管理和保护工作,包括水资源保护、水域岸线管理、水污染防治、水环境治理等,牵头组织对侵占河道、围垦湖泊、超标排污、非法采砂、破坏航道、电毒炸鱼等突出问题依法进行清理整治,协调解决重大问题;对跨行政区域的河湖明晰管理责任,协调上下游、左右岸实行联防联控;对相关部门和下一级河长履职情况进行督导,对目标任务完成情况进行考核,强化激励问责。湖泊最高层级的湖长是第一责任人,对湖泊的管理保护负总责,要统筹协调湖泊与入湖河流的管理保护工作,确定湖泊管理保护目标任务,组织制定"一湖一策"方案,明确各级湖长职责,协调解决湖泊管理保护中的重大问题,依法组织整治围垦湖泊、侵占水域、超标排污、违法养殖、非法采砂等突出问题。其他各级湖长对湖泊在本辖区内的管理保护负直接责任,按职责分工组织实施湖泊管理保护工作。

9.2.2 河(湖)长制的基本原则

河(湖)长制要坚持以下基本原则:

(1)坚持生态优先、绿色发展。牢固树立尊重自然、顺应自然、保护自然的理念,处理好河湖管理保护与开发利用的关系,强化规划约束,促进河湖休养生息、维护河湖生态功能。

(2)坚持党政领导、部门联动。建立健全以党政领导负责制为核心的责任体系,明确各级河长职责,强化工作措施,协调各方力量,形成一级抓一级、层层抓落实的工作格局。

(3)坚持问题导向、因地制宜。立足不同地区、不同河湖实际,统筹上下游、左右岸,实行一河一策、一湖一策,解决好河湖管理保护的突出问题。

(4)坚持强化监督、严格考核。依法治水管水,建立健全河湖管理保护监督考核和责任追究制度,拓展公众参与渠道,营造全社会共同关心和保护河湖的良好氛围。

9.2.3 河(湖)长制的基本任务

基本任务包括六个方面。

9.2.3.1 加强水资源保护

严格水资源管理制度,严守水资源开发利用控制、用水效率控制、水功能区限制纳污三条红线,强化地方各级政府责任,严格考核评估和监督。实行水资源消耗总量和强度双控行动,防止不合理新增取水,切实做到以水定需、量水而行、因水制宜。坚持节水优先,全面提高用水效率,水资源短缺地区、生态脆弱地区要严格限制发展高耗水项目,加快实施农业、工业和城乡节水技术改造,坚决遏制用水浪费。严格水功能区管理监督,根据水功能区划确定河流水域纳污容量和限制排污总量,落实污染物达标排放要求,切实监管入河湖排污口,严格控制入河湖排污总量。

9.2.3.2 加强河湖水域岸线管理保护

严格水域岸线等水生态空间管控,依法划定河湖管理范围。落实规划岸线分区管理要求,强化岸线保护和节约集约利用。严禁以各种名义侵占河道、围垦湖泊、非法采砂,对岸线乱占滥用、多占少用、占而不用等突出问题开展清理整治，恢复河湖水域岸线生态功能。

9.2.3.3　加强水污染防治

落实《水污染防治行动计划》，明确河湖水污染防治目标和任务，统筹水上、岸上污染治理，完善入河湖排污管控机制和考核体系。排查入河湖污染源，加强综合防治，严格治理工矿企业污染、城镇生活污染、畜禽养殖污染、水产养殖污染、农业面源污染、船舶港口污染，改善水环境质量。优化入河湖排污口布局，实施入河湖排污口整治。

9.2.3.4　加强水环境治理

强化水环境质量目标管理，按照水功能区确定各类水体的水质保护目标。切实保障饮用水水源安全，开展饮用水水源规范化建设，依法清理饮用水水源保护区内违法建筑和排污口。加强河湖水环境综合整治，推进水环境治理网格化和信息化建设，建立健全水环境风险评估排查、预警预报与响应机制。结合城市总体规划，因地制宜地建设亲水生态岸线，加大黑臭水体治理力度，实现河湖环境整洁优美、水清岸绿。以生活污水处理、生活垃圾处理为重点，综合整治农村水环境，推进美丽乡村建设。

9.2.3.5　加强水生态修复

推进河湖生态修复和保护，禁止侵占自然河湖、湿地等水源涵养空间。在规划的基础上稳步实施退田还湖还湿、退渔还湖，恢复河湖水系的自然连通，加强水生生物资源养护，提高水生生物多样性。开展河湖健康评估。强化山水林田湖系统治理，加大江河源头区、水源涵养区、生态敏感区保护力度，对三江源区、南水北调水源区等重要生态保护区实行更严格的保护。积极推进建立生态保护补偿机制，加强水土流失预防监督和综合整治，建设生态清洁型小流域，维护河湖生态环境。

9.2.3.6　加强执法监管

建立健全法规制度，加大河湖管理保护监管力度，建立健全部门联合执法机制，完善行政执法与刑事司法衔接机制。建立河湖日常监管巡查制度，实行河湖动态监管。落实河湖管理保护执法监管责任主体、人员、设备和经费。严厉打击涉河湖违法行为，坚决清理整治非法排污、设障、捕捞、养殖、采砂、采矿、围垦、侵占水域岸线等活动。

9.2.4　河(湖)长制典型案例

9.2.4.1　苏州案例

苏州市以河长制、湖长制为着力点，打造“市有标杆、县有典型、镇有示范、村有样本”的“一市十城百湖千河万段”治理样板，全民共建共享水源涵养中心、古镇古村湖泊、城市湖泊、乡村湖泊这 4 种类型的生态美丽湖泊群，率先建设成为长江经济带与大运河文化带高质量发展的示范区。2019 年，苏州市河长制工作经验成功入选由中组部组织编选的《贯彻落实习近平新时代中国特色社会主义思想、在改革发展稳定中攻坚克难案例》。苏州河长制案例见图 9-1。

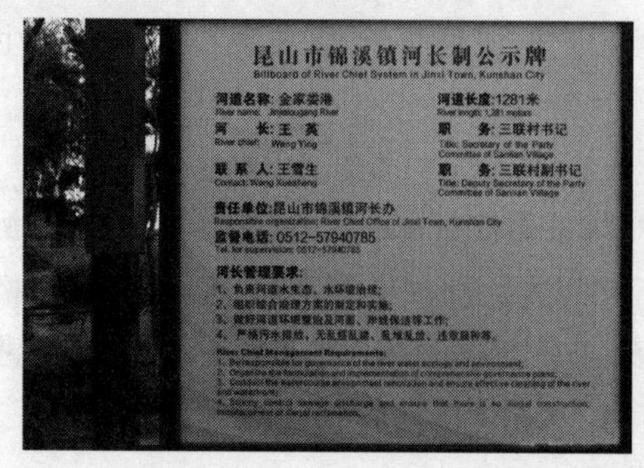

图 9-1　苏州河长制案例

1.见河长:“有事找河长”成百姓共识

2017 年,苏州市出台《关于全面深化河长制改革的实施方案》,在全市范围推行河长制,进一步完善河长湖长组织体系。苏州市委书记任第一总河长,市长任总河长。从市、县、乡到村,苏州构建起四级河长体系,5 106 名河长湖长上岗履职,实现了全市河湖河长、湖长全覆盖。

邱寿根是苏州市相城区太平街道黎明村的村级河长。每天天刚蒙蒙亮,他就起身开始巡查黎明村内浜;村民一个电话打来,反映哪里有垃圾,他二话不说,立刻组织保洁人员过去清理。

“以前不知道河水出现了污染该向谁反映,现在每条河边立了公示牌,标明河流名称和河长的姓名、监督电话,有了问题,大家都习惯了‘有事找河长’!”在村里生活了 40 多年的刘亚萍,眼见着原本垃圾遍布、水质浑浊的河道变成一条“绿丝带”,“现在水清岸绿,河长功不可没。”

河长湖长治水还带动形成全民治水热潮,许多“民间河长”“民间湖长”活跃在苏州治水一线,成为巡查员、宣传员、参谋员、联络员和示范员。钱雪英是苏州市美湖使者志愿服务团团长,也是暨阳湖的“民间湖长”,召集了 2 600 多名热爱公益的伙伴,坚持每天巡湖。

吴江区首创“护河邮路”,聘请 192 名邮政投递员担任“兼职河长”,认领全区 2 600 多条河流。“投递班所有员工每天投递报纸信件时顺路巡河,查看河道是否存在污染问题,一旦发现,立即取证上报。”投递员葛龙富说。

2.见行动:从“治乱”到“治病”,系统攻坚

2018 年 5 月,苏州市级总河长牵头挂帅,集中清理整治黑臭水体,各级河长湖长对责任河湖开展拉网式排查,对排查出的存在疑似黑臭水体的河湖,签字确认落实治理责任。在河长、湖长的统筹协调和统一指挥下,各部门协调联动,密切配合,黑臭水体治理力度空前,很多过去难以解决的问题一一得到破解。

长期住在湖边的居民王春林见证了苏州石湖的“进化史”:“几年前,这里臭气扑鼻,鱼虾几乎绝迹;现在治理好了,我们每天来这儿散步。”2018 年底,苏州基本消灭城镇建成区黑臭水体,比国家明确的目标要求提早两年实现。从集中“治乱”到系统“治病”,苏州把解决群众关心、社会关注的突出河湖问题放在优先位置,聚焦盛水的“盆”和盆中的“水”,攻坚难点、消除痛点。为消除黑臭水体顽疾,苏州明确,存在黑臭水体的河道必须由政府主要领导担任河长、湖长,将黑臭水体划为政府主要领导的“责任田”。

石湖地跨吴中区、高新区、姑苏区3个行政区，日常管护由苏州市园林和绿化局下设的石湖管理处负责，景区建设由苏州市风景园林集团负责，防洪和调水由市、区水利部门负责，湖边有90多户人家从事废旧垃圾回收加工、石材加工、畜禽养殖、出租违章搭建房屋等经营活动，造成石湖600 m长的吴堤环境脏乱不堪、水体黑臭。

石湖市级湖长先后5次带领水利、环境保护等相关部门和3个区的行政领导实地调查、研究问题根源和对策措施。在市级湖长的组织领导下，属地政府牵头、部门联动，仅用2个月时间，将2.4万 m^2 违章建筑全部拆除，苏州市政府收回土地使用权，明确产权归属，并交由苏州市高新区负责地块清理整治。石湖生态环境上了一个台阶，水质综合评价为Ⅱ类。

3.见成效：共治共享，栖居美丽河湖边

水流无界，不分你我。如何实现上下游、左右岸的共治？在推动跨域水环境联防联治上，河（湖）长制发挥了独特作用。

在苏州吴江与浙江嘉兴秀洲区交界处，有一条10余km长的清溪河。过去十几年里，两地“水账”从未算清过，2017年以来，尝试打破区域藩篱，探索联防联治。当年2月，秀洲区联合吴江区成立了边界区域水环境联防联治工作领导小组，设立联防联治办公室，建立信息互通机制，携手向交界黑臭河“开刀”。联合河长每季度进行一次联合巡河，一路巡查、交流，不断提出问题，互相启发，协商解决办法。

2018年6月，两地签订清溪河联合治理合作协议，共同出资1亿元实施清淤疏浚。短短5个月，沉积40年的淤泥全部清除。两地进一步深化一体化治水机制，在全部交界河湖聘任了58名镇村干部为联合河长。共同巡河、治河、护河，跨界河长们踏上了新的征程。

有了这一模板，跨省治水按下“快进键”，苏州逐渐摸索建立起跨省际河湖联防联治合作机制。去年底召开的太湖湖长协作会议上，江浙两省建立太湖湖长协商协作机制，这是国内首个跨省湖长协商协作机制。

9.2.4.2　福建案例

2021年，福建省泉州市、永春县、木兰溪3个河（湖）长制典型做法、先进经验在全国推介。

1.泉州市：购买服务，实现河道管护常态化

泉州市南安市通过政府购买服务方式成立南安市河流管养中心，灵活采用“河流管养+志愿者服务队+森林防火队+保洁服务公司”模式，组建镇级河湖监管工作队伍，配备巡查管护船只、无人机等专业技术装备，以“水陆空”立体巡查模式，提升南安管水治水技术能力；制定对管养中心的考核标准和奖惩办法，按季度对服务质量进行绩效评估考核，考核结果作为结算服务费用和签订下一年度服务合同的主要依据。

泉州市永春县采取“县统筹、镇聘用、村推荐”招聘方式，配备211名河道专管员，由省、市、县共同保障资金。城区采用政府购买服务形式，由专业第三方包干河道保洁；镇村根据河段长度和人口数量配备河道专管员，实现河道管护常态化。

2.永春县：建立“三挂钩”考核监督机制，强化考核结果运用

一是与“帽子”挂钩，与县纪委合作，对履职不到位、负责河湖水质下降的乡镇河长及部门开展约谈问责；与县检察院合作，开展河湖问题联合督办，压实乡镇、部门责任。

二是与“票子”挂钩,将河(湖)长制工作纳入政府绩效考核体系,按照考核成绩折算绩效得分,以减“票子”传导履职压力。

三是与“面子”挂钩,由县河长办组成日常检查考评组,对乡镇开展“月考评”,将考评成绩以倒序排名公开,倒逼河(湖)长履职到位。

3.莆田木兰溪:探索全流域治理管护新模式

一是实施系统治理,创新流域运管模式。成立木兰溪全流域系统治理工作领导小组,推动“保护+治理+开发”系统治理,创新木兰溪投、融、规、建、管、养、监一体模式,设立木兰溪水生态修复和治理工程专项。

二是建立“互联网+大数据”治水护水模式,拧紧责任各环链条。借助云平台、视频监控等手段,创新“管人+管河+管事”智慧河长监管等机制,推行机械智能化、管理智慧化、作业精细化三位一体的水岸协同保洁机制。

三是统筹保护与发展,推动区域高质量发展。从资源、环境、流域和社会安全角度,统筹流域生产、生活、生态空间,强化木兰溪沿岸产业集聚化、产业链现代化,将优质生态资源转化为绿色发展新动能,构建流域高质量发展的现代产业体系。

9.3 智慧水利

9.3.1 智慧水利的概念及核心内涵

9.3.1.1 智慧水利产生的背景

随着全球气候变化,人与自然之间和谐共生成为当今社会高度关注的话题。水作为生命之源、生产之要、生态之基,在国家安全和国民经济中的重要战略地位日益突出。发展中国家水资源严重短缺不仅限制了社会经济发展,更直接影响人们的生活质量。水环境、水生态破坏,以及洪水、干旱等自然灾害问题,也时刻威胁着人民的生命财产安全。在全球水资源形势日益严峻的背景下,加大水资源保护力度,出台相关政策法规,推动水利行业转型升级已成为必然趋势。

自1949年以来,我国水利建设规模持续扩大,并逐渐发展成为水利大国。根据不同时期特点、治水思路,可将我国水利发展分为以下几个阶段。

1.1949—1999年——“工程水利”阶段

此阶段以水利工程建设为主,相关研究方向与成果也以服务水利建设为主。这一时期的水利工作特征与中华人民共和国成立初期大规模建设和改革开放时期经济建设的战略部署相关。尤其是1998年遭遇历史罕见的流域性大洪水后,中央大幅增加了水利投入,水利工程建设规模进一步加大。

2.2000—2012年——“资源水利”阶段

此阶段治水思想发生转变,水利发展开始意识到工程建设对流域环境、气候的影响,并开始强调水资源保护,通过合理优化水资源开发战略,实现人与自然的和谐共处。

3.2013—2020年——“生态水利”阶段

2013年前我国已经提出“生态文明”号召,水是生态之基,在水利建设中生态文明建

设工作全面展开，将节水、水资源保护、河湖健康保障以及水文化建设等作为重点工作。

4.2021 年起——"智慧水利"阶段

智慧是指生物所具有的基于神经器官产生的一种自身调节和对外界反馈的高级综合能力，包含有感知、记忆、理解、联想、情感、逻辑、辨别、计算、分析、判断、取舍、包容、决断等多种能力。智慧让人可以深刻地理解人、事、物、社会、宇宙、过去、现状、将来，拥有思考、分析、探求真理的能力。

进入 21 世纪，以信息化技术为支撑，通过云计算、大数据、物联网、移动终端、人工智能、水利模型、传感器等新兴技术的应用，2009 年 1 月 28 日 IBM 首席执行官彭明盛首次提出"智慧地球"的概念，提出了加强智慧型基础设施建设。"智慧地球"又称为"智能地球"，将感应器嵌入电网、铁路、桥梁、供水系统等各种基础设施中，然后将其连接好，推动了"物联网"的形成。其次，将"物联网"与已有的互联网进行优化整合，有助于人类社会与物理系统之间相互联系和整合。"物联网"与现有互联网的整合过程中，需要强大的中心计算机集群，这样有助于对整合网络内的工作人员、设备和基础设施实施有效的管理和控制。

"智慧水利"并非是一个全新的概念，近些年已有研究，如智能水利、水联网等均是关联概念。智慧水利的发展，一方面受"补短板、强监管"水利改革发展总基调的推动，通过智慧水利系统的构建可有效强化水利行业的监管；另一方面基于我国物联网、互联网、计算机与人工智能等技术的不断发展，水利信息化发展速度持续加快，并在各项先进技术的支持下开始朝着智慧化的方向发展。基于此，智慧水利将是未来一段时间我国水利事业发展的重要方向。

2021 年 10 月，水利部部长李国英主持召开部务会议，审议智慧水利建设规划。会议强调，推进智慧水利建设是实现新阶段水利高质量发展的重要路径之一。要按照"需求牵引、应用至上、数字赋能、提升能力"要求，以数字化、网络化、智能化为主线，以数字化场景、智慧化模拟、精准化决策为路径，全面推进算据、算法、算力建设，加快构建具有预报、预警、预演、预案功能的智慧水利体系。要坚持系统观念，做好顶层设计，从数字孪生流域、数字孪生工程、水利业务应用、网络安全体系等方面构建标准统一、模块链接、互为融通、共享共用的总体框架，全面覆盖各项水利业务应用，全面提升推动新阶段水利高质量发展的能力和水平。

9.3.1.2　智慧水利的概念

智慧水利是在以智慧城市为代表的智慧型社会建设中产生的相关先进理念和高新技术在水利行业的创新应用，是利用物联网、大数据、云计算、移动互联网、人工智能等新一代信息技术，实现对水利对象及活动的透彻感知和全面互联，为水安全、水资源、水环境、水生态等领域的水利业务，提供精细化管理、智能化决策和泛在化服务，从而全面提升治水能力，保障经济社会可持续发展。

智慧水利利用物联网技术，泛在、自动、实时地感知水资源、水环境、水过程及各种水利工程的各关键要素、关键点、关键位置、关键环节的数据；通过信息通信网络传送到在线的数据库、数据仓库和云存储中；在虚拟水空间，利用云计算、知识挖掘、自然计算等智能计算技术进行数据处理、建模和推演，做出科学优化的判断和决策，并反馈给人或设备，采取相应的措施和行动有效解决水利科技和水利行业的各种问题,提高水资源的利用率、水利工程的效果和效益以及工作效率,有效保护水资源与水环境,防灾减灾,实现人水和谐。

9.3.1.3 智慧水利的内涵

智慧水利涉及多个学科,包括水文学、水动力学、气象学、信息学、水资源管理以及行为学科等,主要关键词可归纳为自动化、交互性、智能化。智慧水利的内涵主要包括以下几点。

1.新一代信息技术在水利领域的应用

新一代信息技术是实现智慧水利的方法和手段,是解决水利领域问题和实现水利业务功能全面提升的支撑技术。物联网是万物互联的网络,凡加入网络的物体或人都能被自动识别,并实现相互连通和交互;数据挖掘是针对采用传统数据处理方法无法在有限运行时间内完成的超大数据集,对其进行分析处理从而挖掘新价值的一种方法,应该把大数据看作包含数据及其特征和处理方法的对象;云计算是一种新颖高效的分布式计算模式,"云"代表了资源共享的网络,通过云计算可以合理协调计算资源,解决任务分发,合并并行计算结果等;移动互联网是指将移动通信和互联网相结合,赋予移动设备互联网功能;人工智能是指构建类似人类推理、学习、认知和操控能力的技术,机器学习(ML)作为人工智能的重要组成部分已广泛应用于水利相关研究领域。

2.水利对象及活动的信息化需求演进

江河湖泊、水库、大坝、发电站、闸、泵、渠道等水利对象,防汛抗旱、水资源开发、水环境修复、水污染处理等水利活动,是智慧水利亟待解决和优化的任务目标。信息技术的快速发展为水利业务转型升级提供了技术支撑,而水利业务对信息技术的应用需求也进一步催生了多样化、个性化、定制化的信息技术创新组合模式。融合天、空、地一体化感知手段、5G技术引领的高速互联网络及人工智能模型的创新技术体系,为实现水利领域有关监测、模拟、优化、预测、预报、预警、预演等功能提供了全新思路和先进方案。

3.信息技术与水利业务深度融合后的效果

透彻感知、全面互联、智能决策与泛在服务是智慧水利的基本功能,总体目标是实现各方面能力全面提升和经济社会可持续发展。透彻感知是指要建立天、空、地一体化感知体系,实现感知区域和对象的全要素采集;全面互联要求感知设备之间、感知设备与云端、云端与主干网等所有通信链路全覆盖,实现数据传输高速、可靠、及时、准确;智能决策指通过建立智能高效水利数据模型,全面提升管理和决策能力水平;泛在服务指无处不在的服务,要求智慧水利所有支撑技术要无缝衔接,为水利决策者提供无时无刻的高效服务。

9.3.2 智慧水利体系架构及关键技术

9.3.2.1 智慧水利体系架构

智慧水利体系架构应该能够描述感知数据从采集、传输、分析处理到最后成为有价值决策信息的整个过程。通常划分为"四横两纵"结构,"四横"是指数据的感知、传输、分析处理和应用,"两纵"是指数据标准规范和安全运维保障。在此结构基础上,根据具体研究对象或应用层面的不同,衍生出许多智慧水利相关的体系架构,如水利大数据总体架构、流域水环境水生态智慧化管理云平台架构、智慧水质监测系统(SWQMS)、基于物联网的智慧水利结构、智慧灌区分层体系、大坝智能建设体系等。智慧体系架构如图9-2所示。

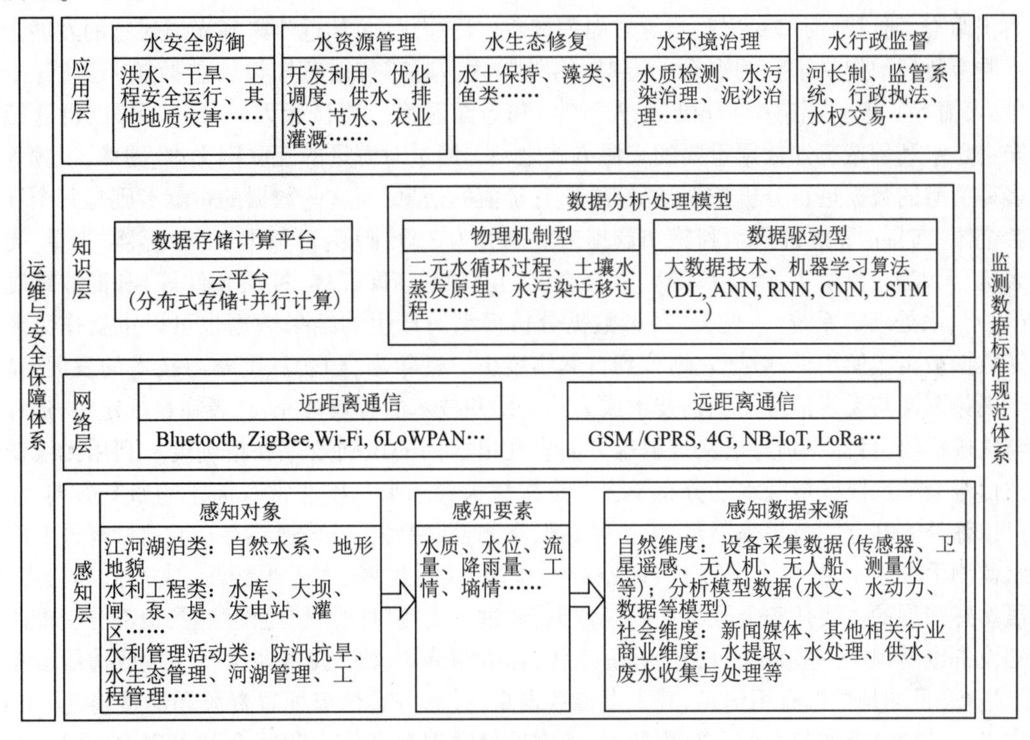

图9-2 智慧水利体系框架

从图9-2中可以看出,该体系架构自底向上依次为感知层、网络层、知识层和应用层。纵向分为以下2个体系:①运维与安全保障体系,贯穿智慧水利整个运行过程,针对横向各层的特点和需求,做好设备、网络、信息、系统等安全保障工作;②监测数据标准规范体系,需要根据智慧水利数据类型和特点,统一数据格式转换、采集方式、模型标准、处理技术规范、共享和安全等相关协议标准。

1.感知层

水利感知对象可以分为江河湖泊类、水利工程类和水利管理活动类3类。江河湖泊类又分为自然水系(空中水、地表水、地下水等)和地形地貌(侵蚀沟道);水利工程类分为独立工程(大坝、闸、泵、堤等)、组合工程(水库、灌区等)和辅助工程(气象站、水文站等);水利管理活动类分为水生态、水环境、水资源、河湖和工程等的管理,以及防汛抗旱。感知要素指能够描述水利感知对象当前状态的动态属性或指标,如水位、流量、水质、降雨量、工情、墒情、温度、湿度等。水利感知要素的收集方式多样,如传感器、摄像头、卫星遥感、无人机、无人船、手机、测量仪、互联网等。物联网作为智慧城市的支撑技术,其泛在感知、万物互联的特性在智慧水利感知层发挥着重要作用。物联网的2个关键组成部分是无线射频识别技术(RFID)和无线传感器网络(WSNs),其中WSNs的节点凭借低成本、低功耗、自组织、易部署、数据为中心等特点成为智慧水利感知数据的主要采集设备。传感器节点上通常包括感知、通信、存储、计算和能量等模块,常用的硬件有RaspberryPi处理单元、Zolertia RE-Mote 平台、Arduino 微控制器和 NodeMCU 微控制器等。遥感技术在洪旱灾害监测预报、降水量预报、土壤含水量与蒸散发估算、地表水体与地下水量监测、灌溉面积调查、河道与河口变化监测等方面都有着广泛应用,尤其近年来高光谱遥感的发展为水质参数反演提供了新的平台,受到国内外关注。遥感数据感知设施包括航天遥感(卫星、火箭等)、航空遥感(直升机、无人机等)和地面遥感(手机、无人车等)。另外,群智感知也是水利领域感知数据重要的来源方式之一。通过对海量的互联网文本、图像、视频等多种类型的数据进行分析挖掘,能够提取有价值的信息,而这些数据的贡献者则是每个社会个体。Chen 等把智慧水利感知数据来源划分为 3 个维度:自然维度(传感器、卫星、无人机、无人船、摄像头、测量仪等)、社会维度(互联网、新闻媒体、社交软件等)和商业维度(供水、水处理等系统)。此外,各种数据分析模型所产生的结果数据也可以重新作为感知数据被再次使用,一般把它划分到自然维度中。近年来,随着深度学习技术的发展,基于视频图像与无线信号的识别技术成为传统感知技术的有效补充,二者在目标定位、追踪与轨迹描绘、目标识别与语义理解等方面表现出极高的识别效率和精确度。利用无线微波信号衰减反演区域降水场分布及强度是智慧水利未来一项非常有前景的研究方向,它可以弥补测站空间分辨率不足、天气雷达低空测量误差大、卫星遥感存在时滞性等现有降水监测手段的不足,具有分布广、时空分辨率高、实时性好、人工干预少、成本低等特点。虽然感知层的主要任务是收集和采集数据,通过各类接口向上传至网络层,但部分智能感知设备也承担了一些基础数据的处理工作,如压缩感知(CS)技术通常在终端或边缘设备上进行,目的是挖掘有用信息,减少上传数据量,进而节省信道配置资源和能量消耗。CS 技术是一种新颖的数据融合收集技术,依据采集数据存在较大的冗余并表现出的稀疏特性,将压缩过程转换成数据收集的过程,有效降低数据收集的复杂度。

2.网络层

智慧水利网络层的主要功能是依据各类通信协议为感知数据的上传提供链路分配策略。物联网通信协议为智慧水利的通信模式提供了参考,尤其是一些低功耗、远距离、灵活组网的通信协议,非常适用于环境复杂、覆盖面广、网络部署相对困难的水利应用领域。水利网络的类型一般包括水利业务专网、有线网络(双绞线、同轴电缆、光纤等)、无线广域网(LoRa、NB-IoT 等)、无线局域网(ZigBee、Wi-Fi 等)、无线个域网(6LoWPAN 等)、卫星移动通信网等。按传输范围把智慧水利常用通信协议分为近距离通信协议,如 Bluetooth、ZigBee、Wi-Fi、6LoWPAN 等,以及远距离通信协议,如 GSM/GPRS、4G、NB-IoT、LoRa 等。

ZigBee 是基于 IEEE 02.15.标准的低功耗局域网协议,特点是近距离、低复杂度、自组织、低功耗、低数据速率。6LoWPAN 是一种基于 IPv6 的低速无线个域网标准,即 IPv6 over IEEE 02.15.,它提供了端到端 IP 可寻址节点,不需要网关,只需 1 个路由器即可连接到 IP。GSM 属于第 2 代蜂窝移动通信技术,拥有开放的标准和更简易的互操作性,经过 2.5G、3G、4G 的演进,当前数字移动蜂窝通信技术已发展到可以传输图像、视频等多类型信息,传输速率也更快,延时更低。NB-IoT 构建于蜂窝网络,可直接部署于 GSM 网络,不需要独立建网。LoRa 是一种基于扩频技术的超远距离无线传输方案,具备低功耗、覆盖广、连接多、抗干扰等优点,最大传输范围可达 20 km。Singh 等通过研究证明 6LoWPAN、

LoRa和Zigbee是水管理系统通信的最佳选择。此外,水下无线通信分为以下3种:①水下声波通信。适用于远距离、低速率的水下通信场景,不能穿透水与空气的介质交界面。②水下电磁波通信。传输速率高,但高频电磁波在水中衰减很大。③水下光通信。传输速率高、方向性和安全性好,成为水下及水-空气跨介质通信的研究热点。在通信协议标准化方面,目前智慧水利应用系统的设计通常从自动化、垂直集成角度考虑,在现有水利专网基础上改装新的智能应用程序,而且不同应用对吞吐量、拓扑结构、能量消耗需求不同,各种应用中会使用多种不同的通信协议,这使得数据的互操作性和无缝交换变得非常困难。所以,构建网络安全和标准化体系,提高应用系统的可扩展性、可复制性将是智慧水利未来的发展方向。

3.知识层

知识层(数据分析处理层)即把数据转变为知识的过程。随着数据收集方式逐渐多样化和存储能力的大幅度提升,水利领域已经发展成为一门数据密集型学科。水利数据呈现体量巨大、多源异构、分散割裂、标准不一、共享困难、交互性差等特点,完全符合大数据的5V(Volume、Variety、Velocity、Value、Veracity)特征,所以采用大数据相关数据清洗、挖掘、融合算法,以及需要大量训练数据集的ML算法分析水利数据,从而建立相关知识提取模型,对理解水文变化规律、模拟预测水文发展态势意义重大。值得注意的是:不同类型的研究问题在选择输入数据集时要考虑数据的特性,如时序分析研究中不建议使用时变数据集;精细空间分辨率数据集不建议用于局部尺度研究,由多种类数据源组成的数据集不能用来进行系统不确定性评估;由协变量组成的或者存在相互依赖问题的数据集不能用于相互作用的研究。

智慧水利知识构建模型划分为以下2种:①物理机制模型。物理机制模型主要是根据自然社会二元水循环过程、降雨径流成因、土壤水蒸发原理、水文变化孕灾机制、水污染扩散物理过程等水文水动力学原理建立的分析模型,如SHE(System Hydrological European)、SWAT(Soil and Water Assessment Tool)、新安江和VIC(Variable Infiltration Capacity)等模型。物理机制模型能揭示汇水径流过程的内在机制和规律,有明确的物理意义,但需要较强的专业背景,模型参数多且过程性参数不易获取,解算过程较复杂。②数据驱动模型。数据驱动模型更关注算法的学习能力和模型的准确度,通常使用ML挖掘数据潜在规律,结果的物理成因通常不予考虑。典型的ML算法有支持向量机、逻辑回归、决策树、随机森林、人工神经网络(ANN)等算法。

近年来,深度学习(DL)在解决遥感图像分类、高维时空数据融合和多源数据预测分析等领域表现出了卓越的性能。DL是ANN计算的最新范式,是ML算法的新突破,它能通过一层一层地模仿人类大脑皮层中的自学习功能实现对数据特征的自学习。Wu等把深度置信网络(DBN)应用于多贮水池和多泵站的水分配系统中;Khosravi等利用卷积神经网络(CNN)训练洪水风险预测模型用于构建洪水敏感性地图。此外,基于DL的数据分析处理模型在水污染迁移模拟、干旱风险预警、精准灌溉实现等方面也有广泛应用。

长短期记忆网络(LSTM)由于配备了记忆单元和"门",从而克服了递归神经网络梯度爆炸或消失问题,成为处理时序数据最流行的DL算法之一。Antzoulatos等利用LSTM学习隐藏在时间序列数据中的用水量模式预测城市未来1 d的水消耗量;任秋兵等通过改进 LSTM 建立了水工建筑物安全监控优化模型。通过记忆单元与“门”之间合作，LSTM 具备了强大的预测及长期依赖性时间序列的能力。

综上所述，大数据和 ML 在智慧水利数据分析模型和知识建立过程中发挥着巨大作用，大数据将从根本上改变水利领域传统思维、实施和分析试验的方式，DL 技术在解决分类、优化、预测、模拟等水利复杂问题上显示出了优势。但是智慧水利数据模型建立过程也存在一些挑战，如大数据成本和 ML 的可解释性等问题。其中，大数据平台成本较高，只有数据整理和清洗成本较低时才能最大发挥大数据的优势，而 ML 本身属于“黑盒”操作，缺乏与物理机制相融合的合理性行为解释。因此，智慧水利知识模型未来要尝试赋予大数据和 ML 必要的因果推理能力，进一步提升智能算法的价值，使其不仅能够预测短期变化，也能更好理解事物和现象的渐进变化。

4.应用层

在水利部评选出的 2020 年智慧水利先行先试成果优秀案例中，涌现出了大批信息化程度高、实时性强、功能齐全的智慧水利应用系统。从水利大数据整合管理（如水文监测智能整编系统），到城市供排水管网监测（如深圳智慧排水管理系统），再到河湖生态监管治理（如黄河水利委员会水政执法巡查监控系统），智能化信息技术已经渗透到水利领域的各个层面。

智慧水利应用层划分为以下 5 个方面：

（1）水安全。主要针对一些水利突发自然或人为灾害，采用现代化信息技术有效实现实时监测、快速预警和高效治理，解决的问题包括洪水、干旱、工程安全及由水灾害引发的其他地质灾害等。

（2）水资源。是指能够被人利用的水源，主要应用包括对水的开发利用、优化调度、供排水、节水、农作物灌溉等。

（3）水生态。是指水对生物的影响及生物对各种水分条件的适应，研究对象主要包括水土保持及水生动植物等，水域内的鱼类、藻类分布、微生物、外来水生物种等可以通过智能化技术手段进行检测和控制。

（4）水环境。是构成环境的基本要素之一，是指水形成、分布、转化所处的空间环境，水环境的研究工作主要包括水质监测、水污染治理、泥沙治理、水周边环境治理等。

（5）水行政。指国家依法对水和水事关系所进行的行政管理，包括河（湖）长制、水权分配、系统监管、行政执法等工作。

9.3.2.2 智慧水利的关键技术

1.MSTP 技术

MSTP 是基于 SDH 的多业务传送节点技术，可满足不同业务接入与统计复用的要求。在智慧水利系统构建中，通过 MSTP 组网方式的运用，可有效节省使用成本，并提高网络可靠性、可扩展性。

2.通信技术

通过 4G、5G 技术的运用，可显著提高声音、视频等数据的传输速度，可用于工程监控、电话与视频会议等领域。如通过视频监控、实时监控和拍摄违法行为现场照片与视频，并可与当前坐标自动匹配，连接网络实时上传；相关人员可通过电脑、手机等终端登录

平台实时远程监看,也可随时回看,方便快捷。在汛期和突发暴雨期间,水利部门还可通过平台实时监测河道水位情况,为防洪调度提供准确预警,及时响应,启动相应应急预案,从而提高应急响应速度,确保人民群众的生命财产安全。

3.3S 技术

3S 技术包括 RS、GIS、GPS,可实现空间信息采集、分析、传输与应用。智慧水利系统的构建中,实现了水利 3S 技术的延伸,通过网络集成 3S 技术,并配以三维可视化技术的使用,实现空间信息精确、直观收集与分析,为防汛抗旱、水资源调度、水质监测、水土保持监测与管理提供可靠资料。如利用 GIS 强大空间数据分析与处理能力,可构建三维河道、蓄滞洪区数字地形模型 DTM,可对洪水演进的堤防、水流、交通道路、企业、村庄和农田等实物进行参数化建模。在此基础上,实现洪水演进全过程的可视化动态仿真和信息管理,直观显示不同水灾害防御方案洪水淹没全过程、淹没水深,并可随时查询当前洪水演进过程中各蓄滞洪区各时刻的各种信息,如淹没区的面积、受灾人口、受灾企业等,便于水灾害防御减灾决策人员在计算机前比较不同分洪方案的优劣,快速做出决策,以便最大程度上减少因洪水灾害造成的经济损失。

4.云计算技术

云计算是一种基于因特网确立的超级计算模式,集合了虚拟化、分布式处理与宽带网络等技术,保证各大应用平台的信息对称,用户可依据个人的使用需求访问数据并进行相关操作。在云计算技术的支持下,智慧水利系统可模拟气候变化、水资源分布与调度,甚至可预测未来市场发展走势。

云计算是当前信息网络行业发展的主流趋势,体现了互联网技术发展水平,也带动了其他产业的改革。基于云计算设立的水利综合信息管理平台存储了大量的水利用户信息以及城市水利监测数据,在提高城市水利服务质量的同时,通过对资源的整合和统一管理充分发挥出资源的利用价值。另外,软件容错的出现也节约了硬件设备成本。

5.智能感知技术

智能感知技术即建立先进的数据采集、分析以及实时监测网络系统,通过各类传感设备,如射频标签阅读等,对防洪、航运、供水等进行全面监控,保证水利措施的及时有效。该系统中设有精准度、监测频次、集成度高的传感末端,弥补了传统监测系统的缺陷,如监测性能不稳定、对外界抗干扰能力低、故障不易排查等。

9.3.3 智慧水利典型应用场景

9.3.3.1 城市供水

智能水网(SWG)是包含水物理网、水信息网、水管理网的综合网络系统,核心组成部分是城市供水系统,也可称作智能水分配网络、供水系统、水表等。主要功能包括城市供水管理、居民用水监测、管网泄漏检测、水库或流域水位监测、流量监控等。

Antzoulatos 等提出城市水资源管理的统一框架,开发了用于远程遥测和用水控制的物联网解决方案 SMART-WATER,其中水表使用 wMBus 协议,wMBus 是专门为仪表计量而设置的一种通信协议,它定义了仪表和读表设备之间的通信;水阀使用 LoRaWAN 协议,网关使用 RaspberryPi 支持多种通信协议数据传输。数据处理方法选用自回归移动平均模型(ARIMA)和LSTM。开发的系统包括城市供水企业和用户2个界面,实时显示当前水量消耗,并根据历史数据预测不同预见期(1 h/1 d/1周/1月)的水量消耗。Tzagkarakis等针对智能水网真实环境,采用CS提高计算效率和能效,与无损压缩LZ77算法对比,压缩时间减少了50%,压缩能耗降低了50%。Booysen等为应对Cape Town"无水日事件",通过对40多万户家庭安装智能水表进行数据分析,比较人们在各种舆论及政策情况下的用水行为变化,结果发现限制用水或提高税率对用户用水行为的改变影响不是最大的,用户最强烈的响应出现在警告可能出现的灾难后果之后。葡萄牙某地区采用一种新的智能水网系统RS,有效降低了漏损率,预计到2025年,在达到预期节水目标的基础上节省了10%的财政支出,并指出降低设施建设成本、加强非收益水的监控,以及了解客户对收益公平性的要求是水资源管理面临的主要挑战。Fell等设计了一种专门针对发展中国家的智能低功率、远距离监测流量传感器,该传感器节点配置了能量管理集成电路PMIC,通信协议选用支持长距离传输的GSM标准,尽可能降低节点成本。

总的来说,智能城市供水系统的目标是通过准确快速抄表和漏损检测分析用水情况并节约用水。存在的挑战包括成本开销、安全性、感知复杂度和新技术推广,以及与AMI(Automatic Metering Infrastructure)的集成,解决办法主要是加大宣传推广力度和建立标准化体系。

9.3.3.2　农业灌溉

史良胜等定义智慧灌区为具有智能监测、解译、模拟、预警、决策和调控能力的灌区,全面实时感知灌区水情、墒情、工情、作物长势、生态环境等信息,快速精准并自主地调控水源、输配水、排水系统等工程设施及设备,实现水量、水质和生态等多目标的最优化管理。Kamienski等开发了一种基于物联网的农业精准灌溉智慧水管理平台(SWAMP),该平台基于FIWARE平台主流组件,设计了包含完全可复制服务和根据应用需求定制服务的系统架构,并在巴西马拉尼昂、西班牙卡塔赫纳和意大利圣米歇尔等地的不同农作物种植场景中进行了实践应用。Padalalu等采用基于Arduino的微控制器采集农田的温度、湿度、pH及土壤类型,同时使用网络爬虫技术收集天气预报信息,使用MySQL数据库存储预定好的各项参数范围及采集到的真实值,运用朴素贝叶斯算法挖掘数据关联,最后通过Android应用程序展示分析预测结果并远程控制电机。

当前智慧灌区也面临许多挑战,主要包括:

(1)系统的自动化能力不足,在物联网、大数据、云计算等信息技术手段无缝集成方面存在较大缺陷。

(2)灌区的随机性和不确定性,导致系统的开发与设计通常是与应用相关的需要个性化定制服务,才能满足不同决策者的利益最大化。

(3)智能算法和模型应用不充分、不深入。应加强大数据相关技术的使用,为合理选择沟灌、淹灌、喷灌、滴灌等灌溉方式提供最佳决策,并采用非监督学习算法降低系统对历史数据的依赖性。

(4)缺乏系统标准。应针对现代化灌区应用需求从产品、技术、管理方式等方面制定相关标准协议。

9.3.3.3　河湖水质监测

通常水质评估中用到的评价指标分为3类：物理指标（水温、水压等）、化学指标（pH、硬度、水溶物质等）和生物指标（微生物、藻类等）。造成水污染的因素划分为以下2种：

（1）人为因素，如污水排放、化学有毒物质释放，地下水超采等。

（2）自然因素，如外来物种入侵、地质灾害等。

水质监测途径一般也有2种形式：

（1）采集样本后送到实验室利用专业化验仪器测验，这种方式获得的结果精确但有延时。

（2）利用传感器、无人机、摄像头等实地监测，属于实时监测但易受外界环境影响，监测精度不高，如水草、鱼等水生动植物干扰或传感器老化生锈，还有天气影响、感知设备能量限制等问题。

智慧水质监测系统（SWQMS）能够降低人力成本、测量误差和外界因素干扰，提高水质监测精度。Islam 等针对孟加拉国的布里甘加河，设计了基于 IoT 的地表水质监测系统，该系统包括定点监测节点（FpMN）和自组织管理监测节点（SmMN）2个部分，监测指标包括 pH、溶氧量、生物需氧量、总溶解固体、浊度、悬浮固体、水温等，传感器节点使用船用深循环电池，利用太阳能电池板为其充电。另外，孟加拉国水污染对当地鱼养殖业影响重大，Mohammad 设计了基于 IoT 的水质监测系统——IoT based WQMS，开发了移动应用程序实时显示水温和 pH，并指出未来研究方向是开发能够监测水域不同深度的水质监测系统。Ajith 等开发了一种基于 IoT 的智慧水质监测系统，采用浮标承载传感器监测各类水质元素，通过 ML 算法对样本进行训练和测试，最后输出水温、湿度、水中所含 CO_2 浓度。Adu-Manu 等在加拿大阿克拉地区的威嘉大坝入口建立了基于 WSNs 的水质实时监测系统，对水温、导电性、pH、溶解氧含量、氟化物、钙元素等进行监测，并通过调度通信模块的工作和睡眠状态降低能耗。Kunze 等设计的 SWARM 系统，利用承载传感器和照相机的无人机采集水质数据和图像信息，对水温、气温、pH 等进行监测。针对突发水质污染事件，Saab 等以风险发生可能性、后果严重性、持续时间为评估指标，采用2种不同方法对法国里尔大学校园水质突发污染进行了评估。Wang 等针对资料稀缺流域，设计了一种移动的突发水质污染预警系统——MEWSUB，该系统能够快速生成数字地形和污染扩散过程等数据，手机 App 显示污染物到达时间、峰值，以及污染物超标的持续时间和面积。MEWSUB 已应用于中国的新安江、涪江、嘉陵江等河流的事故预警中。

9.3.3.4　水工建筑安全监控

根据不同的地理环境和实现功能需求，水工建筑可划分为挡水建筑物（大坝、堤防等）、输水建筑物（渠道、渡槽等）、整治建筑物等。保障水工建筑物安全稳定是开展发电、航运、灌溉、输水等各项水利业务的前提，水利工程施工、运行、管理各阶段都需要监测建筑物的安全状态。当前利用物联网、大数据、遥感、人工智能等技术实现水工建筑物全面深度安全隐患排查已成为主流趋势，智能仪器和手段解决了很多人类不易开展作业场景下的问题。

钟登华等针对大坝智能化研究，回顾了大坝建设经历了人工化、机械化、自动化和数字化个重要阶段，指出大坝建设管理已逐步从数字化建设向智能化建设方向发展，形成了以智能仿真、碾压、灌浆、交通、加水、振捣等集成平台为核心技术的水利水电工程智能建设管理体系。乌东德大坝应用智能通水、灌浆、喷雾等自主创新成果破解了混凝土温控防裂这一世界级难题。任秋兵等从前端处理、网络结构和外延预测 3 个方面改进了 LSTM 模型,设计了数据量大且形式简单、数据量小且形式复杂、因子缺失且形式复杂等 3 种场景下的水工建筑物安全监控深度分析模型,有效提升了预测效果,缩短了模型训练时间,缓解了过拟合和共线性问题。徐云乾等将三维激光扫描、探地雷达等技术相结合的多源无损探测技术,应用于水利工程隐蔽结构的多源异构探测数据融合中。宋书克等阐述了小浪底多源异构监测数据汇集策略和网络服务,介绍了结构化、半结构化和非结构化数据汇集技术,并以微信消息自动应答为例开发了 Web Service 接口 App,大大提升了全天候监测服务能力。

9.3.3.5 洪旱灾害风险评估与预警

随着全球气候变化和人类活动对环境的破坏,超标准洪水、干旱自然灾害的孕灾环境与致灾因子、承灾体脆弱性与暴露量、成灾模式与损失构成等均发生了显著变化。针对当前水灾害的复杂性,利用新一代信息技术和智能化手段开展洪旱灾害风险评估与预警工作对降低灾害损失至关重要。

洪水风险评价指标通常包括 3 d 累计平均最大降水量、水位、河网密度、径流和植被覆盖度、地方财政收入、医疗服务水平、监测和预警能力、人口密度、人均 GDP、土壤侵蚀程度、场地污染风险等。防洪应急避险措施包括避险规划、准备、预案、预警感知、疏散撤离、救援避险和个人避洪等内容。黄艳等应用 LBS(基于位置的服务)、电子围栏、大数据、水动力学、微服务等技术研发了荆江分洪区超标准洪水应急避险决策支持平台,实现了洪水风险快速建模与预判、风险人群精准识别预警与实时监控、避险转移路径动态优化。Zhang 等针对长江流域洪水风险评估,提出了一种基于 GIS 空间多指标模型,利用 ArcGIS 分析程序将危险度、脆弱性和暴露度空间分布图层叠加,得到综合风险评价结果。Disse 等利用智能手机和 CCTV 摄像头采集水面、桥、周边建筑物等图像或视频数据,通过计算机视觉中的深度学习算法建立水动力模型,从而预测水位,界定泛洪边界,实现洪水精准预测。针对成灾更快、预测更难、破坏性更强的山洪灾害,练继建等从山洪预警数据获取、模型计算、指标确定、不确定性来源等方面进行了分析梳理。

与洪水突发、历时短、降雨是主要成因等特点相比,初期不明显的干旱现象发展为大规模旱灾的过程较缓慢,更难预测,成因更加复杂。干旱评价指标包括年降雨量、SPI(标准化降水指数)、土壤含盐量、NDVI(归一化植被差异指数)、粮食产量、地下水位波动、溶解固体浓度、总人口、人口增长率和迁移率等。Akbari 等利用伊朗东北部干旱地区 15 年土地退化的有效关键指标,对比环境阈值绘制了沙漠化风险预警地图,大部分指标均能在 99%置信度下准确评估沙漠化风险。

9.3.4 智慧水利典型案例

2020 年,水利部正式发布智慧水利优秀应用案例和典型解决方案推荐目录(2020 年),推荐目录涵盖水灾害、水资源、水工程、水监督、水行政等 5 类共 51 项,这些应用案例和解决方案都是近年来全国水利行业积极践行水利改革发展总基调、不断探索智慧水利取得的代表性成果，对于引领和带动智慧水利发展具有重要意义。下面就部分案例进行展示。

9.3.4.1 全国水利一张图

由北京超图软件股份有限公司、北京金水信息技术发展有限公司为技术支撑单位，水利部信息中心建设的全国水利一张图全面支撑水利各项业务的开展，提高了水利服务经济社会发展能力，实现了水资源可持续开发、利用和保护。

1.关键技术

(1)基于全关系水利数据组织的建模理论与方法。以地理实体为基本单元对空间关系、业务关系和语义关系一体化组织，技术上破解了传统GIS数据组织仅顾及空间关系的限制，业务上突破了信息组织受业务片面性影响的局限性。

(2)面向集约共享的水利一张图服务平台研发。实现了全水利业务应用地图服务个性化定制，建成了满足各级水利业务差异化应用需求的统一地理信息平台，完成了业务应用“个性化”与地图服务“标准化”的统一。

(3)“全国水利一张图+”的业务应用体系。以统一地图服务为依托对各业务的发展现状、管理行为和变化过程进行记录和分析，使各类信息的阶段获取和持续应用紧密结合、业务部门的日常使用和信息化部门的维护更新深度融合。

2.应用情况

(1)在国家防汛抗旱指挥系统工程中，利用全国水利一张图整合了水雨情、工情、旱情等信息，补充了跨河工程、治河工程、险工险段、蓄滞洪区、墒情监测站等专题要素，在信息管理、预报调度、应急指挥、决策会商等方面发挥重要作用。

(2)在全国河长制管理信息系统中，利用全国水利一张图提供的各类服务，为“四乱”问题的查、认、改、罚提供了有力支撑，推动河湖治理保护由被动响应向主动作为转变，有效服务河湖管理多次专项督查和全面督查工作。

(3)在国家水资源管理系统中，以全国水利一张图为依托支撑了信息服务、业务管理和应急管理等业务系统，实现了监测、红线、管理等功能，为实现最严格水资源管理和落实最严格水资源制度的考核提供了有效的技术手段。

9.3.4.2 钱塘江流域防洪减灾数字化平台

该平台作为浙江省聚焦防范化解流域洪涝重大风险建成的首个数字化流域平台，做到了流域防洪减灾数据全汇聚，在功能上涵盖水雨情监测、洪潮预报、防汛形势研判、预警发布、联合调度、抢险支持六大模块，不仅收集了全省水利工程、抢险物料、物资仓库分布等工情数据，还做到实时更新水雨情监测、预报预警、工程调度等信息，为流域防洪减灾提供全过程的智慧化服务。

1.水雨情监测

通过将雨情、水情、工情、气象及GIS等信息有机结合，为各类用户提供全省水雨情监测、查询、分析服务。

2.洪潮预报

通过建立预报模型库和多方案预报模式，与省气象部门协同联动，洪水或台风期间提供钱塘江干支流重要预报站点的洪水预报、河口段重要站点的风暴潮预报服务，每天为公众提供钱塘江河口涌潮潮到时间、涌潮高度和观赏指数预报服务。

3.防汛形势研判

通过结合流域内防洪工程体系、在建工程、河床变化、河口冲淤等情况,评估防御形势,掌握薄弱环节。洪水期间,实时评估流域水库拦蓄能力、河道行洪能力,根据监测和预报成果,动态分析洪水风险。

4.预警发布

利用气象模型和洪水预报模型,对流域内的山洪灾害、洪水预警信息进行发布。

5.联合调度

根据流域水雨情、洪水预报和水库控制运用计划,实时生成单库、子流域调度方案,为专家会商提供决策参考,在线生成并发布调度指令。

6.抢险支持

通过建立水利工程险情和防汛抢险物资、队伍的关联关系,根据上报险情,自动匹配抢险专家、物资、队伍,自动生成抢险技术方案及调度路线,提高响应速度和抢险针对性。

为了提升防洪减灾的决策效率,为决策者提供实时便捷的信息服务,该平台开发 PC 端、移动端、大屏三种用户入口,市县各级决策部门可随时随地接入六大功能模块,通过手机、电脑等设备,快速掌握防汛动态信息。同时,平台拥有三维可视化展示功能,更直观地传达水情信息,帮助决策者作出更精准、高效的决策。运用物联网、云计算、大数据、移动互联网、人工智能等新一代信息技术,开展关键领域难点攻关,打破信息壁垒,整合大量分散在各部门、各地的行业数据,汇聚全流域 1 413 个雨量站、2 430 座水库以及全省 5 585 段堤防、9 450 条河流、12 770 座水闸、17 000 余件重点抢险物资,以及 18 024 个山塘等数据,发挥省公共数据共享交换平台的作用,实现数据省市县贯通,做到一键查询水雨情、一键研判防汛形势、一键发出洪水预警、一键拟定最优抢险方案等功能,大大推动了流域治理的信息动态化、数据集成化、预报精准化、决策科学化和业务协同化发展。

该项目的成功实施,不仅为浙江省水利数字化转型工作提供系统的解决方案和样板,也为全国水库的运行管理转型提供了新理念、新路径和新标杆。

9.3.4.3 广东智慧河长

2017 年 5 月,广东省出台全面推行河长制工作方案,提出以“互联网+河长制”为重要抓手,利用信息化手段提升治水管水能力,引导社会公众参与监督。通过河湖资料整编和数据资源共享,基于微信和企业微信,打造了服务省、市、县、镇、村五级河长以及社会公众的信息化平台。主要包括河长服务平台、公众服务平台以及监督管理平台。

(1)采用微服务架构,提升平台扩展性。按业务纵向划分微服务,各服务独立部署、职责单一,灵活支撑河长制以及其他相关业务应用。

(2)利用分布式队列,建立问题与事件流转中心。分布式的横向可扩展性和发布、订阅机制,保障省、市、县河长办和成员单位及时高效地给业务数据赋予标签并实现数据自动流转。

(3)运用主流互联网技术,提升平台性能和用户体验。基于广东省“数字政府”政务云及公共能力,运用缓存数据库、负载均衡、微信开放平台等技术和互联网交互体验设计标准,开发简易快速的应用,满足近 10 万河长使用需求。

(4)采用数据治理技术,建设标准统一的用户和河湖数据体系。编制全省统一的标准规范并完成数据治理，高质量保障数据交换共享。

截至 2020 年 8 月，已标准化 2.4 万条河流和 9.6 万条河段；平台注册用户达 6.9 万名，已激活上线 5.5 万名，共设置部门 3.8 万个。各部门和 5 级河长通过平台履职，线上巡河累计 153 万次，巡河发现问题 97 971 件，已办结 97 356 件，办结率 99.38%。接收公众投诉建议 6 445 件，已办结 6 345 件，办结率达 98.45%，公众满意度达到 91.35%。公众号粉丝累计 26.4 万名，首条文章阅读量均值达 1 万，广东万里碧道 LOGO 征集大赛单篇推文阅读量超 10 万，社会关注度持续上升，掌上治水趋于常态化。

9.3.5　智慧水利当前挑战及未来发展方向

当前智慧水利还存在诸多问题，如感知不够全面，无线网络异构问题突出，传感失谐，信息孤岛存在，智能化不足，ML 算法缺乏物理机制解释，保障体系不健全，安全防护能力不足等。针对存在的问题和挑战，智慧水利未来发展方向如下。

9.3.5.1　加强基础设施建设

要建立全面覆盖的透彻感知网体系，实现天、空、地一体化系统感知；搭建万物互联、高速可靠的水利通信网，研发异构无线网络融合技术，保证水利感知数据在不同通信方式下的高效传输；建设水利大数据存储和计算云平台，为数据分析处理提供强大的存储和算力支持。

9.3.5.2　加强信息技术与水利业务深度融合

智慧城市的发展要求将现代化信息技术融入各行各业，水利领域当中的信息化技术应用还不够充分，要借鉴其他交叉领域的典型做法，在城市供水管理、水灾害评估预警、水事执法监管等方面深入挖掘信息技术潜能。

9.3.5.3　知识体系构建

要将大数据、人工智能应用于水利数据分析处理中，利用人工智能、大数据等充分挖掘源数据内在价值，推动数据模型成熟化、实用化、通用化，构建知识图谱，探寻水事件变化规律。

9.3.5.4　赋予 ML 可解释性

要通过设立评价指标，构建可知方法，依托具体案例，结合物理分析机制，优化 ML 模型可解释性。

9.3.5.5　提高可视化构建能力

在可靠的算法模型基础上，采用 GIS、BIM 及先进的成像技术建立三维模拟影像，为水利工程施工、水灾害防御、水污染防治等提供直观形象的决策辅助；利用数字孪生技术，将现实环境下的水利对象在虚拟世界进行映射，构造一个完全一致的水利数字世界，从而指导现实水利决策。

9.3.5.6　建设水利一张图

构建水利一张图对各级水利行政部门实现地域资源共享具有非常重要的作用，能够解决信息孤岛，打通各单位各部门信息互通壁垒，避免重复建设。

9.3.5.7　加强安全保障

运维与安全保障贯穿智慧水利感知层、网络层、知识层、应用层整个运行过程，针对每层特点和需求，做好设备、网络、信息、系统等安全保障工作。

9.3.5.8 制定统一标准协议

智慧水利建设需要建立一套完善合理的协议标准,如水利信息采集、视频信息转换、通信协议规范、数据模型标准、质量评估准则、隐私防护、数据集成规范等。

9.3.5.9 解决不同数据规模带来的挑战

水环境具有广阔、复杂、变化的特点,不仅要关注大数据、多网络覆盖的水利场景,也要解决偏远水域数据稀疏、网络覆盖不足的问题,这就需要在创新感知手段和通信技术上下功夫。

参考文献

[1]林育真.生态学[M]北京:科学出版社,2004.

[2]陈吉宝.水生态学理论及其污染控制技术[M].北京:中国水利水电出版社,2018.

[3]俞孔坚.景观:文化,生态与感知[M].北京:科学出版社,1998.

[4]谢彪,徐桂珍.水生态文明建设导论[M].北京:中国水利水电出版社,2019.

[5]顾向一.我国水生态文明法律规制研究[J].水利发展研究,2017,17(3):3-8.

[6]张炎.水与生态文明建设[M].武汉:长江出版社.2013.

[7]左其亭,王亚迪,纪璎芯,等.水安全保障的市场机制与管理模式[M].武汉:湖北科学技术出版社,2019.

[8]傅春,刘杰平.河湖健康与水生态文明实践[M].北京:中国水利水电出版社,2016.

[9]任伯帜,熊正为.水资源利用与保护[M].北京:机械工业出版社,2007.

[10]雒文生.水环境保护[M].北京:中国水利水电出版社,2009.

[11]潘召南.生态水景观设计[M].重庆:西南师范大学出版社,2008.

[12]朱永华,任立良,吕海深.水生态保护与修复[M].北京:中国水利水电出版社,2012.

[13]贾绍凤.水资源经济学[M].北京:中国水利水电出版社,2006.

[14]刘满杰,谢津平.智慧水利创新与实践[M].北京:中国水利水电出版社,2019.

[15]张国兴,何慧爽,郑书耀.水资源经济与可持续发展研究[M],北京:科学出版社,2016.

[16]王浩.实行最严格水资源管理制度关键技术支撑探析[J].中国水利,2011,(6):28-29,32.

[17]刘昌明,王恺文.城镇水生态文明建设低影响发展模式与对策探讨[J].中国水利,2016,19:1-4.

[18]张建云,王小军.关于水生态文明建设的认识和思考[J].中国水利,2014,7:1-4.

[19]王浩,黄男,谢新民,等.水生态文明建设规划理论与实践[M].北京:中国环境出版社,2016.

[20]左其亭.水生态文明建设几个关键问题探讨[J].中国水利,2013,4:1-3,6.

[21]周秋红,张翔.水环境可恢复性定义及其评价指标初步研究[J].水电能源科学,2011,29(9):35-37.

[22]谷树忠,李维民.关于构建国家水安全保障体系的总体构想[J].中国水利,2015,9:3-5,16.

[23]陈雷.大力加强水文化建设　为水利事业发展提供先进文化支撑:在首届中国水文化论坛上的讲话[J].河南水利与南水北调,2009(12):1-4.

[24]靳怀堾,尉天骄.中华水文化通论(水文化大学生读本)[M].北京:中国水利水电出版社,2015.

[25]王培君.传统水文化的哲学观照[J].河海大学学报(哲学社会科学版),2009,11(3):6-8.

[26]赵爱国.水文化涵义及体系结构探析[J].中国三峡建设,2008(4):10-17.
[27]靳怀堵.打造水文化的传播平台[N].中国水利报,2012-8-30.
[28]王义加,傅梅烂.杭州水文化传播途径略论[J].新闻界,2010(6):69-70.
[29]左其亭.水文化研究几个关键问题的讨论[J].中国水利,2014(9):56-59.
[30]李宗新.再论水文化的深刻内涵[J].水利发展研究,2009(7):71-73.
[31]葛剑雄.水文化与河流文明[J].社会科学战线,2008(1):108-110.
[32]郑晓云.水文化的理论与前景[J].思想战线,2013(4):1-8.
[33]李可可.水文化研究生读本[M].北京:中国水利水电出版社,2015.
[34]韩振峰.习近平新时代中国特色社会主义思想是马克思主义中国化的最新成果[J].前线,2017(12):4-6.
[35]吴向东.习近平新时代中国特色社会主义思想蕴含的价值观[J].党建,2023(8):17-20.
[36]郑晓云.长江水文化:时代命题及其构建[J].湖北大学学报(哲学社会科学版),2022,49(3):92-100.